应对气候变化研究进展报告

李廉水 等 编著

气象出版社
China Meteorological Press

内容简介

本书概括介绍了当前国内外应对气候变化研究进展的情况,共包括五个部分。第一部分文献综述篇总结了国内外气候变化总体研究的情况及目前气候变化研究的主要争议;第二部分气候变化篇阐明了气候变化的概念和基本问题、全球气候变化的观测事实等五个方面的问题;第三部分政策研究篇着重探讨了气候政策的研究基础;第四部分专题研究篇为中国公众应对气候变化系列调查,对不同群体的认知和行为进行了分析并提出对策和建议;第五部分历史考证篇讨论了气候变化与朝代更替的问题。

图书在版编目(CIP)数据

应对气候变化研究进展报告 / 李廉水等编著. — 北京 : 气象出版社,2012.7
  ISBN 978-7-5029-5520-5

Ⅰ. ①应… Ⅱ. ①李… Ⅲ. ①气候变化—研究报告
Ⅳ. ①P467

中国版本图书馆 CIP 数据核字(2012)第 140657 号

应对气候变化研究进展报告

李廉水 等 编著

出版发行:气象出版社

地　址: 北京市海淀区中关村南大街 46 号		**邮政编码:** 100081	
总编室: 010-68407112		**发行部:** 010-68409198	
网　址: http://www.cmp.cma.gov.cn		**E-mail:** qxcbs@cma.gov.cn	
责任编辑: 张　斌		**终　审:** 周诗健	
封面设计: 博雅思企划		**责任技编:** 吴庭芳	
印　刷: 北京中新伟业印刷有限公司			
开　本: 787 mm×1092 mm　1/16		**印　张:** 18	
字　数: 460 千字		**彩　插:** 3	
版　次: 2012 年 7 月第 1 版		**印　次:** 2012 年 7 月第 1 次印刷	
定　价: 68.00 元			

目 录

第一编 文献综述编

第1章 气候变化总体研究述评 ·· 3

1.1 外文论文总体述评 ··· 3

1.2 中文论文总体述评 ··· 8

1.3 中外文著作总体述评 ··· 13

1.4 国际组织报告述评 ··· 23

1.5 气候变化国际会议述评 ··· 30

1.6 中外研究文献比较 ··· 36

第2章 气候变化研究热点述评 ·· 40

2.1 气候变化研究热点 ··· 40

2.2 热点1:气候变化的演变规律 ····································· 45

2.3 热点2:气候变化的驱动因素 ····································· 50

2.4 热点3:气候变化的影响作用 ····································· 54

第3章 气候变化研究的主要争议 ·· 58

3.1 争议1:未来气候变化趋势 ·· 58

3.2 争议2:近百年气候变暖成因 ····································· 61

3.3 争议3:应对气候变化的责任主体 ······························ 64

第二编　气候变化编

第 4 章　气候变化的事实及其预估 ·· **71**

4.1　气候变化的概念 ··· 71

4.2　全球气候变化的观测事实 ··· 78

4.3　中国气候变化的观测事实 ··· 84

4.4　全球气候变化的趋势预估 ··· 87

第 5 章　气候变化的影响与减缓 ·· **91**

5.1　气候变化的影响 ··· 91

5.2　气候变化的适应 ··· 98

5.3　气候变化的减缓 ··· 99

第三编　政策研究编

第 6 章　气候政策的研究基础 ·· **103**

6.1　气候政策的分析框架 ··· 103

6.2　气候政策的研究内容 ··· 109

6.3　气候政策的分析方法 ··· 114

第 7 章　发达国家应对气候变化政策 ·· **119**

7.1　美国应对气候变化政策 ··· 119

7.2　欧盟及英法德等成员国应对气候变化政策 ························· 126

7.3　日本应对气候变化政策 ··· 134

7.4　澳大利亚应对气候变化政策 ·· 139

7.5　俄罗斯应对气候变化政策 ··· 142

第 8 章　发展中国家应对气候变化政策 ······································ **146**

8.1　南非应对气候变化政策 ··· 146

8.2　印度应对气候变化政策 ……………………………………………… 151

8.3　印度尼西亚、马来西亚应对气候变化政策 ………………………… 159

8.4　巴西应对气候变化政策 ……………………………………………… 162

8.5　中国应对气候变化政策 ……………………………………………… 164

第9章　发达国家与发展中国家应对气候变化政策比较 …………… **170**

9.1　发达国家与发展中国家气候政策要点 ……………………………… 173

9.2　严重分歧及利益动因 ………………………………………………… 176

9.3　应对气候变化的政策展望 …………………………………………… 180

第四编　调查研究编

第10章　中国公众气候变化认知调查内容及指标体系 …………… **185**

10.1　气候变化认知调查问卷设计理论基础 …………………………… 185

10.2　公众气候变化认知调查问卷设计原则 …………………………… 187

10.3　中国公众气候变化认知调查指标体系 …………………………… 187

第11章　中国公众气候变化认知状况调查分析 …………………… **190**

11.1　中国网民关于气候变化的认知状况调查 ………………………… 191

11.2　中国大学生关于气候变化的认知状况调查 ……………………… 197

11.3　中国县域居民关于气候变化的认知情况调查 …………………… 203

11.4　中国公众气候变化认知状况比较与对策建议 …………………… 209

第12章　不同因素下中国公众气候变化认知和行动差异分析 …… **214**

12.1　网民对气候变化认知和行为认知差异性分析 …………………… 216

12.2　大学生对气候变化认知和行为认知差异性分析 ………………… 224

12.3　县域居民气候变化认知和行动认知差异性分析 ………………… 230

12.4　三类人群气候变化认知和行动认知特点及政策建议 …………… 236

第 13 章　公众气候变化认知对行为影响因子分析 ················· **239**

　13.1　网民气候变化认知对行为影响因子分析 ················· 239

　13.2　大学生气候变化认知对行为影响因子分析 ················· 243

　13.3　县域居民气候变化认知对行动影响因子分析 ················· 246

　13.4　中国公众气候变化认知与行为因子分析的启示 ················· 249

第五编　历史考证编

第 14 章　秦汉时期政权更替与气候变化 ················· **253**

　14.1　秦汉时期的气候现象 ················· 253

　14.2　秦汉时期的气候变化 ················· 254

　14.3　气候变化与秦汉政权更替 ················· 255

第 15 章　唐朝衰亡与气候变化 ················· **259**

　15.1　唐代前期气候状况 ················· 259

　15.2　唐代衰亡前的气候突变 ················· 260

　15.3　气候变化与唐末改朝换代 ················· 262

第 16 章　明清易代与气候变化 ················· **266**

　16.1　小冰期的极盛 ················· 266

　16.2　气候变化与自然灾害 ················· 268

　16.3　气候变化与明朝衰亡 ················· 272

参考文献 ················· **276**

第一编
文献综述编

　　20世纪中叶以来，重大气象灾害频繁发生，人类的生存环境日趋恶劣。因此，气候变化研究越来越引起学术界的关注。尤其是气候变化的趋势、成因、适应和应对气候变化的政策措施、责任原则等问题，成为学术界和政界共同关注的热点。各国学者撰写了大量的科学论文和学术专著，多个国家和国际组织也出台了一些相关的研究报告。例如，政府间气候变化专门委员会(简称IPCC)自1992年制定《联合国气候变化框架公约》后，每年召开缔约方大会，每次大会都出台会议文件，这些文件也是关于气候变化的研究成果。

　　关于气候变化的研究文献非常多，我们试图基于相关文献数据库、公开出版的著作及公开发表的报告，对国内外关于气候变化的相关研究成果进行总结和梳理，期望能够根据学术脉络进行文献述评，从而能够为关心气候变化研究的爱好者们提供学术导读，同时也希望能够为推进气候变化研究起到抛砖引玉的作用。

(主要撰稿人:李廉水　苏向荣　郑　伟　孙　宁　方思达)

第1章 气候变化总体研究述评

关于气候变化的研究,中文文献的查询和述评,主要依据万方数据库和中国知网(CNKI)中国期刊全文数据库展开,中文著作主要从当当网、卓越网、卓越亚马逊网中搜索得到;外文著作主要是从外文亚马逊网(http://www.amazon.com/)搜索得到。关于气候变化的国家和国际组织研究报告,主要从互联网上查阅并下载;关于气候变化研究的国际组织中影响最大的是 IPCC,因此,我们查询了历次 IPCC 会议协议、声明、公报等文件①,主要选择引起广泛关注的《京都议定书》、《哥本哈根协议》及《坎昆协议》的几次大会开展述评。

1.1 外文论文总体述评

外文相关研究论文的检索,我们主要运用"万方数据—NSTL 西文文献"数据库(简称万方西文文献数据库)进行文献检索。万方数据库共收录期刊 13024 种,其中理、工、农、医类期刊 11813 种,人文社科类 1211 种,万方西文文献数据库中收录了 68% SCI 期刊和 76% EI 核心期刊的文献,并且 SCI 和 EI 核心期刊的总数占万方收录外文期刊总数的 57%。因此,我们认为万方西文文献数据库基本上涵盖了国际上顶级的西文期刊,根据该数据库调研的情况可以较好地反映国际上关于气候变化领域研究的状况。

1.1.1 热度出现拐点

在万方西文文献数据库中,搜索范围包括西文文献库中的所有文献资源,为尽量全面反映研究状况,选择了 3 个常用关键词(climate change、climatic change 和 global warming)进行搜索,具体情况如图 1-1 所示。

输入搜索关键词"climate change"得到 55455 个结果,其中期刊论文 51060 篇,近 5 年的文章有 35522 篇,近 3 年的文章有 23299 篇。从图 1-1 上可以看出,1995 年以前相关的研究尚不多见,当时 IPCC 成立不久,气候变化问题尚未被学术界及大众关注。自 1997 年《京都议定书》制定之后,气候变化问题的研究急剧升温,此后相关的研究文献一直保持着快速增长态势,至 2008 年达到峰值(11255 篇)。其后研究的热度有所降低,随着 2010 年坎昆会议没有取得令人期待的成果,研究文献数量明显下降,一定程度上反映了学术界对气候变化问题的研究热度已经有所降温。

关键词"climatic change"的搜索结果共有 10623 篇,虽然数量上不足"climate change"的

---

① 参见 IPCC 网站 http://www.ipcc.ch/。

1/5,但两者逐年发表文献数量的基本走势是一致的,即 1995 年以前相关文献比较少见,1996—2008 年文献的数量增长很快,2009 年以来的研究热度则呈急剧下降趋势。

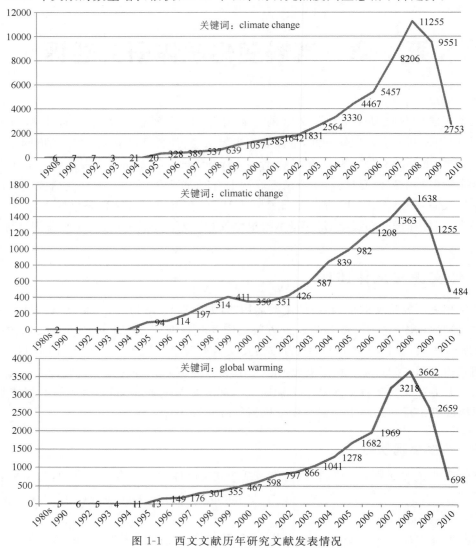

图 1-1 西文文献历年研究文献发表情况

另外,输入搜索关键词"global warming"的情况也与前两个关键词较为一致,共搜到 19960 篇文献,1995 年以前的文献很少,1996—2008 年的研究文献增长迅速,2009 年以来则开始快速减少。

从上述三个不同关键词搜索的情况看,气候变化问题的研究是当前国际学术界的研究热点,20 世纪 90 年代以来其研究热度基本保持持续增长的态势,在 2009 年开始出现拐点,发表外文文献的数量明显下降。

1.1.2 聚焦于自然科学

同样基于万方西文文献数据库中的所有文献资源,以 3 个常用关键词(climate change、

climatic change 和 global warming）进行搜索，按各学科所属的文献数量排序，结果如图 1-2 所示。工业技术，天文学、地球科学，环境科学、安全科学，生物科学，农业科学及自然科学总论这六大学科是气候变化问题研究最多的学科。而这些学科都属于自然科学的范畴，也就是说国外对于气候变化问题的研究以自然科学为主。这个结果并不令人意外，因为气候变化首先是个自然科学问题，理所当然在自然科学范畴内研究得最多。

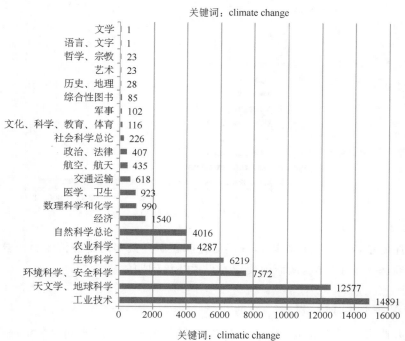

关键词：climate change

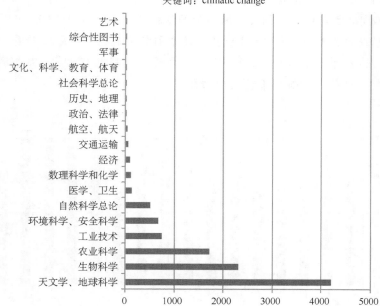

关键词：climatic change

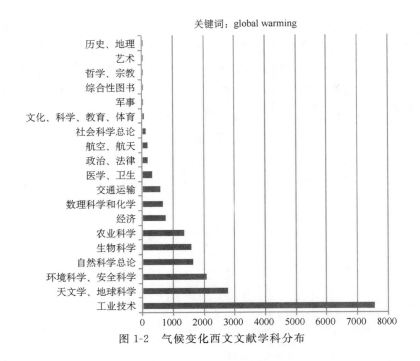

图 1-2 气候变化西文文献学科分布

值得关注的是,在社会科学领域,气候变化问题研究最多的是经济学科。这反映了气候变化确实对经济产生了影响,从而促使学术界关注该问题的研究。

1.1.3 涉及学科日益广泛

基于万方西文文献数据库,以文献检索量最大的关键词"climate change"为例,统计1995—2010年期间每年检索到的文献所涉及的学科(表 1-1)(由于 1995 年以前的文献量太少故略去)。从统计的情况看,气候变化覆盖的学科越来越广泛,从 20 世纪 90 年代的 12～15 个学科增长到 21 世纪的 15～20 个(图 1-3),涉及的学科共有 21 个,基本涵盖当前所有主流学科,这与气候变化的影响越来越大相吻合。

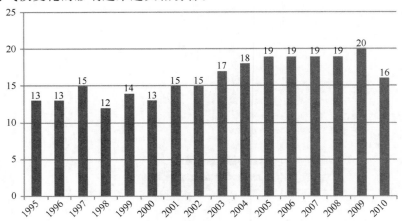

图 1-3 1995—2010 年西文文献覆盖的学科数变化(检索关键词为"climate change")

表 1-1　1995—2010 年西文文献涉及气候变化的学科演变（检索关键词为"climate change"）

年份\学科	1	2	3	4	5	6	7	8	9	10	11	12	13	14	15	16	17	18	19	20	21
1995	●	●	●	●	●	●	●	●	●	●		●	●		●						
1996	●	●	●	●	●	●	●	●	●	●		●	●		●						
1997	●	●	●	●	●	●	●	●	●	●		●	●		●						●
1998	●	●	●	●	●	●	●	●	●	●		●			●						
1999	●	●	●	●	●	●	●	●	●	●		●	●		●						
2000	●	●	●	●	●	●	●	●	●	●	●	●	●		●						
2001	●	●	●	●	●	●	●	●	●	●	●	●	●		●						
2002	●	●	●	●	●	●	●	●	●	●	●	●	●		●						
2003	●	●	●	●	●	●	●	●	●	●	●	●	●	●	●	●	●				
2004	●	●	●	●	●	●	●	●	●	●	●	●	●	●	●	●	●	●	●		
2005	●	●	●	●	●	●	●	●	●	●	●	●	●	●	●	●	●				
2006	●	●	●	●	●	●	●	●	●	●	●	●	●	●	●	●	●				
2007	●	●	●	●	●	●	●	●	●	●	●	●	●	●	●	●	●	●			
2008	●	●	●	●	●	●	●	●	●	●	●	●	●	●	●	●	●	●			
2009	●	●	●	●	●	●	●	●	●	●	●	●	●	●	●	●	●				
2010	●	●	●	●	●	●	●	●	●	●	●	●	●	●	●	●					

注 1：1-工业技术，2-天文学、地球科学，3-环境科学、安全科学，4-生物科学，5-农业科学，6-自然科学总论，7-经济，8-医学、卫生，9-数理科学和化学，10-交通运输，11-政治、法律，12-航空、航天，13-社会科学总论，14-军事，15-文化、科学、教育、体育，16-哲学、宗教，17-综合性图书，18-历史、地理，19-艺术，20-语言、文字，21-文学。

注 2：●表示当年检索到该学科的研究文献。

由表 1-1 可以看到，1995—2010 年间，气候变化的研究大致上可分为两个阶段：

第一个阶段是 1995—2002 年，该阶段可称为研究探索阶段。因为该阶段西文文献涉及学科的特点是以理工学科为主，研究面尚不够广泛，平均涉及的学科为 14 个，其中近 2/3 为理工类学科，显然研究内容是以气候变化的物理成因、发生发展机理等为主；

第二个阶段为 2003—2010 年，该阶段可称之为研究拓展阶段。得益于前期研究的积累，学术界对气候变化问题的研究不断深化，因此该阶段研究所涉及的学科进一步扩展，平均涉及的学科近 19 个，所增加的学科都是非理工类学科。这些新增学科的相关研究显然属于气候变化所导致的影响范畴。

表 1-2　1995—2010 年气候变化西文文献学科分布统计

年份\排名	第一	第二	第三	第四	第五
1995	生物科学(67)	自然科学总论(54)	工业技术(52)	农业科学(50)	天文学、地球科学(46)
1996	天文学、地球科学(98)	工业技术(80)	农业科学(55)	自然科学总论(44)	生物科学(42)
1997	天文学、地球科学(128)	自然科学总论(103)	工业技术(95)	环境科学、安全科学(61)	农业科学(53)

（续表）

年份\排名	第一	第二	第三	第四	第五
1998	工业技术(165)	天文学、地球科学(151)	生物科学(83)	自然科学总论(74)	环境科学、安全科学(69)
1999	天文学、地球科学(345)	工业技术(210)	生物科学(138)	农业科学(94)	环境科学、安全科学(88)
2000	天文学、地球科学(382)	工业技术(324)	环境科学、安全科学(198)	生物科学(174)	农业科学(124)
2001	工业技术(494)	天文学、地球科学(337)	生物科学(204)	环境科学、安全科学(172)	自然科学总论(164)
2002	天文学、地球科学(471)	工业技术(437)	生物科学(226)	环境科学、安全科学(226)	农业科学(189)
2003	天文学、地球科学(708)	工业技术(606)	生物科学(317)	环境科学、安全科学(299)	农业科学(225)
2004	天文学、地球科学(982)	工业技术(707)	生物科学(455)	环境科学、安全科学(447)	农业科学(272)
2005	天文学、地球科学(1317)	工业技术(1081)	环境科学、安全科学(557)	生物科学(542)	农业科学(328)
2006	天文学、地球科学(1632)	工业技术(1307)	环境科学、安全科学(664)	生物科学(632)	农业科学(400)
2007	工业技术(2381)	天文学、地球科学(1878)	环境科学、安全科学(1184)	生物科学(869)	农业科学(552)
2008	工业技术(3160)	天文学、地球科学(2166)	环境科学、安全科学(1912)	生物科学(1202)	农业科学(844)
2009	工业技术(3019)	天文学、地球科学(1507)	环境科学、安全科学(1400)	生物科学(926)	农业科学(688)
2010	工业技术(716)	自然科学总论(653)	天文学、地球科学(428)	生物科学(297)	环境科学、安全科学(238)

注：括号内数字为文献数量。

1.2　中文论文总体述评

中文论文相关研究论文的检索，我们主要运用 CNKI 检索。CNKI 中国期刊全文库目前共有中文文献总量 7242 万篇，文献类型包括学术期刊、博士学位论文、优秀硕士学位论文、工具书、重要会议论文、年鉴、专著、报纸、专利、标准等，是国际上最全面的中文文献检索数据库。

1.2.1　热度持续攀升

以"全球气候变化"为关键词进行搜索,得到数据如图 1-4 所示。

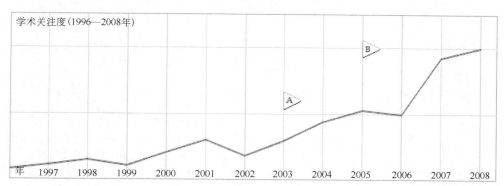

图 1-4　全球气候变化学术关注度

(图中 A、B 标识的是热点年份全球气候变化的相关高频被引文章。A 被引 158 次,B 被引 177 次)

在 CNKI 中国期刊全文库中,搜索范围包括期刊文献库中的所有文献资源,为尽量全面反映研究状况,选择了两个常用关键词(气候变化和全球变暖),分别按照关键词和主题词进行文献搜索,具体情况如图 1-5 所示。

气候变化和全球变暖这两个关键词及主题词的检索结果,均显示国内关于气候变化问题的研究关注度略不同于外文文献检索的结果:总体上保持了增长态势,特别自 2006 年以来发表的文献数量骤然增加,说明国内对气候变化问题的关注自 2006 年开始升温,并一直持续至今,并没有在 2009 年出现明显拐点。这一方面与我国政府重视应对气候变化有关,另一方面也在一定程度上反映了我国学术界的研究相对于国际学术界的研究有一定的时间滞后。

1.2.2　文理并重

基于 CNKI 中国期刊全文库,搜索范围包括期刊文献库中的所有文献资源,以文献检索量最大的关键词(气候变化)进行搜索,结果如图 1-6 所示。除去数据库学科设置不同的因素,我们发现相对于西文文献的状况,国内针对气候变化问题的研究可以说是文理并重。排名前两位的学科(气象学与环境科学与资源利用)属于自然科学,但排名第三(宏观经济管理与可持续发展)、第四(工业经济)、第五(经济体制改革)的却是社会科学。当然从绝对数量上看,自然科学的文献数量仍占绝大多数(60.09%)。

1.2.3　领域不断拓展

利用 CNKI 数据库,限定关键词"气候变化",对 1995—2010 年的文献所涉及的科目进行统计发现,从 2007 年开始,该关键词所涉及的学科数目有了小幅度增加,主要增加的是经济管理及社科类文献。所涵盖的学科包括:宏观经济管理与可持续发展,工业经济,经济体制改革,中国政治与国际政治,农业经济,贸易经济,金融,企业经济,投资,市场研究与信息等等。进行统计的结果如图 1-7 和图 1-8 所示:2007 年起,这部分的文献数量大幅度增加,并不断出现了一些新的学科。1995—2010 年文献数量前 5 名的学科如表 1-3 所示，也很好地印证了这点。

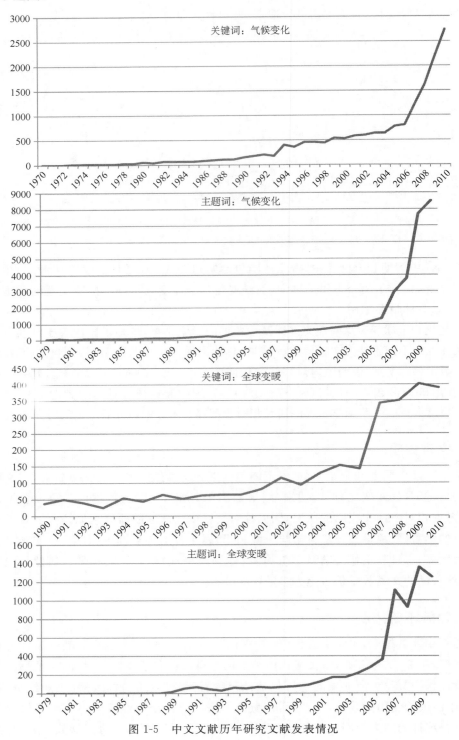

图 1-5　中文文献历年研究文献发表情况

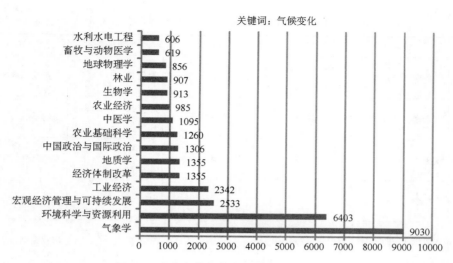

图 1-6 中文文献气候变化研究的学科分布

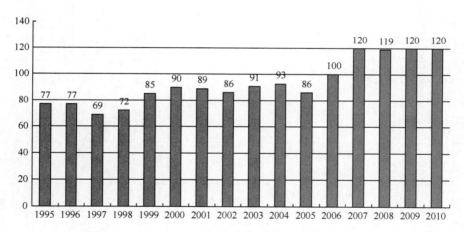

图 1-7 1995—2010 年"气候变化"关键词所涉及学科数目

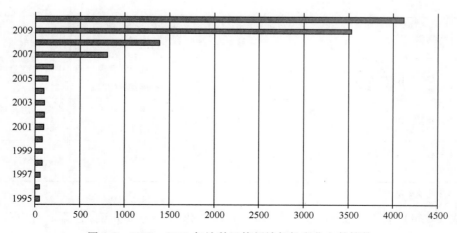

图 1-8 1995—2010 年社科经管领域气候变化文献篇数

表 1-3 1995—2010 年气候变化中文文献学科分布统计

年份\排名	第一	第二	第三	第四	第五
1995	气象学（108）	环境科学与资源利用（40）	中医学（39）	地质学（38）	农业基础科学（22）
1996	气象学（149）	中医学（64）	地质学（43）	环境科学与资源利用（41）	生物学（23）
1997	气象学（129）	中医学（60）	地质学（41）	环境科学与资源利用（38）	农业基础科学（34）
1998	气象学（139）	中医学（53）	环境科学与资源利用（44）	地质学（40）	农业基础科学（29）
1999	气象学（155）	地质学（57）	环境科学与资源利用（56）	中医学（48）	农业基础科学（37）
2000	气象学（132）	环境科学与资源利用（58）	中医学（50）	地质学（47）	农业基础科学（33）
2001	气象学（168）	环境科学与资源利用（108）	地质学（74）	中医学（52）	农业基础科学（44）
2002	气象学（186）	环境科学与资源利用（130）	地质学（89）	中医学（50）	生物学（33）
2003	气象学（271）	环境科学与资源利用（81）	地质学（69）	预防医学与卫生学（51）	中医学（48）
2004	气象学（330）	环境科学与资源利用（110）	地质学（82）	中医学（50）	农业基础科学（47）
2005	气象学（482）	环境科学与资源利用（192）	地质学（86）	农业基础科学（64）	地球物理学（59）
2006	气象学（489）	环境科学与资源利用（205）	地质学（105）	农业基础科学（90）	地球物理学（79）
2007	气象学（990）	环境科学与资源利用（696）	宏观经济管理与可持续发展（170）	农业基础科学（156）	工业经济（151）
2008	气象学（1282）	环境科学与资源利用（749）	工业经济（227）	宏观经济管理与可持续发展（223）	中国政治与国际政治（214）
2009	气象学（2016）	环境科学与资源利用（1909）	工业经济（847）	宏观经济管理与可持续发展（768）	中国政治与国际政治（569）
2010	环境科学与资源利用（1822）	气象学（1786）	宏观经济管理与可持续发展（1272）	工业经济（919）	经济体制改革（510）

注：括号内数字为文献数量。

由表 1-3 可以看出在 1995—2010 年间，气候变化研究持续升温，总体上可以分为两个阶段：

第一阶段为 1995—2006 年,集中在对气候变化的理论研究以及其相近周边学科的研究,文献集中在理工科方面,气象学、环境科学、地质学、农学是这个阶段的研究重点。值得注意的是,在某些年份,与人体健康有关的学科(如中医学,预防医学与卫生学)的文献也较丰富,说明气候变化与人类生活等相关问题开始进入研究视野;

第二阶段从 2007 年至今,由于 2007 年 IPCC 报告引起广泛关注,气候变化问题引起了经济管理,政治法律等学科的纷纷关注。这一阶段的特点十分鲜明,社会科学的研究大量涌入,气候变化已经超出自然科学问题,拓展到众多社会科学的学科研究范围,应对气候变化的公共政策研究开始出现。

1.3　中外文著作总体述评

近年来,国内外出版界均出版了大量研究气候变化问题的学术著作。这里仅就英、日、中 3 种语言著作展开简要述评。

1.3.1　英文研究著作述评

目前还没有一个英文著作数据库可供检索,在此情况下,有 3 条路径可以寻找气候变化研究著作的出版线索。

(1)气候变化研究论文和著作的英文引文或参考文献

在国内公开发表或出版的气候变化研究论文或著作中,可以找寻大量英文引文或英文参考文献;在一些气候变化研究硕博士论文引文或参考文献中也存在大量气候变化英文研究著作线索。众多论文或著作反复引用的英文著作将是本节述评的重点。

(2)已译成中文的英文著作

一般而言,已经译成中文的英文著作是在国外较受关注或对中国影响较大的著作,这些气候变化研究著作也应该成为本文关注的重点。

近年来,关于气候变化方面的英文著作大量被译成中文出版。例如,2001 年上海译文出版社出版的美国学者罗斯・格尔布斯潘(Ross Gelbspan)的著作——《炎热的地球:气候危机掩盖真相还是寻求对策》;自 2009 年 12 月开始,社会科学文献出版社陆续出版气候变化与人类发展译丛,该丛书已有英国学者吉登斯所著的《气候变化的政治》、澳大利亚学者戴维・希尔曼、约瑟夫・韦恩・史密斯合著的《气候变化的挑战与民主的失灵》、中国学者曹荣湘主编的外国学者重要论文集《全球大变暖:气候经济、政治与伦理》及英国学者诺斯科特所著的《气候伦理》等 4 种著作被译成中文出版;美国前副总统阿尔・戈尔所著的两本书《难以忽视的真相》、《我们的选择——气候危机的解决方案》已由湖南科技出版社分别于 2007 年、2011 年相继出版;另外,如《全球变暖——毫无来由的恐慌》、《气候战争》、《大迁移:气候变化与人类的未来》、《全球变暖的发现》、《碳博弈:国际竞争力与美国气候政策》、《环境风暴:气候灾变与人类的机会》、《气候变化:多学科方法》、《气候政策设计》等英文著作也在近三年陆续被译成中文出版。

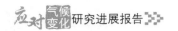

(3)亚马逊网上书店(http://www.amazon.com)

1995 年,亚马逊网上书店在美国西雅图正式成立,书店创立的独特销售方式——网上销售取得巨大商业成功,目前该书店已成为全球最大的网上书店。因为所售图书种类丰富齐全,亚马逊网上书店也可以作为一种图书数据库,可以对其进行某种类别的图书搜寻。实际上,网上书店提供了这种搜索功能,如图 1-9 所示。

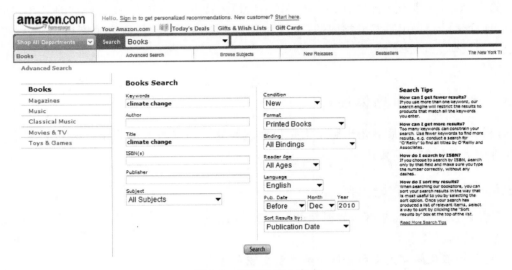

图 1-9　亚马逊网上书店

以"climate change"分别为关键词和标题词,搜索 2010 年 12 月以前出版的全部在售英文新版印刷图书,可得 1421 种;然后每隔三年直至 1980 年①,按其他同样搜索条件进行搜索,可得数据如图 1-10 所示。②

由图可知"Professional & Technical"(专业与技术)类别的有 1109 种,"Science"(科学)类别的有 1002 种;而"Business & Investing"(商业与投资)类别的有 356 种,"law"类别的有 94 种,等等。具体情况如图 1-11 所示。

综合上述 3 条路径,特别是参照第 3 条路径搜索所得结果可以发现,近年来气候变化英文研究著作存在如下规律:

① 20 年世纪 90 年代以后,英文气候变化研究著作有了显著增长,每三年的增长率近似 100%。进入 21 世纪以来,虽然 100%的增长率花了 6 年时间,但近三年的增长率又超过了 100%,绝对增长量加大,超过总量的一半以上,这说明近三年来关于气候变化的研究著作数量迅速增加。

② 关于气候变化自然科学研究的著作仍占研究著作的 70%左右,但近年来关于气候变化的人文社会科学研究著作有增加趋势,当然,人文社会科学研究著作一般也是以气候变化的自然科学研究成果为基础的。

---

① 为了和论文搜索时间一致,故考察 1980－2010 年 31 年的数据。

② 2011 年 4 月 8 日搜索亚马逊网上书店(http://:www.amazon.com)所得。

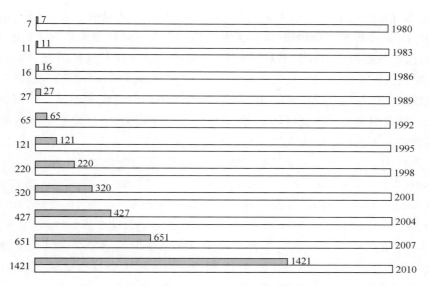

图 1-10 亚马逊网上书店气候变化领域英文著作出版情况

图 1-11 亚马逊网上书店所售的气候变化领域的英文著作情况

③ 由于英文是国际交流语言,再加上亚马逊网上书店强大的全球网络销售功能的推动,英文气候变化研究著作受到全球广泛关注,近年来陆续被译成其他多种语言出版发行,产生了极其广泛而深远的影响。

从英文气候变化著作的研究内容看,大致分为以下几类。

(1)关于气候变化的科学认知

历史走到今天,越来越多的气象学家发现,自然原因不能够完全解释全球气候系统发生的变化,气候系统正在因人类的工业活动和生活方式而发生着变化,未来气候变化的影响可能是灾难性的。

英国著名气候学家威廉·伯勒斯主编的权威著作《21世纪的气候》(Climate:into the 21st century)①是在世界气象组织(WMO)的赞助和世界气候计划的指导下,由一批全球顶级气象学家精心编纂而成的。全书对整个20世纪的全球气候系统作了充分的、综合的、精辟的总结,对世人瞩目的极端天气气候事件作了详尽的描述,对人类观测和监测气候系统的能力发展过程进行了追踪溯源,并概述了当前人类对不同时间尺度的气候的可预报性的认识,并就如何把我们在20世纪获得的气候方面的经验运用到21世纪造福于人类社会作了展望,告诉我们应该怎样面对未来气候变化带来的挑战。

2007年11月、2008年2月及3月,IPCC出版了《气候变化2007:自然科学基础》(Climate Change 2007:The Physical Science Basis)、《气候变化2007:影响、适应和脆弱性》(Climate Change 2007:Impacts,Adaptation and Vulnerability)、《气候变化2007:减缓气候变化》(Climate Change 2007:Mitigation of Climate Change)这3部著作,这实际上是IPCC第四次评估报告的3个部分。在这3部著作中,IPCC全面阐述了关于气候变化的最新立场,指出全球气候变暖已是十分明显的事实,积极应对才是人类社会应尽之举,这关系到人类的未来。迄今为止,这也是变暖派最新、最全面的观点表述。

对于气候变化持怀疑态度的著作也多种多样。美国学者S.弗雷德·辛格(S. Fred Singer)、丹尼斯T.埃弗里(Dennis T. Avery)合著的《全球变暖:毫无来由的恐慌》(Unstopped Global Warming:Every 1500 years)②以全然迥异于当前主流观点的态度讨论全球变暖问题,认为人类对气候的影响微不足道,全球变暖并非人类活动所致,地球气候1500年一变,现在地球正处于现代暖期,全球变暖并非末日将至,人类不必为此恐慌。

该书对"全球变暖"理论相关的各种观点进行了全面的挑战,否定温室效应理论,认为担心海平面升高,气候变暖将导致饥荒、干旱和土地贫瘠,数百万野生动物将永远消失,暴风雨将频发,可能出现突发的全球变冷等,都是"毫无来由的恐慌",《京都议定书》的实施,根本不可能改变地球的气候,必然以失败告终。该书是"怀疑派"观点的集中表达,通过该书可以较为系统地了解"变暖派"与"怀疑派"争议的主要内容,有利于扩大人们的研究视野。

2009年5月,剑桥大学出版社出版了迈克·休姆(Mike Hulme)的著作《为什么我们不赞同气候变化:理解分歧、不作为及机遇》("Why We Disagree About Climate Change:Understanding Controversy,Inaction and Opportunity")。在这部著作中,休姆仔细检验了气候变化的立论依据,回顾了气候变化从一个科学问题转变为社会、文化和政治问题的过程,阐述了不赞同气候变化的原因。休姆的观点强化了对气候变化与人类活动相关性的怀疑,在一定程度上增加"怀疑论"学派的学术分量。

(2)气候变化的社会影响

关于气候变化对人类社会影响的研究著作较多,主要集中在气候变化对淡水、生物多样性、人类健康、国家安全、国际关系、经济发展、能源、环境、人权等方面。

英国学者斯蒂芬·汉弗莱斯(Stephen Humphreys)在其《人权与气候变化》(Human

---

① 秦大河、丁一汇译校,气象出版社2007年9月出版。
② 林文鹏、王臣立译,上海科学技术出版社2008年4月出版。

Rights and Climate Change,Cambridge University Press,2009)中,从十分广泛的领域探讨了人权与气候变化之间的关系,深入阐述了气候变化对移民、疾病与医疗系统、食物与饮水、住所与土地、家禽、文化冲突等方面的影响,并分析了应对气候变化的政策所涉及的人权维度问题。他认为,气候变化对人权的影响集中体现在对健康权的影响上,气候变化引发的自然灾难与社会经济不平等,需要从制度构建、利益分配等角度界定相关权利与义务。

(3)应对气候变化

关于应对气候变化的研究著作十分丰硕,几乎研究气候变化必谈如何应对气候变化,如何应对气候变化是研究气候变化的目标和归宿所在。

英国著名政治学家、社会学家吉登斯(Anthony Giddens)在其《气候变化的政治》(The Politics of Climate Change)①一书中第一次从政治学意义上探讨气候变化的应对问题。吉登斯提出,在应对气候变化问题上存在着一种"吉登斯悖论",即存在这样一种困境:气候变化问题尽管是一个结果非常严重的问题,但对大多数公民来说,由于它们在日常生活中不可见、不直接,因此人们很难将它纳入短期考虑的范围。虽然人人关心气候变化问题,但愿意为之作出牺牲的人少之又少。称其为悖论的原因在于,一旦气候变化的后果变得严重、可见和具体,则我们就不再有行动的余地了,因为一切都太晚了。吉登斯指出,在应对气候变化方面,国家的角色至关重要。吉登斯设计了一个"政治敛合"和"经济敛合"为主要内容的气候变化政治框架,促使经济政策与气候变化政策的整合和协调,推动政治、经济与技术创新,共同应对气候变暖。吉登斯这本书在气候政策的制定战略上提出了独到见解,他希望在民主政治的框架下,强化国家加强管理、实现公共利益的职能。该书在世界范围内引起众多学者的关注和评论。

美国学者洛伦·R. 凯斯(Loren R. Cass)在其《美国和欧洲气候政策的失败:国际规范、国内政治和无法实现的承诺》(The Failures of American and European Climate Policy:international norms, domestic politics, and unachievable commitments,Albany:State University of New York Press,2006)一书中,以欧盟、德国、英国和美国为例,阐述了国际气候制度与欧美国内政治之间存在的互动关系,反映了国际气候制度构建的艰难性。

凯斯围绕两个问题展开论述,第一个问题是谁应该对温室气体排放负主要责任?发达国家由于其对大量温室气体排放负有历史责任应率先行动,还是所有国家在温室气体减排方面承担共同责任?第二个问题是应该用什么原则来指导减排?是采取国家尽责原则要求每个国家都承诺共同的温室气体减排目标,还是用经济效率原则指导全球温室气体减排?大多数非政府组织、发展中国家以及欧洲国家主张由国家承担自己的责任,而美国则主张重点在于减少全球温室气体排放,哪里减排成本最低就应当在哪里减排。凯斯认为,产生分歧的原因在于"国际规则"与"国内政治规则"的关系,如果两者产生共鸣并且同时符合国内重要行为主体的物质利益,对国内会产生显著影响;如果两者不能产生共鸣,就不可能对国内产生显著影响;如果两者产生共鸣但不利于国内重要经济行为主体的物质利益,国内影响则难以预测。在这里,凯斯提供了理解国际和国内气候政策关系的一种视角,表明国内气候政

---

① 曹荣湘译,社会科学出版社 2009 年 12 月出版。

策的制定与国家实力、经济发展、文化价值观念均相互联系。

美国著名学者保罗·G. 哈里斯（Paul G. Harris）在其《世界伦理与气候变化》（World Ethics and Climate Change：From International to Global Justice）中指出，气候变化问题是一个真正全球化的问题，任何国家都无法幸免。但人类却往往抱着"以邻为壑"的价值观，将正义共同体限定在国家范围之内。如果发达国家不重视该问题，发展中国家又成为问题的最大制造者，那么气候变化问题只会愈演愈烈。该书提出了以一种世界主义的伦理观构建全球气候变化政治的新途径，并用这种世界主义伦理观指导国际环境外交。这种世界主义伦理观，对气候变化问题的解决无疑是一种很好的道德基础。他尤其强调个体的作用，将重心放在个体的责任与义务上。他认为，发展中国家的人们应当努力限制温室气体的排放，这样可以引导富裕国家的政府及其民众的减排行为，并积极援助那些遭受气候变化之苦最多的人。

爱德华·A. 佩奇（Edward A. Page）在其《气候变化、正义和未来世代》（Climate Change，Justice and Future Generation，Edward Elgar Publishing Limited，2006）一书中，第一次以专著的方式探讨气候变化与代际正义的关系问题，认为当代人与未来世代之间的伦理关系需要极为深刻的哲学思考。不能因为未来时代的人们现在并不存在，且现在没有"身份"就否定他们拥有气候权利，或者因当代人与未来人之间缺少"互惠性"而否定正义的存在。他先将变暖世界中可能涉及的一般代际正义问题作了论述，并从空间、时间与科学 3 个维度考查了气候变化问题，力图使正义跨越时空，从当下走向未来。

1.3.2 日文研究著作述评

关于气候变化的问题，日本学者从气象学到环境学、再到社会学，研究领域迅速扩大。20 世纪 90 年代后期主要围绕《京都议定书》加以展开，此后温暖化、低碳社会方面的研究渐渐成为主流，近年来，关于 CO_2 导致地球温暖化的科学真伪更成为学界争论的焦点。

（1）关于地球温暖化否定论

早在 1998 年，名城大学教授槌田敦在环境经济与政策学会、物理学会、热力学学会等演讲中就认为，环境问题不是 CO_2 导致地球温暖化的问题，而是寒冷化与经济行为带来的森林和土地丧失的问题，因此温暖化的对策研究毫无意义，应该从开放系的热学理论出发正确理解环境问题。他的观点整理后以"CO_2 温暖化威胁说是世纪的暴论"为题发表，在学界引起较大反响（槌田敦 1998）。此后否定 CO_2 温暖化的学说渐成气候，特别是鸠山由纪夫首相提出日本消减 25% CO_2 目标以及 IPCC 报告发表后，反对与质问声此起彼伏。据日本媒体报道，不相信地球温暖化的研究者增多，他们对 IPCC 报告表示怀疑，认为地球温暖化没有科学依据。[①]

从政治与经济的利益出发，2009 年 12 月田中宇教授在"围绕地球温暖化的歪曲与暗斗"一文中，对各国歪曲温暖化进行分析，指出 COP15（《联合国气候变化框架公约》缔约方第 15 次会议）争论的本质是"以应对温暖化为名，在 COP 和世界银行巨额财政支持发展中国家的

---

① 《読売新聞》2010-2-25。

过程中,获得更多的资金分配的权利"。"中国和印度等"金砖四国"国家经济持续高速发展,可能导致世界中产阶级人口暴增,如果不强化节能、产业效率化、环境对策、农作物增产等措施,世界就难以忍受能源、资源以及粮食的价格高升"。日本在温暖化中不应与中国为敌,日本的环境技术对中国是有用的。温暖化外交也是一样,要从对美国的从属向重视中国等发展中国家的战略转变。① 有的学者还认为,日本的资源不足问题与中国的环境破坏的影响应该作为重要的研究课题,要警惕中国"资源的黑洞",中国制造业的能源效率很低,比如铁矿石不足会影响钢铁以及整个制造业(武田邦彦等 2007)。

从科学与伦理的角度出发,京都大学名誉教授、日本原气象学会理事长广田勇对主张温暖化的研究者提出批判,指出"如果认为 CO_2 确实导致气温上升 2~3℃ 的话,云的形态不是现在这样",呼吁"研究者应该取回自己的良心"。② 东京大学名誉教授、日本化学联合会会长、工学学会副会长御园生诚在"地球环境问题与科学家的使命"一文中指出,"地球温暖化是明显的误解","地球平均气温每年上升大约 0.01℃,海平面大约每年上升 2 mm,每年的变化是很小的",还认为 IPCC 报告本身缺乏足以信赖的基础,通过开发使用新能源解决问题只能是幻想,重要的是节能减排技术的革新与普及。强调修正错误认知是科学家的第一责任,科学家要遵守科学的基本理论,向社会提出正确的认知和判断,发挥指南针作用,使社会向正确的方向发展。③

此外近年来还有很多该方面的专著问世,观点十分尖锐,如能源亡国论、CO_2 减少 25％日本人年收入减半论、地球温暖化谎言论等等,在整体上产生了一定影响(広瀬隆 2010,御园生誠 2010,赤祖父俊一 2008,澤昭裕 2010,武田邦彦 2010,渡辺正等 2008,江泽诚 2010)。

(2)关于地球温暖化肯定论

对否定地球温暖化的观点,日本另外一派学者提出了不同意见。在 2005 年环境经济、政策学会上,东北大学明日香寿川教授强烈主张温暖化,与反对温暖化的槌田敦教授展开了激烈辩论,并与气象厅气象研究所的吉村纯在网上发表了"对温暖化对策怀疑论的总结之一",2008 年该阵营扩大为 8 名学者,共同发表了"对温暖化对策怀疑论的总结之二",2009 年又扩大为 10 名学者,共同发表了"对温暖化对策怀疑论的总结之三",全面系统地总结批判了怀疑和反对地球温暖化的"非科学的主张"。

原东京大学校长小宫山宏也坚决支持气候温暖的主张,认为地球温暖化的主要原因就是大气中的 CO_2,低碳社会就是减少 CO_2 的社会,鸠山首相在联合国气候变化峰会上提出 CO_2 比 1990 年减少 25％ 的宣言,虽然被经济学家批判为不可能,但依日本的技术能力来看这并非难事,实现该目标,日本就是国际社会的带头人。为此提出强化产业政策、改变生活方式、实施环境技术的 10 年战略(小宫山宏 2010)。

此外,以近藤邦明为代表的温暖化支持派 2006 年出版了《温暖化应该忧虑吗》,2009 年出版了《地球温暖化怀疑论批判》等著作。但总的来看,其阵营的内部团结以及理论学说的

---

① http://tanakanews.com/091227warming.htm,2011-3-12 访问。

② 《环境新闻》2010-4-10。

③ http://daiz.enat.jp/blog/trackback/tb_coc.php? id=98,2011-3-12 访问。

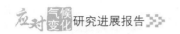

影响力还需要进一步加强。

(3)关于地球温暖化中立论

中立派则更为理性地探讨相关的法律政策和技术问题。比如爱媛大学教授兼平裕子（2010）提出,为了实现地球温暖化的政策效果,不仅要从环境经济学和国际法的领域进行研究,还有必要制定国内的具体政策,构筑低碳社会的法规政策体系。在论述了京都议定书以后形成的国际新框架以及主要国家的国内政策的基础上,立足于日本资源贫乏的现实,以公平和效率的统一为基点,提出了公共事业的竞争方式与电气行业的温暖化对策,他认为,电气领域要放宽规制,重视公益课题,实现电力市场重组和完全自由化。在分析了消减温室气体排放过程中原子能的作用与依存界限,他指出实行低碳税(环境税)的必要性、作用以及方法,并从电力、风力、可再生能源(太阳能、废物发电、燃料电池等)等方面提出了能源低碳化的政策,从国际化的视野提出了国际财政援助体系的构架。该书克服了日本许多学者追随美国或欧盟的政策主张的不足,力图从日本能源的特殊性入手,阐发富有新意的理论构成。其研究内容广泛,涉及税法、竞争法、行政法、环境法等学科,对构建公平效率的可持续发展的低碳社会,提出了实践性较强的法规政策和法学理论,被称为"贵重的实践政策论"。

此外还有很多行政机构、研究团体以及知名学者,客观平实地介绍分析气候变化的政策演变、国际合作、制度框架等方面的问题(環境法政策学会 2008,2010;星野智 2009,村ゆかり 2005,大塚直 2004,高村ゆかり 2002),力图说明事实真相,普及科学知识,启发人们思考,也产生了一定的作用和效果。

1.3.3　中文研究著作述评

卓越亚马逊网上书店,号称为中国目前最大的网上书店,利用这一网上书店的检索系统,可以获得相关气候变化研究著作的相关资料。以题名为"气候",选择 2010 年 12 月以前全部在售新书搜索,可得 322 种结果,再选三年为一阶段,进行相应搜索,所得结果如图 1-12 所示:

图 1-12　亚马逊网上书店气候变化领域中文著作出版情况

目前,中文气候变化研究著作存在如下特点:

(1)数量少。将中文气候变化研究著作与英文气候变化研究著作两相对比,可以发现,中文著作在数量上明显少于英文著作,实际上,在 322 部中文著作中,包含有几十种英文翻译著作,不能算作中文原创气候变化研究著作。

(2)不平衡。在这 322 种结果中,"科学与自然"类有 212 种,"科技"有 39 种,"政治"有 9 种,"法律"有 8 种,"军事"和"社会科学"各有 1 种。比较而言,自然科学研究著作明显多于人文社会科学研究著作。

(3)增长快。中文气候变化研究著作,主要是在近十年内出版的著作,进入 21 世纪的每个阶段,著作增长率均在 100% 以上,一半以上的著作量是在近三年形成的。

从研究内容上看,大致上可能归纳为 3 个方面:

(1)气候变化的科学认知

中国气候学家丁一汇在其主编的《中国气候变化——科学、影响、适应及对策研究》中,以"十五"国家科技攻关计划项目"重大环境问题对策与关键支撑技术研究"第 15 课题"气候变化国家评估报告的关键科学问题研究"发表的研究报告和科学论文为主要依据,主要反映了三部分成果:① 阐述了中国气候变化的基本事实与可能原因,并对 21 世纪全球与中国的气候变化趋势作出预估,为气候变化影响、适应和减缓对策研究提供科学依据;同时分析了气候变化科学研究中的不确定性,提出了有待解决的主要科学问题。② 针对我国国民经济和社会发展中重要的,并且对气候变化反应最敏感的部门领域,如农业、水资源、海岸带、森林与其他自然生态系统,进行了气候变化影响评估,在此基础上提出了适应气候变化的对策,主要包括适应技术和适应政策。③ 依据《联合国气候变化框架公约》中规定的一系列基本原则,在分析工业、交通、建筑以及能源部门减缓碳排放技术潜力和农林部门增加碳吸收汇潜力的基础上,对中国未来减缓碳排放的宏观效果及社会经济影响进行了综合评价,并对全球应对气候变化的公平性原则及国际合作行动进行了分析,简要阐述了中国减缓气候变化的思路与对策。

2010 年,中国出版界集中出版了一批质疑或反对气候变暖学说的著作。温景嵩、朱珍华、黄伟夫合著的《气候变化 2010——评 IPCC CO_2 变暖说》(冶金工业出版社 2010 年 10 月出版)强调气候变化的周期性、不确定性等特点,运用大量翔实的资料对流行的变暖说进行质疑与反驳。值得注意的是,这本著作篇幅不长,多以论文组合而成,多篇论文已在网络流传多时,影响甚广。其他的著作,如勾红洋的《低碳阴谋:中国与欧美的生死之战》(山西经济出版社 2010 年 5 月出版)、柳下再会的《以碳之名:低碳骗局幕后的全球博弈》(中国发展出版社 2010 年 4 月出版)、白海军的《碳客帝国》(中国友谊出版社 2010 年 4 月出版)、郎咸平的《郎咸平说:新帝国主义在中国 2》(东方出版社 2010 年 5 月出版,书中第六章为"气候大战:一个惊天大谎言")等,多从科普或民族主义角度反对气候变暖说,认为气候变化是又一个西方搞垮中国的阴谋。

(2)气候变化的影响

在探讨气候变化对自然环境及人类社会产生诸多影响方面,研究成果较为丰富。

秦大河院士的著作《中国气候与环境演变:气候与环境变化的影响与适应、减缓对策(上下卷）》(科学出版社 2005 年 8 月出版)的上卷,主要以中国科学家的研究成果为依据,以东亚气候与环境变化为背景,对中国近百年至千年的气候、环境演变进行了评估,阐述了中国区域气候与环境变化的基本事实以及相关的重大变化事件,并对中国气候变化的原因(包括自然原因与人类活动的原因)进行了分析。在此基础上,应用气候模式对未来 20 年、50 年、100 年中国气候与环境变化趋势进行了预估。该书下卷,首先分析了气候变化对自然生态系统和社会经济系统的可能影响,其次评估了在可持续发展框架下中国各大区气候变化的情况与适应问题,探讨了气候变化对经济社会发展的利弊关系,以及对南水北调、三峡工程、青藏铁路建设等重大工程的影响,最后进行了气候变化适应与减缓对策下的社会经济分析,并据此提出发展观念、决策机制、法制规章、环境建设等方面的咨询建议。

在众多气候变化研究著作中,张海滨所著《气候变化与中国国家安全》(时事出版社 2010 年 3 月出版)一书,依据清晰的分析框架和大量翔实的资料,深入分析和探讨了气候变化对中国国家安全的影响,以及气候变化影响中国国家安全的方式和程度。该书对中国应对气候变化的内外政策进行了解读和评价,对哥本哈根气候变化会议之后的国际气候政治走向也作了分析与预测。该书出版以来,受到广泛关注和好评。

王祥荣、王原主编的《全球气候变化与河口城市脆弱性评价——以上海为例》(科学出版社 2010 年 6 月出版)以世界自然基金会(WWF)"河口城市气候变化脆弱性综合评价"项目以及国家相关基金课题为基础,以气候变化脆弱性为理论框架体系,重点关注河口城市气候变化问题,并以河口城市上海为例,分别从市域和典型区域两个层面开展了气候变化脆弱性的案例评价,提出了相应的评价指标体系、构建了评价信息系统框架及应对策略。该书旨在探索河口城市气候变化脆弱性评价的理论和方法,并希望通过综合评估上海气候变化的脆弱性,为上海市提出应对气候变化的相关策略提供相关科学支撑。

(3)应对气候变化

在应对气候变化问题上,中文著作关注较多的是国际气候合作机制与困境、国际气候制度的功能及意义、国际气候制度的演进方式及方向等问题。

崔大鹏博士所著的《国际气候合作的政治经济学分析》(商务印书馆 2003 年 11 月出版),从国际政治经济战略格局的高度理解国际气候合作与谈判进程,分析了国际气候谈判的社会背景,澄清了关于环境问题国际合作的基本概念,建立了针对国际气候合作的博弈分析框架,深入分析了《京都议定书》的国际政治经济难题,并对我国参与国际气候合作提出了建议。

庄贵阳、陈迎著《国际气候制度与中国》(世界知识出版社 2005 年 12 月出版),从国际经济与政治的广阔视角,紧密跟踪国际气候谈判的发展态势,借鉴国内外相关领域的最新研究成果,对国际气候制度形成与演化进程中的公平与效率、后京都国际制度构架等重要问题进行了深入分析和研究。重点分析了中国在承诺温室气体减排问题上面临的压力与挑战、机遇与潜力、责任与战略选择,对我国参与国际气候谈判和国内政策制定具有重要的参考价值。

陈刚所著的《京都议定书与国际气候合作》(新华出版社 2008 年 2 月出版),以国际社会为了应对全球气候变暖所进行的旷日持久的国际谈判和所达成的《京都议定书》为例,分析了各方在控制本国温室气体排放上所承受的巨大成本和《京都议定书》在减缓气候变暖这一国际公共利益上所能实现的有限成效，以及议定书为西方发达国家、发展中国家、前苏联东欧国家等不同类型的缔约方所提供的额外收益（选择性收益），论证了选择性激励因素和非集体性的收益对各国参与公共问题领域内国际制度的影响和作用。

庄贵阳等所著的《全球环境与气候治理》（浙江人民出版社 2009 年 5 月出版），从世界经济与国际政治的视角分析了气候变化问题的实质，从科学认知、经济利益和政治意愿三个方面阐述国家间的博弈，探讨了国际气候治理中的公平与效率问题，提供了中国参与国际气候治理的战略选择。

薄燕所著的《国际谈判与国内政治》（上海三联书店 2007 年 4 月出版），以美国气候政策变化为例，运用双层博弈模式分析了国际谈判与国内政治的互动机制和相互关系，解释与评价了美国关于《京都议定书》的国家气候政策态度。该书在沟通国际气候制度与国家气候政策两者关系方面，提供了一个很好的分析样本。

张焕波所著的《中国、美国和欧盟气候政策分析》（社会科学文献出版社 2010 年 5 月出版），介绍、分析和比较了中国、美国和欧盟的气候政策，对欧盟 2012 年后的气候政策路线进行了分析展望，并就中国低碳发展路径提出了建议。

1.4 国际组织报告述评

当前，众多国际组织都很重视全球气候变化，无论是政府间国际组织，还是非政府间国际组织，纷纷对气候变化问题展开了研究，发布了众多气候变化研究报告，呈现出较为壮观的学术景观。这些报告既展示了一定的学术深度，更表达了一种政策立场。绝大多数报告都肯定了以全球变暖为特征的气候变化正在发生，并主张国际社会需要联合起来积极应对气候变化。大多数报告图文并茂，大量使用了摄影图片与统计图表，语言通俗易懂，在政策诠释和科普宣传方面产生了较好的社会效果，社会反响较大。

通过多种方法，现将 2007—2011 年部分国际组织出版或发布的重要气候报告列表如下（表 1-4）。

表 1-4 部分国际组织气候变化报告相关信息

序号	国际组织	报告名称及网址	发布时间
1	IPCC	气候变化 2007 综合报告 http://www.ipcc.ch/pdf/assessment-report/ar4/syr/ar4_syr_cn.pdf	2007 年
2	NIPCC	重新思考气候变化 http://www.nipccreport.org/reports/2009/pdf/CCR2009FullReport.pdf	2009 年
3	国际科学院委员会	气候变化评估:对 IPCC 报告产生过程及程序的回顾 http://reviewipcc.interacademycouncil.net/report/Climate％20Change％20Assessments,％20Review％20of％20the％20Processes％20&％20Procedures％20of％20the％20IPCC.pdf	2010 年
4	联合国系统协调首要执行局	联合国系统协调一致应对气候变化行动 http://www.un.org/climatechange/pdfs/Acting％20on％20Climate％20Change.pdf	2008 年

（续表）

序号	国际组织	报告名称及网址	发布时间
5	国际研究机构 DARA、"气候变化脆弱论坛"	气候变化脆弱监测 http://www.humansecuritygateway.com/documents/DARA_ClimateVulnerability-Monitor2010_TheStateoftheClimateCrisis.pdf	2010 年
6	全球气候观测系统	全球气候系统观测国家报告综述 http://www.wmo.int/pages/prog/gcos/Publications/gcos-130.pdf	2009 年
7	世界贸易组织、联合国环境规划署	贸易与气候变化 http://www.wto.org/english/res_e/booksp_e/trade_climate_change_e.pdf	2009 年
8	联合国环境规划署	迈向绿色经济:通向可持续发展和消除贫困的多种途径 http://www.unep.org/greeneconomy/Portals/88/documents/ger/GER_summary_zh.pdf	2011 年
9	联合国经济与社会事务部、联合国工业发展组织	应对气候变化的技术发展与转型:联合国系统各类组织行为纵览 http://www.un.org/esa/dsd/resources/res_pdfs/publications/sdt_tec/Survey_of_TT_Activities_by_UN_Organizations.pdf	2010 年
10	联合国防治荒漠化公约报告	气候变化与荒漠化 http://www.unccd.int/documents/Desertificationandclimatechange.pdf	2007 年
11	联合国开发计划署	2007/2008 年人类发展报告 应对气候变化:分化世界中的人类团结 http://www.un.org/chinese/esa/hdr2007-2008/hdr_20072008_ch_complete.pdf	2007 年
12	联合国经济和社会事务部	2009 年世界经济和社会概览:促进发展,拯救地球! http://www.un.org/en/development/desa/policy/wess/wess_archive/2009wess.pdf	2009 年
13	联合国国际减灾战略、开发计划署、环境规划署、WMO、教科文组织等	2009 年减少灾害风险全球评估报告:气候变化中的风险与贫穷 http://www.preventionweb.net/english/hyogo/gar/report/index.php?id=9413&pid:34&pih:2	2009 年
14	联合国粮农组织	气候变化与食物安全 ftp://ext-ftp.fao.org/SD/Reserved/Agromet/FAO&ClimateChangeCDROM/docs/FAO/ActfastbrochureEn.pdf	2009 年
15	联合国教科文组织	气候变化主动权 http://www.unesco.org/new/fileadmin/MULTIMEDIA/HQ/SC/pdf/sc_climChange_initiative_EN.pdf	2009 年
16	联合国难民署	气候变化与被迫移民地区:来自广阔地区适应的人道主义响应 http://www.unhcr.org/4a1e4e342.html	2009 年

（续表）

序号	国际组织	报告名称及网址	发布时间
17	国际能源署、经济合作与发展组织（OECD）	能源安全与气候政策 http://www.iea.org/w/bookshop/add.aspx?id=290	2007 年
18	OECD	城市与气候变化 http://www.oecd.org/document/34/0,3746,en_2649_34361_46573474_1_1_1_1,00.html	2010 年
19	国际能源署	世界能源展望 http://www.worldenergyoutlook.org/	2010 年
20	国际电信联盟	用信息与通信技术解决气候变化问题 http://www.itu.int/ITU-T/climatechange/itu-gesi-report.html	2010 年
21	国际农业发展基金	通过支持适应及相关行动应对气候变化 http://www.ifad.org/climate/index.htm	2009 年
22	世界银行	2010 年世界发展报告：发展与气候变化 http://publications.worldbank.org/index.php?main_page=product_info&cPath=0&products_id=23631	2009 年
23	WWF	气候变化解决方案——WWF 2050 年展望 http://www.wwfchina.org/wwfpress/publication/index.shtm?page=12	2007 年
24	世界旅游组织	从达沃斯到哥本哈根直至更远：在应对气候变化中不断前进的旅游业 http://www.unwto.org/pdf/From_Davos_to%20Copenhagen_beyond_UNWTOPaper_ElectronicVersion.pdf	2009 年
25	国际乐施会	科学印证的灾难：气候变化对贫穷社群的影响 http://www.oxfam.org.hk/content/98/content_3505tc.pdf	2009 年
26	绿色和平组织	关注鸿沟：新经济中的清洁、低碳发展 http://www.greenpeace.org/international/Global/international/publications/climate/2010/cancun/Emerging%20Economies%20brief%20oct2010.pdf	2010 年
27	绿色和平组织、国际乐施会	气候变化与贫困——中国案例研究 http://www.greenpeace.org/china/publications/reports/climate-energy/2009/poverty-report2009/	2009 年
28	绿色和平组织、欧洲再生性能源委员会	能源进化（革命）：可持续世界能源展望 http://www.greenpeace.org/international/Global/international/publications/climate/2010/fullreport.pdf	2010 年
29	欧洲气候网络	为什么欧洲应该加强它的 2020 年气候行动？ http://www.climnet.org/resources/cat_view/382-publications/370-can-europe-publications/377-climate-and-energy	2010 年

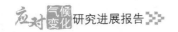

（续表）

序号	国际组织	报告名称及网址	发布时间
30	德国观察、欧洲气候网络	气候变化绩效指数：2011 年状况 http://www.climnet.org/resources/cat_view/382-publications/370-can-europe-publications/377-climate-and-energy	2010 年
31	亚洲及太平洋经济委员会	低碳绿色增长：亚太发展中国家应对气候变化的系统政策 http://www.green-growth.org/download/2010/LCGG_web.version.pdf	2010 年
32	气候变化公民社会联盟	气候变化公民社会报告 http://www.jiuding.org	2007 年

（2）传（3）即（4）学纵观本文所提及的 32 份报告，主要围绕下述三大问题展开。

（1）全球气候变暖事实及其成因

对全球气候变暖事实及其成因的认定，目前国际组织的报告显示了严重的观点分歧与对立，通过报告进行学术论辩成为当前一大学术景观，深刻地影响了媒体与公众的认知态度。

IPCC 是 1986 年 7 月由联合国环境署和 WMO 联合建立的一个专门评估气候变化及其影响的国际组织，自成立以来，先后发布了四次评估报告。这些评估报告对国际应对气候变化的政治走向，起到了很大甚至是决定性的影响。

在 1990 年发表的首份全球气候评估报告中，IPCC 向人类警示了气温升高的危险，这份报告促使了《联合国气候变化框架公约》的出台；在 1995 年的第二份报告中，IPCC 提出的证据清楚表明人类活动对全球气候的影响，这为 1997 年通过《京都议定书》铺平了道路；在 2001 年的第三份报告中，IPCC 以更坚实的证据表明人类活动与全球气候变暖有关，全球变暖可能主要是由人类活动导致的，这里的"可能"表示 66% 的可能性；在 2007 年发布的第四份报告中，IPCC 列举了大量的证据表明气候变暖已经是毫无争议的事实，人为活动很可能是导致气候变暖的主要原因，这里的"很可能"表示 90% 以上的可能性。然而，自从 IPCC 第一份评估报告发布以来，就遭到了一些持批评态度的科学家的质疑与批判。特别是第四份报告，受到另一非政府国际组织 NIPCC 的质疑与批判。

2007 年，美国哈特兰德研究所组建了一个被命名为"B 支队"的研究团队，旨在对气候变暖的科学证据进行独立于 IPCC 的评估，同年 4 月，在维也纳召开的国际气候工作会议上，这一团队更名为 NIPCC。2008 年，NIPCC 发布了关于全球气候变化的评估报告"Climate Change Reconsidered"及决策者摘要，2009 年该报告在美国芝加哥正式出版。该报告针对 IPCC 第四份评估报告提出的 8 个问题展开置疑：

① IPCC 宣称的人类活动是气候变暖主要原因的论点未得到证实；

② 现代变暖是自然原因造成的，太阳和地球系统的振荡是引起气候变化不可忽视的因素；

③ IPCC 的气候模式因存在各种缺陷而不可信；

④ 海平面上升不可能加速；

⑤ 人为排放的温室气体能加热海洋吗？关于海平面温度上升的结论可能受不同时期测量工具的影响；

⑥ 我们对大气中 CO_2 的生存时间、源、汇了解得并不全面，而且对未来的预测不是基于科学而是基于依赖社会—经济假设的排放情景，这不可避免地带来不确定性；

⑦ 人类排放 CO_2 的影响是温和的，CO_2 对植物和动物生长有益，并不可能造成极端天气事件；

⑧ 中等变暖的经济影响可能是正面的。

因此，NIPCC 报告认为"1979 年之后的全球变暖非常可能（90％～99％）是人类排放温室气体造成的"是错误的，是"自然而不是人类活动控制着气候"，《京都议定书》等国际协议都是不必要的（王绍武等 2010）。

面对多方对 IPCC 报告的质疑，2010 年初，联合国委托国际科学院委员会（IAC）对 IPCC 的管理架构、工作过程及程序进行独立评估。这是联合国首次邀请由 IPCC 之外的科学组织及科学家对 IPCC 进行独立评估。IAC 于 2010 年 8 月 31 日如期完成评估工作，向联合国递交评估报告《气候变化评估：对 IPCC 报告产生过程及程序的回顾》。该报告认为，IPCC 用以作出定期评估报告的过程总体上很成功，但 IPCC 需要从根本上改革其管理结构，增强其程序，以便应对数量日益巨大、内容日益复杂的气候评估以及更严密的公众监察。该报告得到了联合国秘书长潘基文的高度重视，IPCC 也对评估报告进行了认真讨论，尽可能采取相应措施用以完成自己的工作程序。

对 IPCC 报告，联合国所属各机构基本持赞成态度。联合国系统协调首要执行局在 2008 年发布报告《联合国系统协调一致应对气候变化行动》，要求联合国所属机构、项目和资金都应统筹考虑，协调一致，共同面对气候变化带来的挑战，主要目标是强化已有国际条约的执行，为后京都时期联合国气候变化框架协议的达成积累经验。国际全球气候观测系统通过其 2009 年发布的对各国气候变化观测资料的综述报告，支持了 IPCC 报告的基本结论。

（2）气候变化的影响

众多国际组织的报告在 IPCC 报告的基础上，详尽而深刻地揭示了气候变化对自然及人类社会产生的影响，并主要关注气候变化对人类社会的影响。总体说来，影响是负面的、消极的，而且这种影响正在持续发生，正在加剧，正在形成新的不公正和不安全，正在打破人类的生存底线。

2007 年，联合国开发计划署在其人类发展报告中指出，危险的气候变化正使得人类面临 5 个临界点，如果全球平均气温突破 2℃这一临界值，则会出现农业生产力水平下降、用水加剧、沿海洪灾和极端天气事件增多、生态系统瓦解、健康风险加大，导致人类发展倒退。[①] 2010 年，世界银行发布《2010 年世界发展报告：发展与气候变化》指出，社会的发展从来都取决于气候，但工业革命以来温室气体排放量的飙升已经改变了人类和环境的关系，发展目标

---

① 联合国开发计划署《2007/2008 年人类发展报告：分化世界中的人类团结》（中文本），第 26-29 页。参见 http://hdr.undp.org/en/media/HDR_20072008_CH_Overview.pdf。

受到气候变化的威胁,其中贫困国家和贫困人群所受的影响最大。"如果任其自由发展,气候变化将逆转发展进步的趋势,减少当代和未来人类的福祉"(世界银行 2010)。

2009 年,联合国国际减灾战略、开发计划署、环境规划署、WMO、教科文组织(即联合国教育、科学及文化组织)等多个国际组织发布了第一份两年一度的《2009 年减少灾害风险全球评估报告:气候变化中的风险与贫穷》,这份报告是在全球减灾战略执行背景下发布的,指出了气候变化给全球带来的灾害风险,强调要展开强有力的一致行动。2010 年 12 月,在墨西哥坎昆举行的联合国气候变化会议上,国际研究机构 DARA 和"气候变化脆弱论坛"联合发布了一项对各国气候变化危机评估的报告。这份名为《气候脆弱性监测者 2010:气候危机的状态》的报告坚持了 IPCC 报告的基本立场,评估了全球 184 个国家和地区未来 20 年(2010—2030 年)间因气候变化在健康、天气灾害、人类宜居性和经济等方面所遭受的损失,指出几乎所有的国家在 4 个指标中都至少有一项将遭遇严重的冲击。报告还指出,气候变化的影响正在全世界范围增加,而且对儿童和穷人的影响最大。从 2030 年开始,气候变化可能导致每年将近 100 万人死亡。

国际乐施会发布了大量关于气候变化对人类社会(特别是对弱势社群)产生的影响,在其 2009 年发布的《科学印证的灾难:气候变化对贫穷社群的影响》报告指出,气候变化正在摧毁人们的生活,即使各国领袖同意以最严格的方法制止温室气体排放,数以亿计人民的前景仍然是黯淡的,他们是世界上最贫困的群体。这份报告综合了多个贫穷社群因为气候变化而挣扎求存的故事,再配合气候变化影响的最新科学数据,解释了气候变化是人类发展的重大危机,呼吁各国领导人必须立即行动,以应对这个 21 世纪最严峻的人道危机。

乐施会与绿色和平组织联合发布了《气候变化与贫困——中国案例研究》报告,并提出"气候贫困"概念,将其定义为基本生存环境的贫困,是一种由于全球气候环境的变化导致自然条件恶劣,特别是自然灾害的频发造成人们基本生活与生产条件被破坏,以及基本生存权利被剥夺的贫困现象。报告指出,气候贫困是多维贫困中最难的也是最大的贫困。中国学者胡鞍钢高度评价这份报告,认为这项研究是国内外首次展开关于气候变化与贫困关系的研究,并以世界上受气候变化影响人口最多的中国为案例进行分析,务实性、前瞻性地提出了不同类型的适应和应对全球气候变化的政策建议和具体措施,不仅对国内具有指导意义,对国际也具有借鉴意义。①

相关国际组织从各自所属行业出发也发布了不少研究报告,纷纷剖析气候变化对相关行业可能造成的严重影响,例如世界贸易组织、国际能源组织、国际旅游组织、联合国难民署等,均发布了自己的研究报告,列举事实与数据,详细阐述气候变化对行业、地区或特殊人群产生的可能深刻影响。

(3)应对气候变化

几乎所有的国际组织均在报告中就如何应对气候变化问题发表了大量的对策性建议,"应对气候变化"这部分的内容是绝大部分报告中所占篇幅最多,分量最重,也最受读者重视

---

① 绿色和平组织、国际乐施会.《气候变化与贫困——中国案例研究》序言,2009 年 6 月 19 日发布,参见 http://www.oxfam.org.hk/content/98/content_3515tc.pdf。

的内容。

联合国经济和社会事务部发表题为《2009年世界经济和社会概览：促进发展，拯救地球》的报告强调，国际社会在应对气候变化的同时必须注重发展问题，发达国家需要加大力度减少其排放量，发展中国家也要积极参与，但这种参与的方式必须允许以快速可持续的方式实现经济增长和发展。报告指出，发达国家200年来依靠碳拉动的经济增长是目前全球变暖的主要原因，全球碳排放的增长有3/4来自发达国家，因而发达国家必须转向采用低排放、高增长的途径来应对发展和气候的挑战；而发展中国家需要采用与发达国家不同的方式来处理气候政策问题，大规模投资和积极的政策干预是发展中国家更好的选择。报告还指出，需要更加慎重地处理信任和公正问题，以确保对气候挑战作出公平和包容的反应。

城市让生活更美好还是让生活更糟糕？在全球气候变化的背景下，不同的应对措施会产生对这一问题的不同答案。2010年，OECD发布了题为《城市和气候变化》报告，报告从趋势、竞争政策和管理3个方面就城市化和气候变化之间的相关事项开展了分析。报告认为，城市消耗了绝大部分的世界能源，是全球温室气体排放的主要贡献者。但城市拥有主要的基础设施建设和高度密集化的人口，因而更容易受到气候变化的影响，如海平面上升、温度升高和更加强烈的暴风雨等。另外，较好的城市规划和政策能减少能源的使用和温室气体的排放，提高城市基础设施应对气候变化的弹性。报告分析和探索了OECD国家及其他一些国家的政策工具和良好实践，主张城市和大城市地区政府应该与国家政府通力合作来改变应对气候变化的方式。报告揭示了各级政府应对气候变化的重要性，主张地方政府通过增进"气候意识"的城市规划和管理，帮助实现国家气候目标。

作为全球最大的非政府国际组织之一的WWF，一直致力于减缓全球气候变暖，每年均发布大量研究报告，督促各国联合起来共同行动，尽快采取有效的气候变化解决方案。2006年，WWF正式推出了报告《气候变化解决方案：WWF2050展望》。报告由WWF全球能源课题组完成，集中了100多位专家的智慧。报告指出，以目前已知的可再生能源资源和现有技术水平，如果齐心协力向可持续能源资源和技术转换，有超过90%的可能性既可以满足2050年的能源增长需求，亦可避免气温升高超过2℃导致的灾难性气候变化。报告明确提出了实现目标的6种解决方案：打破能源服务和一次能源生产之间的关联；停止森林的砍伐；加快发展低排放技术；开发可塑性的燃料、能源储存和新型基础设施；使用低碳天然气替代高碳煤的使用；开发碳捕获及封存技术。报告也对实际操作的前景表示忧虑，指出如果在5年之后仍未能采取措施，未来可能要强制采取非持续的方式或者更严厉的干涉方式，届时将对全球经济产生重大影响。

气候变化对全球能源发展产生了巨大影响，反过来，积极应对气候变化又要促使能源产业实现创新和转变。如何实现能源结构转型，寻找清洁安全的能源，是应对气候变化、促进人类未来发展的重大课题。2007年，国际能源署与OECD联合发布《能源安全与气候政策》报告，对能源安全与减缓气候变化这两个政府关键目标之间的相互作用与关系开展研究，力求整合这两个政府目标，达到双赢。国际能源署成立于1974年，长期以来致力于促进在全球范围内推动经济增长和环境保护的可持续能源政策，尤其是减少导致气候变化的温室气体排放，近年来每年均发布报告——《世界能源展望》。在《世界能源展望2010》中，国际能源署指出,能源世界面临着前所未有的不确定性,到 2035 年,世界能源前景主要取决于政府的政策行动,以及其政策行动如何影响技术、能源服务价格及终端用户行为。报告还认为:根除化石燃料补贴将提高能源安全、减少温室气体排放和空气污染,并带来经济效益;对发展中国家的能源贫困需要采取紧急行动;以中国和印度为首的新兴经济体将驱动全球需求;中国可能会带领世界走入天然气的黄金时代。另一些国际组织也在气候变化背景下展开对能源问题的研究,发布相关报告,如绿色和平组织和欧洲再生性能源委员会在 2010 年发布《能源进化(革命):可持续世界能源展望》(第三版)报告,提出未来可能的能源供应战略,及可持续的能源和气候政策。

各国究竟为减缓气候变化做了什么?一些地方性国际组织,如德国观察、欧洲气候网络试图建立指标体系来回答这一问题。2010 年,这两个组织共同发布了《气候变化绩效指数:2011 年状况》报告,这份报告清晰公开地展示各国及国际社会在应对气候变化方面的实际行为,以及所拥有的优势和存在的劣势,表明当前国家气候变化绩效指数比以往有所上升。从前,国家气候政策分数比国际气候政策分数差,而现在国家行动要比国际谈判更有活力。

1.5 气候变化国际会议述评

气候变化的影响是全球性的,因而气候变化问题是一个全球的共同问题。自国际气象组织(International Meteorological Organization,英文简称 IMO,1947 年改 IMO 为 WMO,即 World Meteorological Organization,)于 1873 年召开第一次国际气象代表大会以来,国际社会一直致力于加强气象领域的全球合作,而气候领域的国际合作则在百年之后。1979 年,WMO 在瑞士日内瓦召开第一次世界气候大会,大会主题为"世界气候大会——气候与人类",这标志着气候变化问题第一次进入国际公共政策议程。大会推动建立了"世界气候计划"、"世界气候研究计划",推动成立了 IPCC。1990 年举行的第二次世界气候大会以"全球气候变化及相应对策"为主题,呼吁采取紧急国际行动,以阻止大气中温室气体的迅速增加,大会促成了《联合国气候变化框架公约》的出台及全球气候观测系统的建立。2009 年召开的第三次世界气候大会以"气候预测和信息为决策服务"为主题,旨在促进气候服务的发展,推动建立"全球气候服务框架",加强气候服务在社会经济规划中的应用,以防御和减缓气象灾害风险。

近 20 年来,在三次世界气候大会之外,国际社会围绕着国际气候制度(《联合国气候变化框架公约》和《京都议定书》)的制定和执行召开了一系列缔约方会议,这些会议对推进全球气候合作、延缓或适应气候变化带来的影响产生了积极作用。

1.5.1 里约会议:国际气候制度的建立

早在 19 世纪就有科学家发出警告,CO_2 排放量可能会导致全球变暖。然而,直到 20 世纪 70 年代,随着科学家们逐渐深入了解地球大气系统,这一问题才引起了大众的广泛关注。在两次世界气候大会及 IPCC 第一份气候评估报告(1990 年)推动下,1992 年 6 月 3—14 日,联合国环境与发展大会在巴西里约热内卢举行。178 个国家、17 个联合国机构、33 个政府组织的代表及 103 位国家元首或首脑参加了大会。会议取得重要成果,对环境与发展关系形成广泛共识,签订了《联合国气候变化框架公约》(以后简称《公约》)等重要文件。

《公约》是世界上第一个为全面控制 CO_2 等温室气体排放,以应对全球气候变暖给人类经济和社会带来不利影响的国际公约,也是国际社会在对付全球气候变化问题上进行国际合作的一个基本框架。《公约》的目标是减少温室气体排放,减少人为活动对气候系统的危害,减缓气候变化,增强生态系统对气候变化的适应性,确保粮食生产和经济可持续发展。

《公约》对发达国家和发展中国家规定的义务以及履行义务的程序有所区别。《公约》要求发达国家作为温室气体的排放大户,采取具体措施限制温室气体的排放,在 20 世纪末将其温室气体排放恢复到 1990 年的水平,并向发展中国家提供资金以支付他们履行公约义务所需的费用;而发展中国家只承担提供温室气体源与温室气体汇的国家清单的义务,制订并执行含有关于温室气体源与汇方面措施的方案,不承担有法律约束力的限控义务。《公约》还建立了一个向发展中国家提供资金和技术,使其能够履行公约义务的资金机制。

这是一个有法律约束力的公约。《公约》于 1994 年 3 月 21 日正式生效。自 1995 年 3 月 28 日首次缔约方大会在柏林举行以来,各缔约方每年都召开会议。截至 2010 年坎昆会议时,加入该公约的缔约国已增加至 194 个。目前,美国虽然是唯一一个没有签署《京都议定书》的工业化国家,但美国是《公约》的签约国。

《公约》的诞生,标志着国际气候制度的正式建立。《公约》为以后的国际气候合作确立了基本的合作框架,奠定了国际气候谈判的制度基础。但是,由于《公约》对目标和原则的规定比较抽象和理想化,对发达国家的减排没有作出强制规定,对相关执行和落实的细节缺乏论述,这为《公约》的执行带来了困难,也为以后《京都议定书》的制定埋下了伏笔。

1.5.2 京都会议:走向现实的理想

1997 年 12 月,《公约》第 3 次缔约方大会在日本京都举行。149 个国家和地区的代表通过了旨在限制发达国家温室气体排放量以抑制全球变暖的《京都议定书》,即 Kyoto Protocol,又译《京都协议书》、《京都条约》,全称《联合国气候变化框架公约的京都议定书》(以后简称《议定书》)。

《议定书》是《公约》的补充,它与《公约》的最主要区别是,《公约》鼓励发达国家减排,而《议定书》强制要求发达国家减排。《议定书》确认"共同但有区别的责任"这一原则,规定发达国家应承担减少温室气体排放的义务,而没有严格规定发展中国家的义务。

《议定书》是目前应对气候变化问题的唯一一份具有法律约束力的协议,它为近 40 个发达国家及欧盟设立了强制性减排温室气体目标,即整体而言,发达国家温室气体排放量要在 1990 年的基础上平均减少 5.2%,其第一承诺期将于 2012 年到期,届时将按照《公约》作出第二个减排承诺期。大多数发展中国家提出,与 1990 年的水平相比,到 2020 年发达国家应承诺至少削减总排放量的 40%~45%;但一些发达国家拒绝继续讨论《议定书》第二阶段承诺减排的内容。有关第二承诺期的减排安排已经成为国际社会各方关注的焦点之一。

《议定书》建立了旨在减排温室气体的 3 个灵活合作机制,即国际排放贸易机制、联合履行机制和 CDM。以 CDM 为例,它允许工业化国家的投资者从其在发展中国家实施的并有利于发展中国家可持续发展的减排项目中获取"经证明的减少排放量"。

《议定书》允许采取以下 4 种减排方式:(1)两个发达国家之间可以进行排放额度买卖的"排放权交易",即难以完成削减任务的国家,可以花钱从超额完成任务的国家买进超出的额度;(2)以"净排放量"计算温室气体排放量,即从本国实际排放量中扣除森林所吸收的 CO_2 的数量;(3)可以采用绿色开发机制,促使发达国家和发展中国家共同减排温室气体;(4)可以采用"集团方式",即欧盟内部的许多国家可视为一个整体,采取有的国家氨、有的国家增加的方法,在总体上完成减排任务。

2005 年 2 月 16 日,《议定书》开始生效。截至 2009 年 12 月,已有 184 个《公约》缔约方签署,美国是目前唯一游离于《议定书》之外的发达国家。

1.5.3 巴厘岛会议:面向未来的路线图

2007 年 12 月 3—15 日,《公约》第 13 次缔约方会议暨《议定书》第 3 次缔约方会议在印度尼西亚巴厘岛举行,来自 190 多个国家的代表、政府间组织和非政府组织、科学家、记者、公众逾万人参加了大会。本次会议是自 1997 年《议定书》通过 10 年后全球最大的一次有关气候变化的会议。

会议着重讨论"后京都"问题,即《议定书》第一承诺期在 2012 年到期后如何进一步降低温室气体的排放。会议要求,国际社会在《公约》和《议定书》"双轨"谈判进程下于 2009 年底,在丹麦哥本哈根会议上就如何进一步加强 2012 年后应对气候变化国际合作达成共识。

大会通过了《巴厘岛行动计划》("后京都谈判"的"路线图",即所谓"巴厘路线图"),其主要内容:一是新的国际气候协定应覆盖适应、技术和资金等关键领域;二是明确结束谈判的时间表,争取在 2009 年前达成一份新的应对气候变化国际协议,为各国批准留出时间,同时确保新的协议在 2012 年底前生效,保证人类应对气候变化的努力不会中断;三是明确谈判的组织和程序问题,即如何有效推进谈判进程。

"巴厘路线图"是在全球变暖趋势日益明显和科学依据更具可信度的新形势下,《公约》缔约方于巴厘气候变化大会达成的共识,旨在为今后,特别是《议定书》期满后,如何深入应对气候变化作出具体准备的行动计划。一方面,它受到了各方的高度评价。联合国秘书长潘基文赞扬路线图是迈向达成新协议的关键性第一步,并深深感激许多成员国所体现的灵活处事和妥协的精神;《公约》秘书处执行秘书指出这是真正的突破,是国际社会成功对抗气候变化的真正良机;欧盟代表团团长表示非常满意协商结果,"这正是我们要求的";英国称"巴厘路线图"是历史性突破;中国代表团表示这是人类应对气候变化的新里程碑。另一方面,某些对它的评价又透露出遗憾与担忧。欧洲议会议长认为美国反对为发达国家设定具体减排目标的立场是最令人失望的,呼吁美国全力支持"巴厘路线图",希望美国能充分尊重它已经签署的协议,不要在此基础上再出现倒退;由于美国的坚持,"巴厘路线图"最终并没有制定可行的量化指标,这也让许多环保人士感到不安。

总体说来,"巴厘路线图"仍是人类应对气候变化进程中的一座里程碑,本次大会的中国代表团副团长、国家应对气候变化领导小组办公室司长苏伟认为其亮点主要如下。

(1)强调了国际合作。"巴厘路线图"在第一项的第一款指出,依照《公约》原则,特别是

"共同但有区别的责任"原则,考虑社会、经济条件以及其他相关因素,与会各方同意长期合作共同行动,行动包括一个关于减排温室气体的全球长期目标,以实现《公约》的最终目标。

大会决定在《公约》框架下成立"长期合作行动特设工作组",讨论如何把发展中国家纳入到减排的体系中来。美国虽然退出了《议定书》,但还是《公约》的缔约国,所以该工作组的另一项任务是把美国拉进来,希望能让美国比照《议定书》的规定来减排。"巴厘路线图"还规定,关于《议定书》第二承诺期的讨论仍将继续,负责这项谈判的是"京都议定书特设工作组"。从此,气候谈判变成了"双轨"。

发达国家更看重前者,因为这是唯一可以把其他主要排放国包括进来的谈判工作组。但大多数发展中国家都支持双轨制,就是《公约》与《议定书》共存,这样发达国家必须进行有法律约束力的强制减排,发展中国家则可以喘口气。

(2)把美国纳入进来。由于拒绝签署《议定书》,美国如何履行发达国家应尽义务一直存在疑问。"巴厘路线图"明确规定,《公约》的所有发达国家缔约方都要履行可测量、可报告、可核实的温室气体减排责任,这把美国纳入其中。

(3)除减缓气候变化问题外,还强调了另外3个在以前国际谈判中曾不同程度受到忽视的问题:适应气候变化问题、技术开发和转让问题以及资金问题。这3个问题是广大发展中国家在应对气候变化过程中极为关心的问题。

(4)为下一步落实《公约》设定了时间表。"巴厘路线图"要求有关的特别工作组在2009年完成工作,并向《公约》第15次缔约方会议递交工作报告,这与《议定书》第二承诺期的完成谈判时间一致,实现了"双轨"并进。

(5)中国为绘成"巴厘路线图"作出了自己的贡献。中国把环境保护作为一项基本国策,将科学发展观作为执政理念。根据《公约》的规定,结合中国经济社会发展规划及可持续发展战略,制定并公布了《中国应对气候变化国家方案》,成立了国家应对气候变化领导小组,颁布了一系列法律法规。中国的这些努力在本次大会上得到各方普遍好评。

2008年,落实"巴厘路线图"的谈判全面展开,分别在曼谷、波恩、阿克拉和波兹南共举行了4轮会议。在《议定书》下,各方主要讨论了发达国家实现减排目标的手段和方法,尚未涉及发达国家的减排指标问题;在《公约》下,各方围绕减缓、适应、资金和技术四大问题展开了一般性讨论,尚未涉及发达国家减排义务可比性等问题。

2008年底在波兹南结束的《公约》第14次缔约方会议标志着"巴厘路线图"谈判进程时间过半,会议通过了2009年工作计划,从形式上实现了向全面谈判模式的转变。2009年举行了5轮谈判,为哥本哈根新协议的诞生作了准备。

1.5.4 哥本哈根会议:分歧中的共识维系

2009年12月7—18日,《公约》第15次缔约方会议暨《议定书》第5次缔约方会议在丹麦首都哥本哈根召开,来自192个国家的谈判代表及约130个国家的领导人参加大会,商讨《议定书》一期承诺到期后的后续方案,即2012—2020年的全球减排协议。会议最终达成不具法律约束力的《哥本哈根协议》。

根据2007年在印尼巴厘岛举行的第13次缔约方会议通过的"巴厘路线图"的规定,

2009 年末在哥本哈根召开的第 15 次会议将努力通过一份新的《哥本哈根议定书》，以代替 2012 年即将到期的《议定书》。考虑到协议在实施操作环节所耗费的时间，如果《哥本哈根协议》不能在 2009 年的缔约方会议上达成共识并获得通过，那么在 2012 年《议定书》第一承诺期到期后，全球将没有一个共同文件来约束温室气体的排放，这意味着遏制全球气候变暖的行动遭到重大挫折。因此，很大程度上，此次会议被视为全人类联合遏制全球变暖行动一次很重要的努力。

《哥本哈根协议》维护了《公约》及其《议定书》确立的"共同但有区别的责任"原则，就发达国家实行强制减排和发展中国家采取自主减缓行动作出了安排，并就全球长期目标、资金和技术支持、透明度等焦点问题达成广泛共识，在国际社会共同应对气候变化方面，迈出了具有重大意义的一步。中国气象局局长郑国光认为，这个协议至少有以下几个特点。

（1）维护了《公约》和《议定书》确立的"共同但有区别的责任"原则，坚持了"巴厘路线图"的授权，坚持并维护了《公约》和《议定书》"双轨制"的谈判进程，反映了各方自"巴厘路线图"谈判进程启动以来取得的共识，包含了包括中国在内的各方的积极努力。

（2）在"共同但有区别的责任"原则下，最大范围地将各国纳入了应对气候变化的合作行动，在发达国家实行强制减排和发展中国家采取自主减缓行动方面迈出了新的步伐。《公约》附件一①的《议定书》缔约方将继续减排，美国等《公约》附件一的非《议定书》缔约方将承诺履行到 2020 年的量化减排指标。发达国家的减排行动及向发展中国家提供的资金将根据有关的准则进行测量、报告和核实。《公约》非附件一缔约方，即发展中国家在可持续发展框架下采取减缓行动，最不发达国家和小岛屿发展中国家可以在自愿和获得支持的情况下采取行动。

（3）在发达国家提供应对气候变化的资金和技术支持方面取得了积极的进展。在资金方面，要求发达国家根据《公约》的规定，向发展中国家提供新的、额外的、可预测的、充足的资金，帮助和支持发展中国家的进一步减缓行动，包括大量针对降低毁林排放、适应、技术发展和转让以及能力建设的资金，以加强《公约》的实施。在资金的数量上，要求发达国家集体承诺在 2010—2012 年间提供 300 亿美元新的额外资金。在采取实质性减缓行动和保证实施透明度的情况下，发达国家承诺到 2020 年每年向发展中国家提供 1000 亿美元，以满足发展中国家应对气候变化的需要。同时，将建立具有发达国家和发展中国家公平代表性管理机构的多边基金。这些资金中的适应资金将优先提供给最易受气候变化影响的国家。虽然发达国家在资金上的这些承诺与发展中国家应对气候变化的资金需求相比尚有一定差距，但毕竟提出了一个量化的、可预期的目标。

在技术开发与转让行动方面，决定设立一个"技术机制"，加速技术开发与转让，支持适应和减缓行动。这一措施将有望为推动气候友好技术的大规模应用提供机制和制度上的保障。

（4）在减缓行动的测量、报告和核实方面，维护了发展中国家的权益。作为《公约》非附

---

① 1992 年通过的《联合国气候变化框架公约》产生两个关于公约缔约方的附件（即为附件一和附件二），列入附件一和附件二的国家主要包括发达国家和经济转型国家。

件一国家的发展中国家,只有获得国际支持的国内减缓行动才需要根据缔约方大会通过的指导方针,接受国际的测量、报告和核实。自主采取的减缓行动只接受国内的测量、报告和核实,有关结果每两年一次以国家通报的方式予以通报,通过明确界定的准则和确保国家主权得到尊重方式进行国际磋商及分析。

(5)根据 IPCC 第四次评估报告的科学观点,提出了将全球平均温升控制在工业革命以前 2℃的长期行动目标。为了确保长期目标和相应的应对行动得到最新气候变化相关科学研究成果的支持,对《哥本哈根协议》执行情况以及对包括长期目标在内的共同愿景的综合评估,将与 IPCC 已正式启动的第五次评估报告的出台时间相衔接。①

对于《哥本哈根协议》,绿色和平组织等多个国际环保组织和行业协会表示不满,认为仅出台一个不具法律约束力的声明远远不够,也不足以向全世界提供足够清晰的信号,不能为我们的后代提供任何安全保障。

1.5.5 坎昆会议:在妥协中走向未来

2010 年 11 月 29 日—12 月 11 日,《公约》第 16 次缔约方会议暨《议定书》第 6 次缔约方会议在墨西哥东部城市坎昆举行。这是继哥本哈根大会后,全球为应对气候变化进行的又一次重量级会议,来自近 200 个国家和地区的两万多名各界代表参加了会议。

会议通过了被称为《坎昆协议》的一揽子平衡的决议(《公约》和《议定书》两个工作组分别递交的决议),促使所有政府更加坚定地迈向低排放的未来之路,并支持加强发展中国家应对气候变化的行动。

《坎昆协议》的内容主要包括:

(1)工业化国家的目标在多边进程中得到了正式认可。这些国家将制定低碳发展计划和战略,并评估实现这些目标的进程,包括通过市场机制,以及每年自报清单。

(2)发展中国家的减排行动在多边进程中得到了正式认可。将设立一个登记处来记录发展中国家的减缓行动,并将其与工业化国家提供的资金和技术支持相匹配。发展中国家每两年公布一次进展。

(3)《议定书》缔约方同意继续举行谈判,以完成其工作并确保《议定书》第一和第二承诺期之间不出现空当。

(4)加强了《议定书》的清洁发展机制,将更多的重大投资和技术纳入对发展中国家环境无害且可持续的减排项目。

(5)缔约方推出了一系列的倡议和制度,以保护脆弱群体免受气候变化的影响,并部署发展中国家在规划和建设可持续未来时所需的资金和技术。

(6)决定到 2012 年,工业化国家将提供总计 300 亿美元的快速启动资金来支持发展中国家的气候行动;到 2020 年,计划筹集 1000 亿美元的长期基金。

(7)在气候融资方面,在缔约方大会框架下设计一个"绿色气候基金",并建立一个发达

---

① 气象局长解读哥本哈根协议:凝聚共识 构筑新起点,中央政府门户网站 http://www.gov.cn/jrzg/2009-12/22/content_1494124.htm,2009 年 12 月 22 日。

国家和发展中国家享有均等代表权的董事会①。

《坎昆协议》是各方妥协的结果,决议均衡地反映了各方意见,虽然还有不足,各方并不感到满意,但都表示可以接受。中国代表团认为,坎昆会议的成果体现在,一是坚持了《公约》《议定书》和"巴厘路线图",坚持了"共同但有区别的责任"原则,确保了明年的谈判继续按照"巴厘路线图"确定的双轨方式进行;二是就适应、技术转让、资金和能力建设等发展中国家关心问题的谈判取得了不同程度的进展,谈判进程继续向前,向国际社会发出了比较积极的信号。但是,坎昆会议并未能够完成"巴厘路线图"的谈判,这意味着明年的谈判任务将十分艰巨。在 2011 年南非德班的气候大会上,与会各方应该完成《议定书》第二承诺期的谈判,建立有效支持发展中国家应对气候变化的资金、技术转让、适应等机制安排,圆满完成"巴厘路线图"授权的谈判任务,将应对气候变化国际合作的进程向前推进一大步②。德班并不遥远,未来充满希望。

1.6 中外研究文献比较

为揭示中外在气候变化研究内容方面的特点与差异,我们同样依据万方和 CNKI 中国期刊数据库,拟通过文献检索,基于气候变化文献在学科方面的分布情况来进行相关分析。但是两种数据库针对学科的分类有较大差异,为此,我们首先进行整合,以 CNKI 的学科分类为准,对比中外文文献研究内容的变化趋势,把具体学科进行了如表 1-5 的分类。

表 1-5 学科划分

学科分类	CNKI 学科分类	万方学科分类
基础科学	自然科学理论与方法;数学;非线性科学与系统科学;力学;物理学;天文学;自然地理学和测绘学;气象学;海洋学;地质学;地球物理学;资源科学	天文学、地球科学;自然科学总论;数理科学和化学
工程科技	工程科技 1 辑:化学;无机化工;有机化工;燃料化工;一般化学工业;石油天然气工程;材料科学;矿业工程;金属学与金属工艺;冶金工业;轻工业手工业;一般服务业;安全科学与灾害防治;环境科学与灾害防治	工业技术;环境科学、安全科学;交通运输;航空、航天
	工程科技 2 辑:工业通用技术及设备;机械工业;仪器仪表工业;航空航天科学与工程;武器工业与军事技术;铁路运输;公路与水路运输;汽车工业;船舶工业;水利水电工程;建筑科学与工程;动力工程;核科学技术;新能源;电力工业	
	信息科技	
农业科技	农业基础科学;农业工程;农艺学;植物保护;农作物;园艺;林业;畜牧与动物医学;蚕蜂与野生动物保护;水产和渔业	生物科学;农业科学

---

① 摘自《坎昆协议(The Cancun Agreements)》,参见 http://cancun.unfccc.int/。

② 解振华:坎昆大会取得成功《京都议定书》获坚持. 中央政府门户网站 http://www.gov.cn/jrzg/2010-12/11/content_1763817.htm,2010 年 12 月 11 日。

（续表）

学科分类	CNKI 学科分类	万方学科分类
医药卫生科技	医药卫生科技	医学、卫生
哲学与人文科学	哲学与人文科学	宗教；综合性图书；历史、地理；艺术；语言、文字；文学
社会科学	社会科学1辑：马克思主义；中国共产党；政治学；中国政治与国际政治；思想政治教育；行政学与国家行政管理；政党及群众组织；军事；公安；法理法史；宪法；行政法及地方法制；民商法；刑法；经济法；诉讼法与司法制度；国际法	政治、法律；社会科学总论；军事；文化、科学、教育、体育
	社会科学2辑：社会科学理论与方法；社会学及统计学；民族学；人口学与计划生育；人才学与劳动科学；教育理论与教育管理；学前教育；初等教育；中等教育；高等教育；职业教育；成人教育与特殊教育；体育	
经济与管理科学	经济与管理科学	经济

　　按照表1-5所示，将两种数据库的不同学科分类整合到七大学科中，统计了自1995年气候变化研究开始兴起到2010年的文献检索情况，其中外文文献检索采用"climate change"关键词，中文文献采用"气候变化"关键词。下面来分析中外文献针对气候变化问题的研究的特点。

1.6.1　以理工学科研究为主

　　如图1-13所示，从研究数量上看，中文理工科（包括基础科学、工程科技、农业科技和医药卫生科技）方面的研究文献达29442篇，社会人文（包括哲学与人文科学、社会科学和经济与管理科学）方面为11288篇；外文理工科研究文献为52464篇，社会人文研究文献仅为2552篇。其中理工科中文研究偏重基础科学，所占比重为45.63％，而外文研究偏重工程科技，所占比重为44.71％。

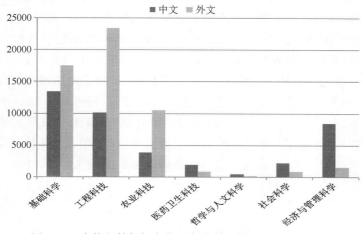

图1-13　中外文献气候变化研究学科比较（1995—2010年）

1.6.2 社会人文学科的研究

气候变化研究的中文文献对社会人文方面的关注度要高于外文文献,如图 1-14 所示,中文文献在社会人文方面的研究占 27.71%,而外文文献仅占 4.64%。同时中外文文献在社会人文学科方面偏重于经济与管理科学,中文经济与管理科学方面的研究占社会人文研究总量的 75.65%,外文经济与管理科学方面研究的比重约为 60.34%。

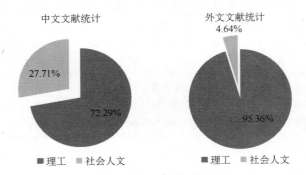

图 1-14 中外文献气候变化研究学科比较(1995—2010 年)

1.6.3 中外研究的异同

如图 1-15 和图 1-16 所示,无论理工类还是社会人文类研究,研究气候变化的外文文献数量都在 2008 年达到高峰,其后开始明显下降,各个学科的曲线状态都基本如此,说明国际上气候变化领域的研究自 2008 年出现降温已是不争的事实;反观中文研究,理工类研究各学科除"医药卫生科技"、"基础科学"外,其他一直保持增长态势,并且自 2008 年以来还出现了增长高潮,但"基础科学"2009 年后也出现停滞倾向。社会人文类各学科的研究基本也保持增长态势,其中占主流的经济与管理学科研究自 2008 年以来亦增长明显,说明近年来国内气候变化领域的研究正迎来研究高潮。

在研究国际气候制度过程中,国内相关研究文献主要存在着两个方面的问题:一是在各国气候外交政策的成因方面,在强调政府首脑在国际气候合作中的重要作用的同时,也夸大和高估了政府首脑在国际气候合作中的作用,因此没有能够揭示影响气候变化政策的核心因素;二是对国际气候博弈的分析中,在揭示发达国家与发展中国家的分歧的同时,对发达国家之间的立场分歧重视不够。实际上,在气候变化方面,除了发达国家与发展中国家之间存在分歧外,发达国家之间也存在着严重的分歧,并且后者同样严重阻碍了国际合作的进展。国外相关文献存在的主要问题是,仅仅从发达国家的角度来对国际政治与气候变化之间的关系进行研究,而忽视了其他主要行为体之间的地位与作用,尤其是对发展中国家的政治立场和利益需求分析不足,因而也难以全面准确地揭示国际气候博弈的状况。

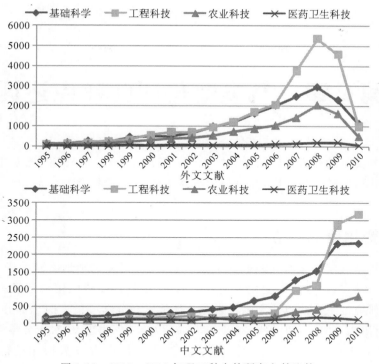

图 1-15 1995—2010 年理工科中外研究文献比较

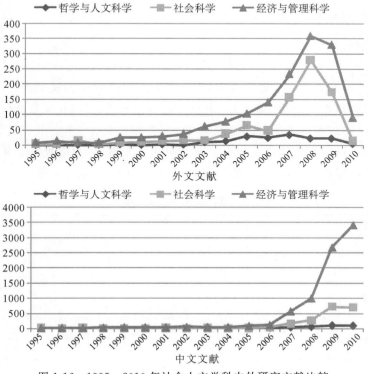

图 1-16 1995—2010 年社会人文学科中外研究文献比较

第2章 气候变化研究热点述评

通过对中外文献的初步调研,我们对气候变化问题的研究动态有了宏观把握,本章主要是聚集气候变化研究的热点问题,并对相关研究内容进行述评。

2.1 气候变化研究热点

通过对近年来气候变化研究领域的文献检索分析,可以清晰地看到关于气候变化自然科学研究的三大热点:一是气候变化的演变规律;二是气候变化的驱动因素;三是气候变化的影响作用。研究的三大热点。文献检索分总体检索和分学科检索两个部分。对于总体检索,由于文献量巨大,我们以近5年(2006—2010年)的文献为重点;对于分学科的检索,时间跨度以近30年(1980—2010年)为主。外文检索主要依据万方数据库进行,中文检索以CNKI中国期刊数据库为主。

2.1.1 外文文献研究热点

(1)总体检索状况

限于文献量巨大,为缩小搜索范围,仅限于关键词中含"climate change"的外文期刊文章,时间跨度为2006—2010年,结果为8483篇。为使调研结果客观准确,且能够真正反映当前学术界的研究热点,我们将这些文章按照万方设定选项"经典论文优先"(按被引频次和发表刊物的权威性)的顺序排序,选取前100篇,采样率约为1.2%。我们认为,基于较为全面的万方西文数据库搜索到的这100篇经典文献来进行调研,可以反映近年来气候变化领域的研究热点。经粗读文献,这100篇经典文献的研究内容如表2-1所示:

表 2-1 万方数据库外文文献情况

初步归纳	研究内容	文章数量
	气候变化趋势	34
气候变化的原因	温室气体排放	7
	气溶胶	5
	内部反馈过程	3
	土地利用	7
经济与管理类	社会经济	3
	政策	7

初步归纳	研究内容	文章数量
气候变化的影响	气象灾害	8
	水资源	7
	人类健康	2
	生物圈	5
	其他	12

（2）政治法律学科检索状况

选用关键词"climate change"，搜索1980—2010年文献，得到249篇政治法律学科论文，进行经典论文排序，选择被引频次至少为1次的排在前20名的论文，发现主要涉及气候政治化、国际气候制度、国家气候政策或气候立法、气候安全、气候谈判等主题，进行归纳分类如表2-2所示。

表2-2　1980—2010年"climate change"政法学科论文分布

主题	论文数	主题	论文数
气候政治化	74	气候安全	12
国际气候制度	78	气候谈判	13
国家气候政策	57	其他	15

从文章的内容来看，"气候政治化"包含气候科学政治化、气候变化与人权、气候变化与发展、气候变化与贫困、气候变化与国际关系、国际政治变革等相关内容；"国际气候制度"包含国际气候治理、国际气候合作、国际气候制度法律文本及演进分析等相关内容；"国家气候政策"包含各国气候政策制定或气候立法分析等相关内容；"气候安全"包含气候变化影响地区冲突、国家安全、国际安全等相关内容；"气候谈判"包含国际气候谈判的利益分歧、策略博弈、未来发展等相关内容；"其他"包含重复以及与气候变化不相关的一些论文，因此不作考虑。

（3）气候伦理检索状况

检索谷歌图书、亚马逊图书及美国宾夕法尼亚州立大学图书馆，得到气候变化伦理类相关著作169部。分类如表2-3所示。

表2-3　"气候变化伦理"著作数量检索结果

主题	总数	2011年（待版）	2010年	2009年	2008年
气候道德（climate ethics）	44	3	13	6	5
气候公平（climate justice）	48	1	16	13	5
气候权利（climate rights）	54	1	10	7	7
气候责任（climate responsibility）	23	2	6	2	1
合计	169	7	45	28	18

2.1.2 中文文献研究热点

依据 CNKI 中国期刊全文库的检索结果,气候变化的相关研究集中在两大版块:一是自然科学版块;二是社会人文科学版块,又分经济管理、政治法律和气候伦理三个方面。

(1)自然科学研究热点

利用 CNKI 中国期刊全文库,限定时间范围为 1911—2010 年,关键词"气候变化",共检索到 31618 篇文献,其中 2006—2010 年的核心期刊共 3891 条记录,2010 年共 1816 条记录。其中核心期刊文献的研究热点如图 2-1 所示。

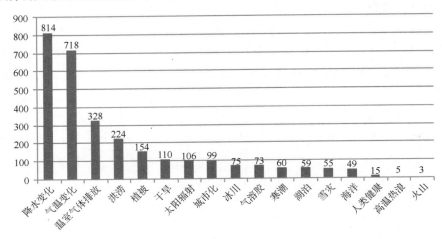

图 2-1　2006—2010 年中文核心期刊文献以"气候变化"为关键词搜索情况

(2)经济管理研究热点

根据 CNKI 中国期刊全文库,以"气候变化"为题名,同时明确检索基础数据库为"经济与管理",进行精确搜索(1911—2010 年 12 月),共有文献 844 篇[1],占该领域全部研究文献的 14%[2]。对上述 844 篇文献按其内容进行分析,可以发现,其主要研究内容围绕以下 10 个领域(图 2-2)。

①　气候变化与产业经济问题:172 篇,包括气候变化与农业发展、气候变化与工业发展、气候变化与服务业发展等。

②　应对气候变化的战略路径/战略管理问题:105 篇。

③　气候变化与区域社会经济的互动发展问题:92 篇。

④　应对气候变化中的风险管理问题:61 篇。

⑤　应对气候变化中的多主体博弈问题:32 篇。

---

①　根据检索结果,实际上,最早一篇经济管理类有关气候变化的文献出现在 1980 年。所以,本文检索范围实际应为 1980—2010 年,共 31 年。

②　以"气候变化"为题名,明确检索数据库为全部数据库(包括理工 A、理工 B、理工 C、农业、医药卫生、文史哲、政治军事与法律、教育与社会科学综合、电子技术及信息科学、经济与管理),进行精确搜索(1911—2011 年 2 月),共有文献 6082 篇。

⑥ 应对气候变化的公共经济学问题：35 篇。

⑦ 应对气候变化的成本估算问题（碳税、碳汇、贴现等）：76 篇。

⑧ 应对气候变化的政策选择问题：81 篇。

⑨应对气候变化中的技术转移问题：16 篇

⑩ 其他问题：174 篇

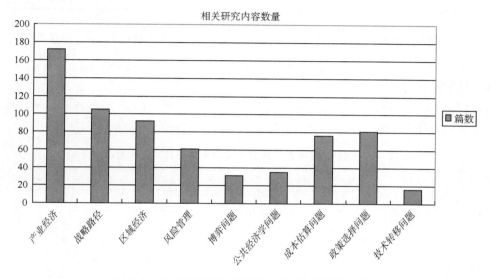

图 2-2　应对气候变化中经济与管理问题分类明细

虽然前面 9 个领域的文献达到 670 篇，占全部文献的 79%，但就 2007 年以来的文章看，其研究主要聚焦于成本估算、战略路径、气候变化与区域社会经济发展关系以及气候变化与产业经济发展等问题上。

(3)政治法律研究热点

选择"气候变化"作为检索关键词，时间范围为 1979－2010 年，在经济管理领域和政治法律领域搜索得到 212 篇论文，按相关主题进行归纳统计分析，如表 2-4、表 2-5 所示。

表 2-4　近年来经济管理科学研究热点

研究热点	内容归纳	研究热点	内容归纳
战略路径	政府战略	区域社会经济发展	东部区域
	产业战略		长三角
	企业战略		东北三省
成本估算	能源替代		京津冀
	碳税计算	产业经济	农业
	碳汇战略		工业（制造业）
	贴现组合		绿色制造

表 2-5　1979－2010 气候变化政治法律论文主题分布

主题	论文数	主题	论文数
气候政治化	11	气候安全	3
国际气候制度	50	气候谈判	2
国家气候政策	37	其他	109

表 2-5 中的"其他"类在这里主要指报纸、年鉴刊载的时事报道、社论、法条等非学术性文献,因此也不作考虑。

(4)气候伦理研究热点

利用 CNKI 中国期刊全文数据库,限定时间范围为 1980—2010 年,选择"模糊匹配",对与"气候变化伦理"相关的关键词进行检索①,得到如表 2-6 所示结果。

表 2-6　1980—2010 年气候变化伦理中文期刊文献检索结果

序号	主题	关键词	论文篇数	2010 年	2009 年	其他年份	分类小计
1	伦理道德	气候伦理	7	6	1		8
		气候道德	1	1			
2	价值哲学	气候价值	2	2			6
		气候哲学	4	1		3	
3	公平正义	气候正义	10	8	1	1	23
		气候公平	13	5	4	4	
4	权利人权	气候权利	2	1		1	3
		气候人权	1	1			
5	义务责任	气候义务	1		1		37
		气候责任	36	11	8	17	
		合计	77	36	15	26	77

通过对关键词为"气候变化伦理"中文文献的检索,我们发现以下特点:

① 气候变化的伦理问题是国内自 2009 年才开始关注的问题。2010 年发表的相关论文占到论文总数的 50％,2009 年发表的相关论文占 20％,著作类 100％为 2010 年出版。但专著空白、编译著作也仅为 2 部。这表明,我国学术界刚刚开始关注和引入气候变化的伦理研究。

② 气候责任问题是国内关注的热点,占论文总数的 50％,且主要是对"共同但有区别的责任"的研究。这主要是由于《公约》第 4 条正式明确提出了这一原则,并引起了国内经济学、法学与国际关系学等领域学者的重视。同时,"气候公平"与"气候正义"问题也逐渐受到关注,占论文总数的 30％。但大多是从环境正义与国际正义的角度进行探讨。

① http://dlib.cnki.net/,于 2011-1-27 日检索。

2.1.3　中外关注热点总结

依据近年来中外文献的调研结果,进一步归纳气候变化的研究热点,总体上研究可分为 6 个层面,具体如表 2-7 所示.

表 2-7　气候变化研究热点归纳

研究范畴	研究热点	热点细分	
自然科学	气候变化的演变规律	趋势机理	平均态气候
			极端气候
	气候变化的驱动因素	自然因素	太阳辐射
			火山活动
			自然变率
		人为因素	温室气体排放
			气溶胶
			土地利用
	气候变化的影响作用	影响及应对	气象灾害
			生物圈
			水资源
			人类健康
社会人文科学	气候变化的经济影响	宏观影响	气候资源与区域发展
			气候灾害与区域经济
		行业影响	农林经济
			服务业
	气候变化的政法研究	法律制度	气候政策
			国际气候制度
		政治措施	气候政治
			国家安全
			气候谈判
	气候变化的伦理探讨	伦理道德	科学伦理
			国际正义
		基本权利	人权

2.2　热点 1:气候变化的演变规律

气候变化的演变趋势,目前主要集中在平均态气候的研究和极端气候的研究方面,其中最重要的气象要素就是气温和降水。平均态气候(平均气温和降水)的关注度呈持续性增长趋势,且一直是气象学领域关注的热点。而近些年来,由于极端气候事件的频发,使得极端天气气候事件的研究越来越多,成为新兴的研究热点。在此,我们就近几年来关于平均态气候和极端气候的研究成果做简单介绍,更为详细的讨论见下一章。

2.2.1 平均态气候变化趋势

(1)气温变化趋势

世界各地的气象观测站在近百年中逐渐建立。最早有气象观测记录的地方是佛罗伦萨(1652年)、伦敦(1668年)以及巴黎(1752年),但南极至1957年才有系统测量温度的站点。因此,严格地讲,完整覆盖全球陆地的气温始于1957年。1970年代后期,利用卫星技术实现了对地表温度和海水表层温度测量,完成了对全球表面温度测量的覆盖,从而完善了全球的地表气温数据。

依据IPCC的第四份报告(2007年),全球变暖似乎已经成为一个不争的事实,人为因素的影响成为全球变暖最为重要的推动力。气温变化的观测事实是研究近百年来气候变化的重要依据。基于不同方法得到的1850—2005年的全球地表温度序列,可以用来近似分析全球温度变化趋势。在19世纪后半期到20世纪10年代,全球地表温度有0.2～0.3℃的波动,但是整体变化不大。从20世纪10年代到40年代,全球温度有一个持续的上升过程,升温幅度达到了0.35℃。最近的一次升温是从20世纪70年代开始至少持续到2005年,升温幅度已经达到了0.55℃。1906—2005年,全球气温上升趋势达(0.74±0.18)℃,能看到一个升温速度增加的趋势。在全球范围内,不仅仅全球平均地表温度的变化有这种逐渐加快的趋势,陆地和海洋都可以观察到这种变化趋势。由于从1960年开始全球测量温度的站点数量增多,连续性和系统性都已经比较完善,这一时段的数据具有较高的可靠性。

1900年以前中国只有北京、上海、天津和香港等地才有气象记录,直到1949年以后开始建立全国性完备的气象观测体系。因此,近百年中国均一化连续气温序列的建立存在一定的困难,气温变化的问题引起了国内学者的高度关注,最近几年主要的代表性研究成果如下。

黄嘉佑、胡永云(2006)分析了中国最近几十年的冬季气温变化趋向,结果表明,中国冬季的前冬和后冬气温的变化存在明显的年际、年代际趋向性差异。趋向性差异在年际变化方面的表现是:中国南方地区冬季气温变化前冬有变暖的趋向,后冬也有变暖的趋向,但是前冬变暖趋向不明显;而北方地区与南方地区不同,其前冬变暖的趋向比南方趋向明显。

唐国利等(2009)总结了中国科学家在气温变化研究方面所取得的进展,建立了若干条全国平均气温序列,发现这几条主要序列间的相关系数在0.73～0.97之间;同时基础资料质量提高、空间覆盖面扩大、序列均一性改善以及结果可靠性得到了提高;对多序列综合分析得到的结果显示,除去覆盖完整的序列外,其他序列在20世纪30年代以前可能主要反映中国东部气温的变化情况,而此后的部分则能较好地代表全国大部分地区的气候变化特征。

李庆祥等(2010)利用均一化的中国近百年气温观测数据,结合英国East Anglia大学气候研究中心(CRU)的 CRUTEM3 气温数据,集合中国周边国家长序列资料,得出了近百年中国气温变化的分析结果:近百余年来中国气温变化速度为(0.09±0.017)℃/10a,其中冬季增幅最大为(0.14±0.021)℃/10a,夏季增幅最小为(0.04±0.017)℃/10a;近 53 年(1954—2006 年)气温增暖趋势约为(0.26±0.032)℃/10a,近 28 年(1979—2006 年)增暖趋势为(0.45±0.13)℃/10a,气温增暖速率呈明显加剧趋势。从地理分布上来看,东北、西北和华北地区的增暖幅度最为明显,而西南、华南地区增暖幅度最小,这种变化在近 100 年、50 年和 30 年具有较好的一致性。

气温变化的研究,仍将会是未来气候研究的重要组成部分,通过精度更高、覆盖面更为广泛的气象站点观测网,结合卫星遥感等方法对全球温度的反演,建立起均一性更强、可靠度更高、覆盖面更广的连续气温序列,对气温变化的研究具有重要意义。

(2)降水变化趋势

从观测角度讲,准确估计近百年来全球降水量变化趋势非常困难。根据 IPCC-AR4 报告,近百年全球陆地降水情况没有显著的变化趋势,但实际降水的区域性差异很大;1900—2005 年在 30°～85°N 之间的很多地区降水明显增加,如北美中部及东部、北欧、北亚、中亚(东部里海),这些地区的降水均有 6%～8%的线性增长趋势,北美尤其是加拿大的高纬度地区,年降水量增加。与之不同的是,在低纬度地区,特别是近几年干旱趋势明显的地区,美国西南部、墨西哥西北部以及巴哈半岛年降水量减少(每 10 年约减少 1%～2%),智利及其西海岸的部分地区降水也有所减少,而降水减少趋势最明显的地区是非洲西部以及撒哈拉沙漠地区。

近期国内学者对我国降水所做的一些代表性研究工作,大致可以归纳如下。任国玉等(2000)利用 1951—1996 年地面气象站观测资料,计算了中国全年和季节降水量长期变化趋势特征指数,结果表明,中国长江中下游地区年和夏季降水量呈明显增加趋势,北方的黄河流域降水表现出微弱减少趋势,山东和辽宁省夏季雨量显著减少,但偏高纬度地区的新疆、东北北部、华北北部和内蒙古降水量或者增加,或者变化趋势不明显。因此,1997 年黄河史无前例的断流和 1998 年长江特大洪水的发生,均有其相应的区域长期降水气候趋势作为背景条件。研究还表明,中国某些地区降水的季节性也发生了变化,其中黄河中上游地区和长江中游地区春、秋季雨量占全年比例均有显著减少,而河北东部、辽宁西部和东北科尔沁沙地春季降水相对增加。

王遵娅等(2004)利用国家气象信息中心整编的中国 740 个站的逐日资料,对中国温度、降水、湿度、风速、气压 5 个基本气象要素变化特征作了较为全面的分析,从而揭示了近 50 年来中国气候变化的一些新特征。其中从降水角度来看,全国平均年总降水量波动略有减少,但 20 世纪 90 年代以后夏季降水增加明显,尤其是长江以南地区,而华北、东北地区降水显著减少,体现了夏季风的减弱;分析中国风速特征发现,几乎全国所有地区的风速都在显著减小,冬、春季和西北西部最明显,该区 90 年代的年平均风速比 50 年代减少约 29%。风速大幅减小的原因,主要是由于亚洲冬、夏季风的减弱。

李红梅等(2008)分析了近 40 年中国东部盛夏(即 7、8 月)降水长期趋势和年代际变化特征。结果表明,中国东部地区盛夏降水变化主要受暴雨强度降水变化的影响,占总降水变化60%以上。华北地区降水的减少主要是小雨强度降水频率减小的结果,强降水的频率和强度在该地区也呈微弱的减小趋势,比中雨以上强度降水频率变化趋势值大一个量级。除华北地区降水强度外,其他降水指标均存在显著的年代际跃变。与20世纪70年代末的气候跃变相对应,华北地区降水频率较长江流域的跃变明显,但长江流域极端降水的跃变较华北地区更显著,其降水强度、极端降水频率以及最大降水量均发生了显著年代际跃变。

2.2.2 极端气候的变化趋势

近二十年来,人们对全球大部分地区极端气候给予了高度关注,根据IPCC2007年的报告,自20世纪70年代以来,极端天气气候事件变化明显,大多数陆地冷昼、冷夜和霜冻发生频率减少,而热昼、热夜和热浪发生频率增加。在全球变暖背景下,总降水量增大区域的强降水事件极可能有明显的增加趋势,即使平均总降水量减少或不变,也存在着强降水量及其频次增加的现象(Karl等1998,Klein Tank等2003,江志红等2007)。中国区域的极端降水变化态势与全球的态势基本一致,就全国平均而言,总的降水变化趋势并不明显,但雨日有所减少(翟盘茂1999,2005),意味着降水强度有加大的趋势,其后果是各地洪涝与干旱变率加大。不少研究指出,大范围强降水的增加是由全球变暖引起的(Trenberth 1998,2003),未来极端降水将日趋严重,但其强度会增加多少以及频率会发生怎样的变化,目前尚无一致性结论(Trenberth等2005,Sun 2007,Shaw Chen Liu 2009,O'Gorman等2009)。

最近十余年来,中国学者在极端气温和极端降水方面所做的研究工作,比较经典的成果可以归纳如下。

(1)极端温度方面

任福民和翟盘茂(1998)利用中国1951—1990年极端温度资料,对中国极端温度的变率和变化趋势的区域分布以及季节变化特征进行了分析研究。结果发现,自1951年来的近40年中国季极端最低温度的变率以春、秋两季为最大,变率较大区域主要集中在北方;夏季是极端最低温度变率最小的季节。中国季极端温度的变化趋势存在较大的季节性差异;极端最低温度在冬、秋季增温趋势分别通过99%、97%的置信度水平;极端最高温度只有在秋季,其降温趋势才通过90%的置信度水平。极端温度的变化趋势还存在明显的地域性差异;东北、华北北部、内蒙古中东部和川藏交界等地极端最低温度在各季表现出明显的增温趋势;长江流域地区极端最高温度在秋、冬季具有较为明显的降温趋势,黄河下游地区则在春、夏季表现出降温趋势。

马柱国等(2003)使用中国110站的日平均表面温度资料,着重分析了北方干旱和半干旱地区1951—2000年极端温度发生频率和强度的变化趋势,同时给出了年极端温度的变化趋势及区域差异,讨论了极端温度的时空特征和区域增暖的相互联系。结果表明,1951—2000年在北方干旱和半干旱地区,最低温度发生的频率显著减小,只是趋势开始的时间存在区域差异;与之不同的是,20世纪90年代以前,绝大多数地区最高温度出现的频率没有明显的变化趋势,但自90年代以来的近10年却有一个明显的增加趋势。年极端日平均气温强度的分析结果表明,北方地区年最低温度存在显著的减小趋势。从各个分区0℃以下的日数统计结果来看,北方地区自1951年开始的近50年来0℃的日数正在减少,且0℃的开始时间推后,结束时间提前。另外,通过分析北方地区极端温度发生的频率及年极端温度和区域增暖的关系发现,当前的增温趋势与极端最低温度出现频率的减少和年最低温度的升高密切相关,自90年代以来的近10年极端最高温度的增加加剧了增温的幅度。

任国玉等(2010)的研究表明,1951年以来中国大陆地区极端气候事件频率和强度发生了一定变化,但不同类型和不同区域极端气候变化存在明显差异。从全国范围看,与异常偏冷相关的极端事件显著减少减弱,与异常偏暖相关的极端事件增多明显,但高温事件频数和偏热的气候极值未见显著的长期趋势,全国平均暴雨和极端强降水事件频率和强度有所增长,特别是长江中下游和东南地区、西部;而华北、东北中南部和西南部分地区减少减弱;多数地区小雨频数明显下降,偏轻和偏强降水的强度似有增加。全国遭受气象干旱的范围呈较明显增加趋势,登陆和影响我国的热带气旋、台风频数有所下降,其造成的降水总量有较明显减少,北方地区的沙尘暴事件从总体上看有显著减少减弱趋势,中国东部部分地区夏季雷暴发生频率也存在较明显下降趋势。

(2)极端降水方面

翟盘茂等(2007)回顾了气候变化背景下的极端降水事件研究的主要进展,并结合全球变化,重点讨论了中国极端降水事件的变化特征。他们认为,最近50多年来,中国降水强度普遍增加,降水日数除西北地区外,其他大部分地区显著减少。极端降水与总降水量变化之间的关系很密切,西北西部、长江及长江以南地区极端强降水事件趋于频繁,华北地区虽然极端降水事件频数明显减少,但极端降水量占总降水量的比例仍有所增加;连阴雨产生的年降水量在华北、东北东部和西南东部地区明显减少,在青藏高原东部和一些东南沿海地区则增加;降水日数和微量降水日数减少是近年来中国干旱化趋势发展的一个重要特点。

江志红等(2009)利用Frich提出的有关极端气候的指数,对近40年中国区域极端气候时空变化特征作诊断分析。结果表明,中国区域热浪日数(HWDI)、暖夜指数(Tn90),极端日降水强度、大雨日数、连续5d最大降水量、极端降水贡献率等指数近40年来几乎都呈现出增加趋势,其线性趋势分别为每10年增加1.1 d,1.8%,0.06 mm/d,0.11 d,0.21 mm,0.30%,且与强降水有关变量的增加趋势较大,最大持续无雨期则有显著减少的趋势(约为-0.99d/10a),表明中国地区极端气候事件有更加极端化的倾向,降水强度增强,干旱加重,热浪频发。使用中国区域550个站点1961—2000年日降水量资料,评估中国地区极端降水情景的结果表明,中国地区21世纪与降水有关的事件都有趋于极端化的趋势,极端降水强度可能增强,干旱也将加重,且变化幅度与排放强度成正比。

张强等(2011)依据新疆地区53个雨量站1957—2009年日降水资料,定义了8个极端降水指标,随后确定降水指标最适概率分布函数,确定十年一遇极端降水量值;在此基础上,研究新疆地区降水极值概率变化的空间演变特征。研究结果表明:① 北疆比南疆湿润,北疆发生极端强降水的概率大,而南疆发生极端弱降水的概率较大,另外,相比较而言,山区要比平原降水多;② 极端强、弱降水同年发生的概率分布特征复杂,从降水日数来看,一年内同时发生长时间强降水与弱降水事件的概率,山区较平原大;从极端降水总量来看,同时发生强降水与弱降水事件的概率,平原区较山区大;从极端降水强度来看,同时发生强度较大的强降水与弱降水事件的概率,天山南坡较其他地区大;③洪旱发生概率与地形有关,天山是洪旱发生的分界线,山区发生洪旱灾害的概率比平原小。

综上所述,目前针对极端气候事件,已有的工作主要集中在极端气候事实的诊断及分析,对于未来预估方面的工作还不多见,需要进一步加强这方面的研究工作。

2.3 热点 2:气候变化的驱动因素

理清气候变化的内在机理,是把握气候变化的关键。纵观国内外众多文献的研究结果,气候变化的驱动因素主要可分为自然因素和人为因素两种。自然因素是指由地球本身或其他非人为的因素所导致的气候变化,如地球气候有史以来就经历着冷暖交替与干湿变异的自然变化;人为因素是指由于人类活动所引起的气候变化,例如人为温室气体和气溶胶排放等都可以影响气候。

2.3.1 自然因素

气候变化的自然因素既包括气候系统内部通过"海洋—陆地—大气—海冰"相互作用而产生的自然振荡,例如大洋温盐环流的自然振荡,又包括由太阳辐射、火山气溶胶等外强迫因子变化引起的但依然是自然因素所产生的变率。

(1)太阳活动

从广义的角度来看,与太阳辐射强迫有关的气候变化因素,都可归结到太阳活动这个范畴中。近年来国内的代表性研究,可以归纳为:

汤懋苍等(2002)利用 1.5 万年来的碳 14 记录和 2600 年来的太阳黑子周期长度(SCL)资料,发现太阳活动存在时间尺度为 2.1～2.8 ka 的周期波动,这与全球气候的冷暖波动十分吻合。从"双千年波"的 SCL 变化规律可知,"千年暖期"开始的标记是持续约 300 年的太阳活动特别稳定期(SCL 在 9～12 年之间)。自 1910 年来太阳活动进入特别稳定期(SCL 在 9～12 年之间),且至今已维持了 90 年,这与"千年冷期"中太阳活动只有短暂的稳定期有质的区别,很可能是一个新的千年暖期开始的标记。

申彦波等(2008)总结分析了地面太阳辐射的变化、影响因子及其可能的气候效应认为,近几十年来,全球和中国大部分区域的地面太阳辐射经历了一个从减少到增加的过程,引起这种变化的原因复杂多样,总云量的变化无法完全解释,而气溶胶的变化则有可能在某些地区(包括中国)起着重要作用。

钱维宏等(2010)采用 HadCRUT3 全球平均气温距平序列、北太平洋海温年代际涛动(PDO)指数及赤道中东太平洋海温距平序列,探讨了全球平均气温变化中的长期趋势和多时间尺度周期性波动。他们的研究结果显示,过去 159 年(1850—2008 年)的增暖速率是 0.44℃/100a,其间叠加了 1910 年前后和 1950—1970 年前后的两次冷期,以及 19 世纪 70 年代、20 世纪 40 年代和 1998 年以来的 3 次 10 年际暖期。观测的全球温度变化中存在准 21 年和准 65 年的周期性波动并受百年尺度波动的影响。最近的 10 年际暖期是这 3 个周期性波动正位相叠加的结果。形成了有观测温度以来的首次叠加现象。3 个周期性波动叠加的最大增温是 0.26℃,时间发生在 2004 年。准 21 年和准 65 年的周期性波动反映了太阳辐射和海洋变化的影响,根据这一理论依据,能够预测 21 世纪 30 年代会出现一个冷期,而在 21 世纪 60 年代出现一个暖期,21 世纪的最大增暖幅度在 0.6℃附近,远小于 IPCC 报告的预估。

太阳辐射是地球的根本驱动力,因此太阳活动对地球气候的影响是显而易见的,但具体影响机理和响应过程尚需进一步深入研究。

(2)火山爆发

火山爆发对气候变化的影响主要分两个方面:其一是由于火山灰的大量喷发,遮蔽了太阳辐射,从而引起大气对流层温度降低;另一方面,强火山的持续爆发也会对气候变化产生明显影响。国内学者在这方面的代表性研究主要如下。

李晓东等(1994)系统地总结了火山活动对气候影响的数值模拟研究,主要结论如下:近百年至千年的气候变化和火山活动关系密切,强火山喷发可造成平流层 4℃以上的增温和地表年、月平均气温约 0.4℃、1℃的下降。地表温度下降的时空分布受许多因素的影响,如火山喷发特征(包括喷发位置、季节、强度等);海陆分布;火山气溶胶的光学特性;以及由直接辐射强迫引起的经向潜热输送的变化等。

江志红和丁裕国(1997)利用 BP2 CCA 方法,诊断中国近百年(1881—1992 年)气温场变化的成因。从火山活动对气候影响方面的研究结果表明:火山活动对气温变化的长期趋势所叠加的波动变化起主要作用,敏感区主要在 35°N 以南,中心位于西南地区。并认为 20 世纪 20—40 年代增暖可能是温室效应、火山活动和太阳活动多种因素综合作用的结果,而 70 年代以来的增暖则主要与温室效应的加剧有关。

曲维政(2010)研究了平流层火山气溶胶时空传播规律及其气候效应,发现无论南北半球还是赤道地区,火山活动强时地面气温下降,火山活动弱时地面气温上升,并且地面气温对于火山活动的响应明显滞后。火山爆发大大增加了平流层硫化物气溶胶的浓度,通过反射太阳光而使全球温度降低(阳伞效应)。一次火山喷发可使全球气候冷却数年,但它对平流层和对流层辐射能量收支的扰动是间歇性的,如果有连续的强烈火山喷发则可对全球气候变化产生明显影响。

显然,火山活动对气候变化的影响主要是冷却效应,这与全球变暖是背道而驰的,也许可以在一定程度上说明地球火山活动的强度和持续度,尚不足以对气候变化趋势产生决定性的影响。

(3)自然变率

气候本身也存在自然变率,即不受人类活动影响的内在变化规律,这种气候系统自身内在的变化规律,是导致气候变化的不可忽视的因素。Joe D'Aleo(2009)利用高精度的卫星数据研究表明,在过去 29 年气候变暖趋势已经开始减缓,并在 21 世纪初的前 10 年这种变暖趋势将明显下降；同时很多研究（Patrick Michaels 2008，Christy 2009）也表明，在过去 29 年中全球气温净暖并没有增加，而全球气温升高的分布状态也并没显示出人类活动的影响作用。

近年来，从自然变率的角度来探讨气候变化成因的研究呈增多趋势，也促成了相关争议的产生，成为学术界气候变化研究领域的焦点问题。

2.3.2　人为因素

自然因素（特别是自然界内部变率以及自然界外部因素的变化）是长期以来主导气候变化的因素，但人为因素（特别是人为排放温室气体所导致的温室效应加剧）被大多数学者认为是近百年来气候变化的主要原因。

（1）人类活动产生的温室气体排放

早在 1896 年，瑞典物理学家 Svante Arrhenius 就曾推断出大气中 CO_2 浓度增高造成地球气温上升的初步推论。1958 年 Charles D Keeling 首次发表关于高精度监测大气中 CO_2 浓度的文章，大气的 CO_2 含量，在很广泛的区域内，是有一个固定的值，在当时约 310 ppm[①]。截至 2008 年，大气中 CO_2 含量达到 385.2 ppm，并呈持续加速增长之势。其他温室气体，特别是甲烷（CH_4）、氧化亚氮（N_2O）以及含氯氟烃等，也随 CO_2 排放量的增加而相应增加。这些气体含量的增加（尤其是 CO_2）对过去上百年地表温度上升 0.6℃ 具有直接或间接作用。温室气体排放加剧对中国气候变化影响的相关研究，近期国内学者的代表性工作有：

李博和周天军（2010）利用耦合模式比较计划（CMIP3）提供的 20 世纪气候模拟试验（20C3M）及 A1B 情景预估试验，讨论了全球增暖情景下 21 世纪中期中国气候的可能变化。结果表明，A1B 情景下，中国夏季降水变化为 $-0.1 \sim 1.1$ mm/d，冬季降水变化为 $-0.2 \sim 0.2$ mm/d。模式对降水变化的预估存在较大不确定性。无论冬夏，预估的全国气温都将升高，升温幅度在 $1.2 \sim 2.8$℃ 之间；随纬度升高，增暖幅度相应增大。模式对气温变化的预估能力强于对降水变化的预估能力。在 A1B 情景下，东亚夏季风增强，而冬季风则略为减弱，东亚夏季风雨带到达最北后南撤的时间较 20C3M 结果滞后约一个月。

高学杰等（2010）使用 RegCM3 区域气候模式，单向嵌套 NCAR/NASA 全球环流模式 FvGCM/CCM3 的输出结果，模拟中国及东亚地区 1961—1990 年以及在 IPCCA2 温室气体排放情景下 21 世纪末期 2071—2100 年的气候变化。对未来气候的模拟结果表明，冬、夏季和年平均气温都将明显升高。但全球模式模拟得到冬季北方有更大的增温，而区域模式模拟的夏季增温，在华北、内蒙古至西北及青藏高原地区更大。两个模式对冬季降水变化的模拟相对比较一致，但在夏季表现出很多差异。全球模式的模拟以总体增加为主，区域模式则除东北、黄淮和西北地区外，以普遍减少为主。

Jiang 等（2012）利用 IPCC AR4 多个全球模式的集合模拟结果，进行不同排放情形下中

[①]　1 ppm 表示百万分之一单位。

国极端气候事件变化的预估,结果表明:在 SRES A1B 排放情形下,中国 21 世纪末期,霜冻日数年较差将大幅减少,而暖夜、热浪和生长季日数将增加,且在青藏高原和西北地区最为显著。对于极端降水,其强度和频率都将增加,且在长江中下游、东南沿海、及青藏高原最为显著,极端降水贡献率平均将增加 20% 以上。

人类活动产生的主要温室气体是 CO_2,而产生的主要方式是化石能源燃烧,众多研究证实了大气中 CO_2 含量与全球地表温度的密切关系,早期人们对于未来气候变化趋势的研究也多以大气中 CO_2 含量变化作为强迫因子,近期则考虑了包含其他温室气体的各种排放方案的强迫作用。

(2)人类活动产生的气溶胶

人类活动产生的气溶胶,大量排放到大气中影响气候变化。根据 IPCC AR4 的报告,对流层气溶胶的总体辐射是冷却作用,可能使得地表气温降低。国内近期的相关研究主要有:

钱云等(1999)研究了沙尘气溶胶与气候变化的关系。他们指出沙尘气溶胶通过吸收和散射太阳辐射与长波辐射影响地球辐射收支和能量平衡,从而影响气候变化。另一方面,气候变化、土地利用、沙漠化和城市化等人类活动都可能导致大气中矿物沙尘气溶胶的改变。沙尘气溶胶在全球及区域尺度气候和环境变化中起着十分重要的作用。

吴涧和符淙斌(2005)通过对 2000—2004 年 2—4 月东亚地区人为和生物质燃烧排放黑碳气溶胶的模拟发现,春季东亚地区印度、中南半岛、中国东部存在 3 个显著的黑碳气溶胶大值区,印度半岛和中南半岛的排放都能影响中国南方地区。中国华北和东北的排放向东输送影响朝鲜半岛、日本等地。但中国春季的输出量小于境外对中国的输入量;境外输入对中国西部和江南地区影响显著,对中国北方地区影响较小。黑碳气溶胶引起晴空和云天大气顶净向下辐射通量增大,地表净向下辐射通量减小,辐射通量变化最显著地区在中国四川、湖北一带,大气顶辐射通量增加最大为 4 W/m^2,地表通量减小最大约为 $-55\ W/m^2$。

吉振明等(2010)使用耦合了化学过程的区域气候模式(RegCM3),在 NCAR/NCEP 再分析资料驱动下,进行了亚洲区域气溶胶硫酸盐、黑碳和有机碳的时空分布及其直接气候效应的数值模拟。模式模拟得到的气溶胶浓度分布在冬季南北差异较大而夏季较小。气溶胶浓度与其形成的大气层顶和地面负短波辐射强迫有较好的对应关系。四川盆地是气溶胶浓度及其产生的辐射强迫的高值区。气溶胶对地面气温和降水都产生影响。其中所引起的冬季气温降低与气溶胶的分布和浓度有一定的对应关系,但夏季引起的降温中心位于河套及黄河下游地区。气溶胶使得冬季和夏季中国东部大部分地区的降水减少。

总的来说,人类活动产生的气溶胶对气候的影响作用比较复杂,目前的认知程度并不高,相关研究需要进一步深入。

(3)土地利用

人类活动引起土地下垫面的变化进而影响气候主要有两种形式:一是土地利用,如城市化;二是植被变化。近期国内在这方面具有代表性的研究主要有:

周雅清和任国玉(2009)研究了城市化对华北地区最高、最低气温和日较差变化趋势的影响,结果表明,华北全部台站的年平均、最高、最低气温均呈增加趋势,且以最低气温上升最为明显。就城市化影响而言,平均气温、最低气温变化趋势中城市热岛效应加强因素的影响明显,但城市化对最高气温趋势影响微弱,个别台站和季节甚至可能造成降温。从国家基本、基准站观测得到的年平均气温和年平均最低气温上升趋势中,城市化对其造成的增温对全部增温的贡献率分别达 39.3% 和 52.6%。各类台站的四季平均气温和最低气温序列中城市化影响均造成增温。城市化增温以冬季为最大,夏季最小。

黎伟标等(2009)研究了城市化与降水的关系,主要结果有:① 同一纬度相比,珠江三角洲城市群所处的区域降水明显多于其周边地区,表明了城市化可能会使所处区域的降水增加;② 珠江三角洲城市群所处区域降水的增加存在明显的季节变化特征,在前汛期城市所处区域的降水增多较其他季节明显;③ 珠江三角洲城市化使城市群所处区域的降水频率减少,而降水强度加强;④ 珠江三角洲城市群的天气、气候效应只对对流性降水产生影响,而层状降水的分布则与城市群的位置没有明显关系。

曹丽娟等(2010)研究了土地利用和植被覆盖变化对长江流域气候及水文过程的影响,研究表明,中国当代土地利用变化对长江流域降水、蒸散发、径流深及河川径流等水文气候要素的改变较大,对气温的改变并不明显。

总之,比较影响气候变化的自然和人为因素,大多数观点认为人类活动所造成的正方向的辐射强迫,明显高于大自然在这期间所造成的正方向的辐射强迫。而这个正方向的辐射强迫,可能意味着有更多的能量留在地球表面,从而导致地表的温度偏高。

2.4 热点3:气候变化的影响作用

气候变化问题之所以引起世界各国的广泛关注,主要是因为其对各方面的影响日益加剧,而且这些影响多半是负面的,危及自然环境以及人类社会的可持续发展。在此,我们从气象灾害、水资源、生态系统和人类健康等 4 个方面,简要描述气候变化的影响。

2.4.1 气象灾害

气象灾害,如高温热浪、寒潮、洪涝、干旱、台风、冰冻雨雪、沙尘暴等,给人类的生活、生产甚至生存带来了巨大影响。近年来,人们从各个方面开展了大量的关于气象灾害成因及防范的研究,许多研究涉及气候变化。

国内关于气象灾害研究的一些代表性成果主要有:

黄荣辉和杜振彩(2010)研究了全球变暖背景下中国旱涝气候灾害的演变特征及趋势,结果显示,旱涝气候灾害是中国最严重的自然灾害之一,它不仅分布广、发生频率高,而且造成了巨大的经济损失。在全球变暖背景下东亚夏季风降水在 21 世纪不仅年际变率增强,而且从 21 世纪中期亚洲夏季风增强,它将引起中国华北和华南地区夏季降水明显变强,洪涝灾害增多。

康志明(2010)等分析了 1951—2006 年中国寒潮活动特征,研究表明:① 1951—2006 年中国寒潮强冷空气的逐年活动频数呈明显下降趋势,强冷空气活动有年代际的变化周期,秋、冬、春季节是寒潮易发时节。② 中国寒潮冷高压强度有较明显的季节性变化特征,其源地大多可追溯到亚欧大陆北端极地,寒潮冷高压受山脉阻挡,在西伯利亚增强后经常从西北路径爆发南下,这是中国寒潮最常见的路径。③ 乌拉尔山阻塞形势的崩溃与寒潮爆发密切相关,西风环流指数在寒潮爆发前6日至爆发后2日这段时间前后出现明显下降。

马丽萍等(2006)分析了全球气候变化对热带气旋活动的影响,主要研究了3方面内容:① 气候变化特征对全球热带气旋的影响;② 热带气旋活动的年际变化和年代际振荡以及影响因子;③ 热带气旋活动与全球气候变化方面的数值模拟进展。文章指出,全球气候变化主要以全球大气环流、海气相互作用、全球海面温度以及温盐环流相互影响及其共同作用的方式来影响全球热带气旋活动的发生频率、强度、路径趋势和登陆地区。

经过文献调研发现,中国的气象灾害变化趋势有以下主要特点:(1)在温度方面,北方寒潮频数明显减少,华东华北地区的高温日数在20世纪60—90年代较多。(2)降水方面,水循环表现为加速的趋势。20世纪80年代以来,中国长江流域频繁发生洪水,而北方则发生了持久、严重的干旱。总的来讲,对于灾害性天气气候的研究目前还不够充分,规律把握得还不够准确。

2.4.2 水资源

全球气候变化对于全球水资源系统和水资源管理有重大影响。气候变化主要通过影响大气温度、降水、海平面上升和蒸散发影响全球水圈。近几十年来,许多大型内陆水体都发生了剧烈变化,如里海和咸海都在20世纪受气候变化影响有了明显的变化。中国学者近年来作了大量的关于气候变化对水资源影响的研究工作,比较有代表性的成果有:

徐明星等(2010)研究了北极斯堪的纳维亚与挪威南部冰川物质平衡对比及其气候意义,结果表明:北极斯堪的纳维亚地区冰川物质平衡具有较低的年振幅和较小的年际变化;环北极的斯堪的纳维亚地区和挪威南部地区冰川物质平衡则具有较高的年振幅和较大的年际变化;海洋性冰川较大陆性冰川对平衡线高度变化(气候变化)敏感,越是趋向海洋性的冰川其敏感性越高.

丁一汇(2008)阐述了气候变化对水圈的影响,结果表明:大气温度越高,大气的持水能力越强,全球和许多流域降水量可能增加,但同时蒸发量也增加,使得气候的变率增加,即有更强的降水和更多的干旱,从而使水循环加速;气候变化对水圈影响最大的部分是降水,全球气候变化间接反映在降水方面是冰川退却与融化以及积雪更早的融化,这些过程使最大流量由夏季移向春季,或由春季移向冬季,使夏秋出现更低的流量,或使已存在的低流量更低,明显增加了流域的水资源脆弱性;全球变暖对湖泊等水体污染的影响,由于升高的水温、增加的降水强度和长期的低流量使湖泊和水库多种水污染加剧,影响生态系统、人体健康、水系统的可靠性与作业耗费。

吴艳红等(2007)定量分析了湖泊、冰川的面积变化情况,结果表明,1970—2000年期间,纳木错湖面面积有所增加,流域内冰川的面积发生了退缩。其中,1990年以后湖面面积的增速和冰川面积退缩速度都明显比之前大。对比该流域前后两个时期的气温、降水和蒸发变化,发现升温幅度的增加是冰川加速退缩的根本原因,而湖面的加速扩张主要受冰川的加剧退缩及其融水增加影响。

2.4.3 生态系统

千年生态系统评估(MA)项目状况与趋势工作组的报告指出,在 20 世纪后 50 年,全球生态系统的变化幅度和速度皆超过了人类历史上有记录以来的任何相同时间段的情况,目前人类活动实际上已经显著地影响甚至改变了地球上的所有生态系统。这种影响主要体现在两个方面:一是气候变化对自然生态环境系统的影响;二是气候变化对生物种群的影响。近年来国内一些代表性研究有:

吴建国等(2009)分析了气候变化对生物多样性影响、生物多样性在气候变化影响下的脆弱性、生物多样性对气候变化的适应性,结果表明,过去的气候变化已使物种物候、分布和丰富度等改变,使一些物种灭绝、部分有害生物危害强度和频率增加,使一些生物入侵范围扩大、生态系统结构与功能改变等;未来的气候变化仍将造成类似的结果。

赵彩云等(2010)研究了蝴蝶对全球气候变化的响应行为,结果表明,蝴蝶类群体已经在地理分布范围、生活特性以及生物多样性变化等方面对全球气候变化作出了响应,其中温度升高和极端天气已经导致蝴蝶物种分布格局和种群动态发生了明显变化。

人类生存离不开生态系统的良性发展,研究表明气候变化已经对生态系统产生了诸多负面影响,这方面研究已经成为气候变化研究领域的新热点。

2.4.4 人类健康

众所周知,天气对人类健康有着极为明显的影响,一次寒潮或者热浪往往导致很多体弱的老年人发病。由于历史上气候变化总体上比较温和,对人类健康的影响不那么显著,故人们往往忽视了气候变化对自身健康的影响。气候变化对人类健康的影响,是近年才越来越受到重视的研究领域。2005 年,在瑞士温根举行的"气候、气候变化及其健康影响"研讨会,开始涉及气候变化对人类健康影响,关注的议题有:① 2003 年欧洲的热浪带来的健康问题;② 气候的可变性与健康;③ 温度变化对疾病传播的影响;④ 气候变暖条件下空气污染的加重及其对健康的影响;⑤ 气候变化环境下对人类健康的影响;⑥ 气候变化和健康的相关政策。

中国学者的代表性研究成果有:

陈凯先等(2008)分析了气候变化对人类健康的直接和间接影响,直接影响包括热应力(热浪、寒潮)对健康的影响,极端事件和天气灾害(包括洪涝、风暴、气旋、飓风、干旱)对健康的影响;间接影响包括空气污染对健康的影响与气候变化对传染病的影响,臭氧层耗减、紫外线强度增加对人类健康的影响,以及包括海平面上升导致的自然资源(如淡水)短缺、气温增高促进的各种次级大气污染物(如臭氧和悬浮颗粒)的产生带来的对人类健康的威胁。

　　刘建军等(2008)针对高温热浪灾害对人体健康造成的威胁进行了研究,结果表明,高温热浪除直接造成人类死亡外,还会加速呼吸系统、消化系统及心血管等疾病的发病,高温热浪对人体健康的影响与空气污染状况有着密切的关系;高温热浪是可以预防的,要加大热浪预警系统的开发和完善,加强气象、环境与医疗的交叉融合。

第3章 气候变化研究的主要争议

目前关于气候变化的争议主要有两个问题,一是气候变化趋势,即未来气候究竟如何变化的问题;二是气候变化的成因问题,近百年来的气候波动属于自然界正常变率还是受人类活动主导。在如何应对气候变化方面,主要围绕应对主体的责任存在争议。我们选择这3个争议问题的相关研究成果作简要介绍。

3.1 争议1:未来气候变化趋势

气候变化包括变暖、变冷和不变3种基本趋势。学术界的争议主要集中在全球气候变化的趋势到底是变暖还是变冷。分别以气候变暖(global warming)与气候变冷(global cooling)为关键词在 CNKI 中国期刊全文库与万方西文文献库中检索相关文献,结果如图 3-1 所示。显然,以气候变暖为基础的研究要远远多过气候变冷,这也许反映出气候变暖是目前学术界的主流认识。

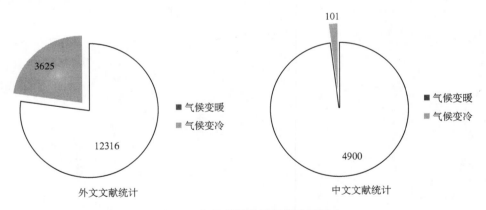

图 3-1 气候趋势关键词检索结果

探讨气候趋势到底是变暖还是变冷,需要对全球气温的观测事实有所了解。目前,全球范围主要有3套温度序列,英国序列(HadCRUT3)以及其他两个美国序列(GISS)和 NCDC。3个序列彼此间一致性很高,基本资料来源大体相同。

3.1.1 气候变暖

总的来说,在百余年的尺度上,全球气候变暖趋势为大多数科学家所认可。尽管区域性表现可能有所不同,但近 30 年来,有可靠的数据显示全球在该阶段增暖迅速。但是亦有研究表明近十年来气候变暖有放缓的迹象,2009 年 8 月美国气象学会会刊发表的"2008 年气候状况"中首次指出,1999—2008 年温度增量显著低于 1979—2008 年的温度增量,随后《Science》刊登"全球变暖发生了什么变化?"(Kerr 等 2009)一文中提出,1999—2008 年变化趋势接近于零。

除去基于观测数据的研究,气候模式的研究是对未来气候进行预估的主要工具。根据模式结果,目前颇为流行的一种观点是过去十余年的变暖停滞状况即将改变,气候变暖将在几年内恢复(Collins 等 2006)。王绍武等(2010)的研究指出,一些自然界内部的事件(如火山活动等)仅仅是为气候变化添加了年际或年代际变化特征,并不能从根本上改变气候变暖趋势。

关于气候变暖带来的影响,存在两种截然不同的观点:(1)气候变暖威胁论:气候变暖导致海平面上升,气候变暖导致农业减产,气候变暖威胁人类健康。(2)气候变暖促进论:气候变暖不会导致海平面上升,气候变暖促进农业增产,气候变暖有益人类健康。

3.1.2　气候变冷

然而,最近质疑气候变暖的声音越来越响,千年极寒等词汇也涌入日常生活中。对于气候究竟如何变化,一些科学家认为气候变化目前属于自然界内部正常波动范围内,Ian Plimer(2009)根据冰芯数据获得的全球大气温度变化趋势进行分析,发现百万年来的气温变化存在 23 次明显的波动,其中明显的增温现象仅有 4 次,亚冰期与间冰期之间的气温年平均为 ±4℃ 左右;1 万年来的气温变化是属于第四纪冰期中的间冰期,处于亚冰期之后的气温回升阶段;1 千年来气温变化,属于间冰期范围,仍然具有明显的波动特征,20 世纪后期的气温变化仍没有超过间冰期的正常波动水平,甚至还相差甚远,气温波动幅度在 ±1℃ 范围内;Joe D'Aleo(2009)应用高度精确的卫星数据,经过轨道漂移和其他因素调整后,显示在过去 29 年全球气候变暖趋势已经减缓,并在 21 世纪头 10 年变暖趋势明显下降;Qian Weihong 等(2010)探讨了 1850—2008 年的全球温度变化中的长期趋势和多时间尺度周期性波动,认为最近的 10 年际暖期是 3 个周期性正位相叠加的结果,属于自然界内部变化范围内,并由此推测 21 世纪 30 年代会出现一个冷期,世纪最大增暖幅度在 0.6℃ 附近。这些研究结论与 IPCC 报告的观点完全不同。

3.1.3　暖冷交替

一些科学证据显示,20 世纪全球大气温度变化属于气候的正常波动(S. Fred Singer 2008,Harry A. Taylor 2009,Ian Plimer 2009,Roy Spencer 2008),中国也有学者预测气候将于 21 世纪 30 年代左右变冷,他们的依据来源于太阳活动的周期变化以及全球温度的长期趋势和多时间尺度周期性波动(钱维宏等 2009,王绍武等 2010),这种方法也是一个很好的尝试,不过鉴于资料长度有限,研究结论还需要进一步考证。

3.1.4 争议缘由

关于气候变化趋势争议的缘由,我们认为主要有以下几点:

(1)近百年气温序列存在不确定性

近百年全球气温序列的准确性,直接影响到对气候变率的诊断。近百年全球气温序列中主要存在以下问题:① 在空间尺度上,地表气温观测覆盖范围较少且分布不均匀,IPCC所使用的资料具有百年尺度连续观测站点的区域仅占全球的35%。② 在时间尺度上,温度序列足够长的记录有限,某些站点的连续性较差,各种对资料的插补工作给资料的可靠性大打折扣。③ 不少地面温度观测记录受城市化影响,2007年全球有12个月连续记录且分布在大城市中(夜晚光亮度)的站点占据了一半以上,城市化以及城市化的热岛效应考虑不足,导致其得出的结论存在漏洞。除此之外,人的主观行为也是不可忽视的因素,比如记录出错、漏测等,甚至有人为修改资料的嫌疑(轰动一时的"气候门"曝出了存在对观测记录的人为选择的丑闻)。这些主客观因素降低了气候资料的可靠性,是导致气候变化趋势争议的主要因素。

(2)气候趋势分析的时间尺度长短不一

气候变化趋势都是相对于某一时间尺度的。在一个比较长的时间尺度内(比如万年),可能气候趋势正处于变冷的阶段,但如果局限在一个较短的时间段内(比如近30年),全球气候趋势显然是以变暖为主,如图3-2所示。在近千年的尺度上,有的学者(Mann and Knmp 2008)认为近千年来北半球温度处于缓慢下降的过程中,到20世纪才突然上升。然而有一些学者(Greening Earth Society World Climate Report)并不认同这种说法,强调公元800—1300年有一个暖期称为中世纪暖期,1300—1900年有一个冷期即小冰期。能够诊断出气候变化的更长时间尺度趋势,对于判断近百年的升温是否属于正常范围十分重要。IPCC的报告发表后,这种争议成为国际上研究的热门议题(王绍武等,2005)。

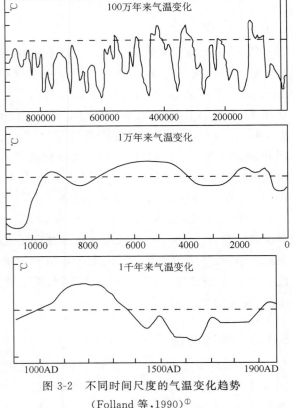

图 3-2　不同时间尺度的气温变化趋势
(Folland 等,1990)[①]

(3)不同区域气候趋势有异

考虑到即使在全球变暖背景之下,区

---

① 摘自"国际欧亚科学院中国科学中心"与"中国科学院遥感应用研究所"所著的研究报告《自然驱动是全球气候变化的主要因素》,后引略写。

域性的极端低温事件也频繁发生,因此可以这样理解,全球变暖是观测到的全球平均态的地表温度升高,而具体到不同地区,可能会体现出甚至是变冷的趋势。因此不能根据某一年某一地区的温度异常来妄加推断全球变冷或变暖。

(4)气候变化驱动因素复杂

气候变化的驱动因素,主要分自然和人为因素两种,根据前面的梳理可分为六大类。这些因素存在着对气候变化趋势正负两种效应。如人类活动产生的温室气体排放、城市化具有增温效应,同时火山爆发喷出的火山灰、人类排放的黑碳类气溶胶因为阻挡了太阳辐射而具有降温效应,正负两种效应孰强孰弱是一个动态变化的过程,因此需要深入研究才能得到结论。总之,未来气候变化趋势的研究仍有待深入。

3.2　争议2:近百年气候变暖成因

气候系统十分复杂,影响气候系统的因子众多,是人为因素对近百年气候变暖的影响作用大还是自然因素的作用大? 具体来说,人类活动(主要是温室气体排放)是否是导致气候变化的最主要因素? 由于 IPCC 报告强调人类活动的缘故,多数学者倾向于人类活动的作用相对较大,基于CNKI 中文期刊全文库的文献检索可得到印证(图3-3)。人为因素(包括碳排放、气溶胶、城市化和下垫面等四大因素的关键词检索)的研究文献要远高于自然因素的(包括太阳辐射、火山、海气相互作用和陆气相互作用等四大因素的关键词检索)。

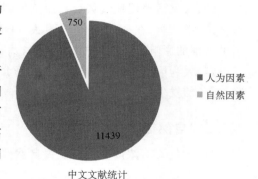

中文文献统计

图 3-3　气候变化成因研究的文献数量统计

但是随着近年来研究的深入,针对自然因素的研究也渐成气候。图3-4 表明针对自然因素的研究一直保持着增长势头。

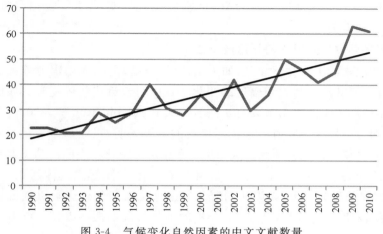

图 3-4　气候变化自然因素的中文文献数量

3.2.1 人类活动

(1)人类活动促使全球变暖

IPCC 认为,过去 50 年气候变化(主要是全球变暖)很可能是由人为排放的温室气体增加所致,并且各大陆(南极除外)出现了可辨别的人为变暖。全球气候变暖是人类活动驱动的,其重要依据是自工业革命以来,人类活动引起全球温室气体排放量快速增加,其中在 1970—2004 年期间增加了 70%,来自人类化石燃料使用以及土地利用变化对植物和土壤碳影响所产生的 CO_2 排放是大气 CO_2 增加的主要来源,它们导致的温室效应加剧了全球变暖。据估算,自 1750 年以来,排放到大气中的 CO_2 大约有 2/3 来自化石燃料燃烧,1/3 来自土地利用变化,这些 CO_2 大约有 45% 留存在大气中,30% 被海洋吸收,其余的被陆地生物圈吸收。排放到大气中的 CO_2,大约一半在 30 年里被清除,30% 在几百年里被清除,其余的 20% 通常将在大气中留存数千年。因此,IPCC 认为,自 1750 年以来,人类活动的影响已成为气候变暖的原因之一,而 20 世纪初的变暖则很可能是由人类活动主导的。

(2)人类活动促使气候变化影响加剧

IPCC 认为,在全球尺度上,过去 30 年的人为因素变暖对许多自然生态系统和生物产生了可辨别的影响,鉴于各种气候过程、及其相应时间尺度的反馈过程,即使温室气体浓度趋于稳定,人为因素变暖和海平面上升仍会持续数个世纪,全球极端事件(高温事件、热浪、强降水等)的发生频率很可能会持续上升。

3.2.2 自然因素

(1)大气 CO_2 浓度变化可能由自然因素主导

近 50 年来,消耗化石燃料导致的 CO_2 年排放量与大气中 CO_2 年增长的关系如图 3-5 所示,图中柱状表示 50 年来大气中 CO_2 浓度的变化趋势,曲线表示消耗化石燃料导致的 CO_2 排放量变化趋势(IPCC 2007),观察两者的对应关系可知,大气中 CO_2 浓度并不是完全由化石燃料排放量决定的,而可能主要受火山活动、厄尔尼诺等自然活动的影响。Zhao 等(2005)、江志红等(1997)的研究亦认为 20 世纪 40 年代的变暖,并不是由温室效应导致,可能与火山活动沉寂有关。

(2)认识不足导致自然因素的作用被低估

由于对自然因素的了解并不深刻,如火山活动、温盐环流、太阳辐射等无法进行精确测量及预测,现有研究甚至认为太阳辐射的变化不足以引起近代气候变暖。如已观测到的太阳活动的 11 年周期带来的太阳常数的变化不到 0.1%(Houghton 等,2001),可能并不能对气候变化产生明显的影响。同时各种代用资料的结果表明,工业革命前后太阳辐射并无太大的变化。辐射量变化的主要原因是太阳黑子和耀斑的变化。太阳活动(从 1750 年起)造成的直接辐射强迫是 ±0.12 W/m^2,这个值虽然是正值,但比温室气体的 2.3 W/m^2 要小得多。Singer(2007)的研究指出,太阳活动变化对全球气候变化的影响机制可以很好地解释 1940 年前变暖和随后变冷、间冰期、1500 年期间的气候周期振荡以及 100 万年以来全球气候变化的规律。Singer 早在 1958 年就指出宇宙射线的密度受太阳风强度和太阳磁场控制,

Henrik Svensmark(2007)的研究表明,宇宙射线能对云层及全球气候产生重要影响。显然,随着学术界研究的进一步加深,人们将越发认识到自然因素对气候变化的影响作用。

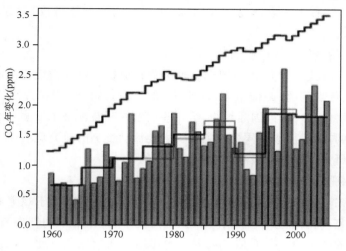

图 3-5　CO_2 浓度及排放(化石燃料)关系图[①]

(3)近 30 年来气温变化属于气候正常波动

图 3-6 应用高精度的卫星数据分析结果显示,30 年来全球气温呈振荡变化,除受厄尔尼诺、火山活动等重大自然因素影响外,并没有出现异常的增温现象,并且在过去 29 年中全球气温净暖并没有增加,而全球气温升高的分布状态也并没显示出人类活动的影响作用(Patrick Michaels 2008,Christy 2009)。

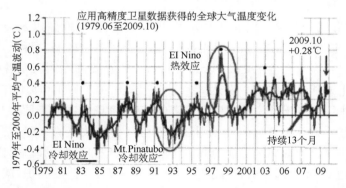

图 3-6　全球大气温度变化(高精度卫星数据)(摘自《自然驱动是全球气候变化的主要因素》)

3.2.3　争议缘由

主导气候变化的因素到底是人类活动还是自然界自身的作用? 此争议逐渐浮出水面并日益得到学术界的关注,原因主要有以下几方面。

---

① 摘自《自然驱动是全球气候变化的主要因素》。

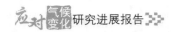

(1)受气候趋势不确定性的影响

关于气候变暖趋缓甚至气候变冷的研究不断涌现,使得学术界开始重新审视气候变化的原因,从而在一定程度上动摇了人类活动(主要是温室气体排放)引起全球变暖的主流定论。

(2)受国际政治经济诉求的影响

基于人类活动导致气候变化的论断,促使人类社会把应对气候变化问题提上议事日程,并逐渐成为热点、焦点问题,并催生了《议定书》的问世,从而正式拉开了人类减排的序幕。但这些减排措施引发了一系列国际纠纷,给一些国家的利益带来了或多或少的负面效应,出于维护自身利益的需要,反驳气候变化主要受人类活动影响的研究就有了利益动力,这对于更为客观准确地研究把握规范显然是有促进作用的。

(3)受研究水平限制的结果

从研究难度来看,人类活动(如温室气体排放、土地利用等)易于观测和分析,容易联系气候变化进行研究,而自然界本身的作用(如自然变率、太阳活动周期等)较难衡量,学术界倾向于人类活动的影响而有所低估自然因素的作用就在所难免。此后,随着研究自然因素能力的提升,逐步增加了新的观察事实,异议出现也就不足为怪了。因此,这种争议的出现是自然而然的,也是符合科学研究的基本规律的。

总之,由于气候变化驱动因素的复杂性,诊断气候变化原因并据此对未来气候进行预估,无疑是学术界未来需要长期研究探索的热点问题。

3.3 争议3:应对气候变化的责任主体

长期以来,国际气候政策一直由三大集团(即发展中国家、欧盟以及美日等国组成的伞形集团)的互动决定,而它们在气候政策上的分歧,既源于各自的利益诉求,也源于对不同的伦理原则的坚守。哥本哈根会议之所以无果而终,一个重要的原因就是各国在温室气体减排与分担的原则上未能达成共识。发达国家强调形式的平等原则(即所有国家都应承担相同的义务),发展中国家则强调实质的平等原则(不仅要考虑各国的不同参与能力,而且要考虑各国的历史责任)。可见,依据何种原则进行温室气体排放权的分配,是国际气候政治与气候谈判的争论焦点。伦理原则层面的共识是解决气候政策分歧的基础,因此,各国要想在应对气候变化问题(尤其是温室气体减排的义务分担问题)上达成共识,就必须对相关的伦理原则达成共识。

3.3.1 非伤害原则与功利主义原则

气候变化会对不同国家、地区与人群造成多方面的严重伤害。约翰·密尔在《论自由》中所提出的非伤害原则被许多人视为一条具有普遍优先性的底线伦理原则,因为"不伤害人的生命"的意义,能在最大范围内为人们所认同;并且,"不伤害"能在最大范围内为人们所执行(甘绍平,2002)。在气候变化问题上强调非伤害原则。根据非伤害原则,为避免对许多国家与人群(尤其是穷国、小岛国、穷人与尚未出生的未来世代)造成严重的伤害(尤其是健康伤害),全球(尤其是发达的工业化国家)应当积极行动起来,减少温室气体的排放。

功利主义者通过成本—利益分析认为,积极减排比气候变化本身(温室气体浓度的适度增长)造成的伤害更多,因为排放所造成的经济增长可以促进整体福利,而减少温室气体的排放却会造成整体社会福利的迅速下降,并可能造成饥荒、疾病、死亡等更为严重的伤害。一个极端的例子是,如果在一年之内将 CO_2 的排放量削减为零,可能造成不可想象的经济与社会崩溃,也可能会造成人类的大量死亡。所以,减排并非是造福于潜在受伤害者的有效途径(Schelling 1997,Lomborg 2006)。Lal(2006)指出,全球变暖,尤其是 CO_2 排放量的增加使全球植被大幅增加,在人类历史上,暖期记载的是繁荣,而冰期记载的则是饥荒、瘟疫与社会混乱(Deepak Lal 2006)。

Singer(2002)提出,与发达国家居民的奢侈性需求相比,发展中国家居民的基本需求仍具有道德上的优先性。杨通进(2008)指出,人们对健康、安全与公平的选择应当优先于对经济利益和政治权力的追求。

3.3.2　排放基数原则与历史责任原则

发达国家在《议定书》中提出了一种以排放基数原则为基础的减排方案:以排放限制开始实施前的一个基准年为标准,对排放权利进行分配。按照该原则,对温室气体排放量的分配应考虑不同国家在过往年代的排放规模;一个国家的具体减排量应当以该国在历史上某个时期的排放总量为参考依据。例如,欧盟 2010 年的减排目标是在 1990 年的基础上降低8%,美国的减排目标是在 1990 年的基础上降低 7%。Simon Caney(2009)认为,这条原则的出台更多的是源于一种实用主义的考虑:如果没有一个排放基数作为减排目标的出发点,排放大国就不会接受,从而难以实施。所以,为了确保排放大国能够主动配合减排计划,以便最终实现更为公平的排放,我们有必要认可历史排放的合理性,并把它作为分配减排份额的基础。

该原则在谈判初期就被发展中国家拒斥,因为它难以获得伦理上的辩护,虽然排放基数原则在操作层面可行,但对排放大国作出的这种妥协和让步却是不公正的。正如罗尔斯(2009)所说:"根据威胁优势来分配的观念并不是一种正义观"。英国学者 Brian Barry(1989)也指出:"正义行为不能归结为对自我利益的精致的和间接的追求。……正义不应当是确保具有较强谈判优势的人把其优势自动转化为有利结果的途径。"根据排放基数原则,历史上的排放大国可以获得较大的人均排放份额,而欠发达国家和发展中国家只能获得较小的人均排放份额,这种做法严重危害欠发达国家和发展中国家的发展,使它们的人民难以摆脱贫困和欠发达的状态。同时,排放基数原则不仅没有对排放大国的历史排放行为进行惩罚,反而通过给予它们较多的排放份额而对它们的历史排放行为加以奖励,这是对平等对待原则的公然违背。

发展中国家提出一种历史责任原则,要求一个人"收拾自己的烂摊子":工业化国家应当为他们过去的错误行为负责。历史责任原则也被称为"污染者付费原则",它要求污染了大气层的发达国家承担起修复大气层的责任。按照历史责任原则,就应该按照各国的累积排放量分配排放指标。如果仅仅按照当前的排放水平进行排放指标的平均分配,那么在贫穷国家的人均排放或能源使用远未达到当今的工业化国家时,就要降低他们的绝对排放。如果要迅速降低全球温室气体污染,发展中国家就无法像富裕国家那样发展经济,并且要承担发达国家不曾承担的保护全球生态系统的成本。对最贫穷的人口与国家来说,增加能源使用对于发展和提升生活水平至关重要,因此,让他们独自承担所有的成本有失正义。换言之,富国、工业化国家已经积累了一种生态债(Simms,2005)。虽然在历史上,CO_2 的排放并未被看作是一种破坏性污染(至少未被广泛认可),但这种无意制造伤害的意图(或对有害后果的不知情)并不能否定其道德义务。所以,应当公平分配的不应是年度排放,而应是从全球生态系统的使用所获得的累积利益。

发达国家的反对立场有两点:一是全球生态系统已经不足以使所有人都获得与发达国家相同的人均排放量(所剩有限),因此,相同的人均排放权是无法兑现的;二是发展中国家不必重蹈发达国家曾经的覆辙,采用高排放的方式发展经济。换言之,发展中国家不能犯发达国家曾犯过的错误:一条曾经被发达国家证明为错误的道路,发展中国家为什么还要再走呢?发展中国家指出,发达国家的反驳恰恰证明了其应当承担更多的减排义务,并向发展中国家提供资金与技术援助以对其造成的不正义进行矫正。

3.3.3　平等对待原则与共同但有区别的责任原则

平等对待所有人是一条被广为拥护的伦理原则,其实质是每个人在权利上的平等。根据平等对待的原则,每一个人(不分国籍、性别、年龄、能力)都有权利获得同等数量的排放份额。如印度学者 Agarwal and Narin(1991)就认为,地球吸纳温室气体的能力属于全球公共财富,这种公共财富应以人头为基础来平等地分配。国际环境伦理学学会前任主席杰姆森(Jamieson,2005)也指出:"在我看来,最合理的分配原则是每一个人都拥有权利排放与其他人同样多的温室气体,我们很难找到理由来证明,为什么作为一个美国人或澳大利亚人就有权排放更多的温室气体,而作为一个巴西人或中国人就只能获得较少的排放权利。"Singer(2005)更是明确地指出:"对于大气,每个人都应拥有同等的份额。这种平等看起来具有公平性。……在没有别的明确标准可用来分配份额的情况下,它可以成为一种理想的妥协方案,它可以使问题得到和平的解决,而不是持续的斗争。它也为'一人一票'的民主原则进行辩护提供了最好的基础。"

平等对待原则存在一些潜在的问题。首先,如果以未来某个时段的人数作为分配排放份额的基数,就会激励各国想方设法增加人口。如果以现行的人口数量作为分配的依据,那么,那些年轻人比例较高且即将进入生育高峰的国家又将处于不利地位。其次,平等的分配方案对于那些生活在比较寒冷地区的人们似乎不够公平。因为与那些生活在温暖地区的人们相比,他们在冬季需要较多的能源来取暖。再次,平等主义原则完全忽视了发达国家自工业革命以来大量排放温室气体的事实,把它们的历史责任一笔勾销了,这违背了历史责任原则和污染者付费原则。最后,平等主义分配原则会使发展中国家面临较大的发展压力。经济发展不可避免地带来 CO_2 的大量排放。有史以来,发达国家都出现过人均 CO_2 排放的高峰期。在其高峰期,美国(1973 年)的人均排放接近 6 t,英国(1971 年)和德国(1979 年)也超过 3.5 t,法国(1979 年)和日本(1995 年)人均是 2.5 t(丁仲礼等 2009)。如果要求发展中家在其排放高峰期把人均排放控制在 2t 以内,那么,发展中国家就将背负比发达国家更沉重的发展负担,这无疑是不公平的。

共同但有区别的责任是一项基本原则,该原则认为,世界各国都共同承担保护和改善环境的义务,但由于历史、经济、发展等原因,各国所承担的义务应该是有所区别的,发达国家在现阶段应当对全球气候变化承担更多的责任。共同但有区别的责任原则包含着两方面的含义:首先,共同但有区别的责任原则强调的是责任的共同性,共同责任是指由于大气系统具有很强的整体性、关联性,这就要求世界上各个国家不分大小、贫富,都应当对保护大气环境承担共同的责任。其次,共同责任并不意味着"平均主义",虽然国家不分大小、贫富、强弱都对保护大气环境负有共同的不可推卸的责任,但应当看到由于全球变化问题形成的历史和现实的原因,发达国家应当比发展中国家承担更大的或者是主要的责任。

然而,许多发达国家却将这条原则弱化为对发展中国家的优惠待遇,实际上,"共同但有区别的责任"与"对发展中国家的优惠待遇"之间有着本质的差别:尽管两者实现形式上都表现为发达国家为发展中国家提供资金、技术和援助,但它们却有着完全不同的伦理价值基础。"对发展中国家的优惠待遇"是建立在国家发展不平衡的现实基础上的,发达国家给予发展中国家种种优惠的内在动因是出于道义、国家形象和国际战略考虑,并常常以人权或民主等文化意识形态输出作为经济援助的前提条件,而气候变化领域共同但有区别的责任原则的基础是对过错负责,强调的是污染者付费原则、公平原则、基本生存权和发展权,其内在动因应是发达国家为自己的行为负责,而不是某种高高在上的仁慈或施舍。因此,资金、技术和能力建设支持的主导权,不应掌握在发达国家手中,更不能附加任何条件,发达国家承担主要责任是对其自身过错的弥补而不是对发展中国家的善行或施舍。

第二编

气候变化编

不同类型的气候使我们的地球气象异彩纷呈,四季的更替让人们享受着春、夏、秋、冬不同的韵味,然而,台风、洪涝、干旱、热浪、沙尘暴、雪灾等灾害性天气气候事件的频繁发生又使人类遭受深重的灾难。气候已经影响到我们生活的方方面面,与我们时时刻刻密切相关。那么,气候是什么?气候会发生变化吗?气候已经发生了什么样的变化?未来气候将如何变化?气候变化有何影响?我们如何应对气候变化?

(主要撰稿人:江志红　陈海山　曹　杰　曾　刚　闵锦忠　张慧明
盛济川　孙　薇　吴　优　吴敏洁　韩　颖　吕　红)

第4章 气候变化的事实及其预估

"气候(Climate)"一词由古希腊语 Klima 演变而来,原意为倾向、趋势,现在则理解为较长时间内出现的天气特征的"综合"表现,通常指某一地区某一长时期内(一个月乃至数百年以上)气象要素(如温度、降水、风、日照和辐射等)和天气过程的平均或统计状况,主要反映某一地区冷、暖、干、湿等基本特征,通常由某一时期的平均值和距离此平均值的差值(气象上称距平)来表征。

4.1 气候变化的概念

由于认识的角度、方法等不同,人们对气候的定义存在着一些差异。《不列颠百科全书》定义气候为某一特定地点漫长时期的大气状况,是短时期内构成天气的大气因子(及其变化)的长期概括。这些因子包括:太阳辐射、温度、降水(类型、频率、数量)、气压、风(风速和风向)。《辞海》则将气候解释为某一地区多年的天气特征,包括多年平均状况和极端状况。《麦克米伦百科全书》将气候定义为一个地区长期流行的天气状况。《大气科学词典》定义气候为地球与大气长期的能量交换与质量交换过程形成的一种自然环境因子,气候的含义不只是几个要素的简单平均状态,而是热量、水分及空气运动的大气综合状态的统计特征,既包括平均状况,也包括各种可能状况的概率分布及其极端状况。

IPCC 2007 年报告给出:狭义上,气候通常被定义为天气的平均状态;严格表述为某一时段内气候要素的平均值和变率的统计描述。这里"某一时段的长度"从几个月到几千年甚至几百万年不等,WMO 规定为 30 年,如 1961—1990 年,1971—2000 年等作为代表某一地区现代气候的平均时段,来反映目前气候的基本特征。

随着科学的发展和观测资料的增加,人们发现气候是变化的。狭义的气候概念受到了挑战,主要表现在两个方面:一方面是气候平均值概念,大量观测事实表明,30 年平均的气候平均值是变化的,是不稳定的,这说明气候变化在时间域上是多尺度的;另一方面,科学家们认识到气候变化与海洋、陆地、冰雪、生物和人类活动相互影响,引起了全球变化,在空间上具有全球性特点,并与区域性的气候变化相互影响,形成了气候系统概念。1974 年 WMO 和国际科学联盟理事会(ICSU)联合召开的"气候的物理基础及其模拟"国际学术研讨会上,明确地提出了气候系统的概念,气候系统作为一个由大气圈、水圈、冰雪圈、岩石圈(陆面)和生物圈相互作用组成的整体,气候是天—地—生相互作用下的大气系统的较长时间的平均状态。

4.1.1　气候变化的定义

　　气候变化是指气候状态(如气温、降水、气压等)在较长时段内统计特征呈现的明显变化,最常见的是气候平均状态和距平两者中的一个或者两者一起出现了统计意义上的显著变化。距平值越大,表明气候变化的幅度越大,气候状态不稳定性增加,气候变化敏感性也增大。图 4-1 以温度为例说明气候变化与平均值或距平值变化的关系,假定某一地区或地点的温度在多年平均条件下呈正态分布,正常天气(在平均气温处附近)出现的概率最大,偏冷和偏热的天气出现的概率较小,极冷或极热的天气(一般在 2σ 以上,σ 为标准差)出现的可能性很小或没有。假如由于气候变暖,平均值增加了某一数值(图 4-1a 中水平箭头向右移动),这时偏热天气出现的概率将明显增加,并且原来从不出现的极热天气也会出现(图 4-1a 的最右端);相反,偏冷天气出现的概率将大大减少。图 4-1b 则说明平均值不变,但距平增加后,会造成更多的偏冷或偏热天气,更多的极热或极冷天气,可以看到这几类天气的出现概率都比先前气候条件下的概率增大了。图 4-1 不但说明了气候变化可以由气候变化平均值或距平的变化引起,而且也清楚地说明了气候变化与极端天气事件出现的关系。例如,最近研究认为,人类活动的影响已使欧洲出现 2003 年那样极其炎热的夏季的风险增加了一倍以上(见(彩)图 4-2)。

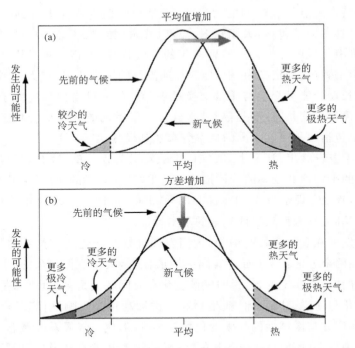

图 4-1　气候变化与气候平均值(a)和变化幅度(b)变化之间的关系
(横坐标表示温度,纵坐标表示概率)(引自 IPCC 2001)

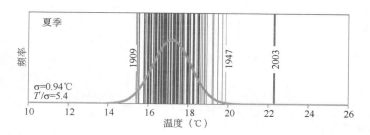

图 4-2　1864—2003 年瑞士夏季温度变化(引自 IPCC 2007)

注:图中竖线表示 1864—2003 年的逐年夏季平均气温,其中季平均气温为 17 ℃。拟合高斯分布曲线用绿色表示。
1909 年、1947 年和 2003 年代表纪录中的极值年,左下角的数值表示标准差(σ),以及根据 1864—2000 年标准差归
一化的 2003 年距平(T'/σ)。

极端气候事件是小概率事件,但对人类环境和社会、经济影响很大,直接威胁到人类赖
以生存的生态环境。例如,2006 年夏季,重庆、四川遭遇历史罕见的高温伏旱,其中重庆市
不低于 38 ℃的高温日数达 21d,创历史新高;22 个区(县)最高气温破当地历史记录。[①]

4.1.2　气候变化的特征

气候要素或变量是由不同周期波动、不同振幅的峰值及均值构成,它们以不同时间、空
间尺度的天气、气候扰动或胁迫形式相互制约地统一在气候系统中。因此气候变化比较复
杂,有长期的波动和稳定性,又有短期的波动和突变,各区域气候变化也有差异。概括起来
有如下 4 个基本特征。

(1) 气候变化的多时间尺度特征

气候变化具有不同时间尺度的变化特征。按时间尺度可分为六类:① 短期气候变化,
其时间尺度为月,季,年;② 中期气候变化,其时间尺度为几年(即年际变化);③ 长期气候变
化,其时间尺度为几十年(即年代际变化);④ 超长期气候变化,其时间尺度为几百年(即世
纪际变化);⑤ 历史时期气候变化,其时间尺度为千年;⑥ 地质时期气候变化,其时间尺度为
万年或更长。由于有气候资料记载的时间不过几百年,对于气候变化研究也就主要集中在
前四个时间尺度,尤其是前三个时间尺度的变化。但是,为了深入认识气候演变规律,探索
气候变化的原因,历史时期和地质时期的气候变化问题也是很值得研究的。

(彩)图 4-3 给出的是 1850—2006 年全球以及南北半球年平均地表气温距平图,它可以
反映近 150 年来平均气温变化的时间变化。显然,它们的年平均气温不仅有明显的年际变
化,而且还表现出了较明显的年代际变化特征。例如,20 世纪 80 年代以后全球平均气温持
续偏高,而在 20 世纪 40 年代之前全球的平均气温偏低,非常清楚地反映了气候的年代际变
化。另外,近百年来气温增加的趋势也很明显。

---

① 极值/极端气候事件:气候的定义从本质上看与某种天气事件的概率分布有关,当某地天气的状态
严重偏离其平均状态时,就可以认为是不易发生的小概率事件。在统计意义上,不容易发生的事件就可以
称为极端事件,干旱、洪涝、高温热浪和低温冷害等事件都可以看成极端气候事件。

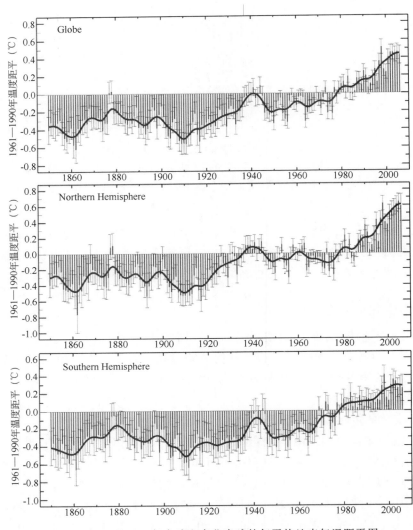

图 4-3　1850—2006 年全球和南北半球的年平均地表气温距平图
（平滑曲线表示其年代际变化）（引自 IPCC 2007）

　　图 4-4 是近 1000 年来欧洲东部地区冬季平均气温的估计量的时间变化，极为明显的特征是在 1300—1800 年间出现了"小冰期"。小冰期现象的出现，是超长期（百年时间尺度）气候变化的明显反映。过去 50 万年以来冰期和间冰期的交替出现（间隔为 10 万年左右）清楚地反映了地质气候变化的特征（图 4-5）。

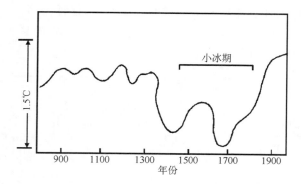

图 4-4　近 1000 年以来欧洲东部地区冬季平均气温的估计量的时间演变

（引自 Lamb，1966）

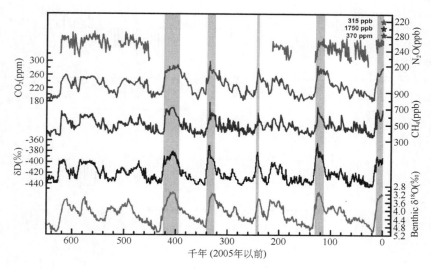

图 4-5　65 万年来南极氘（δD）、CO_2、甲烷（CH_4）和氧化亚氮（N_2O）浓度变化

（氘可作为局地温度的代用资料。阴影带状区域表示间冰期暖期）（引自 IPCC 2007）

（2）气候变化的阶段性特征

气候变化的阶段性同气候变化的时间尺度是紧密联系的，不同时间尺度的变化也就有不同的阶段性。在过去的 50 万年里，冰期和间冰期有交替出现的现象，这是气候变化阶段性的明显特征。因为冰期的寒冷气候与间冰期较温暖的气候是两种差别较大的状况，也可以认为气候变化分别处于不同的阶段。同样，近千年来的气候变化也有其阶段性，在 1300—1800 年间的小冰期，气温长时间偏低，而在小冰期前后的一段相当长的时期里，平均气温却相当高，同小冰期相比无疑可视为另一个气候变化阶段。

不仅全球尺度的气候变化具有阶段性特征，局地区域的气候变化也具有阶段性。另外，不仅气温的变化如此，其他气候要素的变化也如此。图 4-6 是 1900—2001 年我国华北、长江中下游以及华南地区夏季（6—8 月）降水量距平的 9 年滑动平均图（代表年际变化），显然可以看出多雨时段和少雨时段的交替演变。

气候变化的阶段性同样也体现出了气候的振荡特征,这种振荡并不像正弦曲线一样有固定的周期,它也不是总在某一平均值附近振荡,而是存在一定的趋势,并且对于某些气候要素(如气温),其趋势性尤为明显。

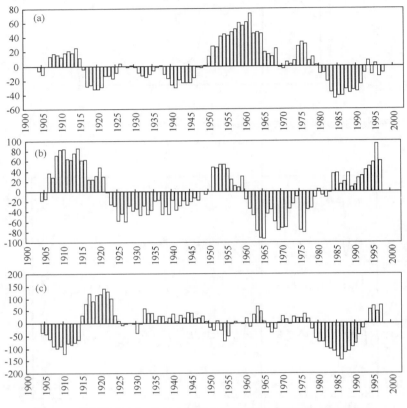

图 4-6　我国华北(a)、长江中下游(b)和华南(c)夏季降水距平变化

(单位:mm)(孙照渤等 2010)

(3)气候变化的突变性特征

气候变化除多时间尺度特征和阶段性特征之外,突变也是其重要特征。所谓气候突变是指气候从一种稳定状态跳跃式地转变到另一种稳定状态的现象。

根据气候突变的情况,可以把气候突变归纳为三种类型(图 4-7),即均值突变、趋势突变和变率突变。从一个气候基本状态(以某一平均值表示)向另一个气候基本状态的急剧变化,就是均值突变。两个气候阶段有完全相反的变化趋势,例如,某个气候阶段温度一致持续下降,而其后一个气候阶段的温度一致持续上升,这样两个气候阶段的急剧转变,称为趋势突变。两个气候状态的平均值并无明显差异,但其变率有极明显的不同,这样两类气候状态间的急剧变化,称为变率突变。变率突变包括两种情况,其一是振幅有明显差异的突变;其二是频率有明显差异的突变。气候变化是极其复杂的,气候突变也一样。对实际资料分析表明,气候突变往往会分别出现这三类突变现象,但有时也可以看到这几类突变同时综合发生的情况。

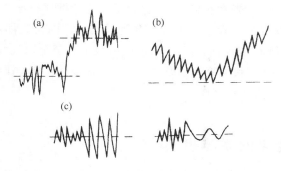

图 4-7　三类气候突变示意图

(a)均值突变；(b)趋势突变；(c)变率突变

(4)气候变化的相关性特征

气候变化具有相关性,如全球气候变化的适宜期、新冰期、温暖期、现代小冰期和近代变暖期,不仅与我国大部分地区一致,而且与日本、欧洲等地的气候变化状况大体接近。有研究表明,我国西北地区和青藏高原的气候变化与中国其他地区气候变迁趋势,乃至北半球其他地区气候振动状况是密切相关的,大体上是由同类气候形成因子所控制。

4.1.3　气候变化的原因

气候变化的原因,概括起来可分成自然原因与人类活动的影响两大类(图 4-8)。自然原因包括地球轨道参数变化、太阳活动和火山活动等。人类活动包括温室气体、气溶胶、土地利用以及城市化等。

引起气候变化的自然因素多种多样,有的是地球系统本身的某些因素,如火山爆发、海—陆—气相互作用、地壳运动、地球运动参数的变化等;有的是地球以外的因素,如太阳辐射等。不同因素引起的气候变化在时间尺度、空间范围和强度上也有所不同,例如地球轨道要素的变化主要用来解释第四纪的气候变化,单个火山爆发的影响一般不超过 2 年。人类活动因素主要包括燃烧矿物燃料排放温室气体,各种生产活动引起大气中气溶胶成分和浓度的变化,土地覆盖和土地利用的变化,城市化等。

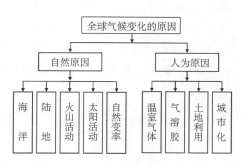

图 4-8　气候变化影响因子示意图

气候变化受自然因素和人类活动的共同影响,而有关近年来气候变化的归因一直是科学界争论的热点。近年来,关于气候变化成因的认识逐步深化。IPCC 在 1986 年成立以来先后于 1990 年、1996 年、2001 年、2007 年发布了四次评估报告。这些评估报告对国际应对气候变化的政治走向起到很大甚至是决定性的作用。尤其第四次评估报告(2007 年),明确指出人类活动"很可能"是气候变暖的主要原因(90%以上可能性),过去 50 年全球变暖很可能是由于人为排放温室气体增加所致,并且各大陆(南极除外)均出现了可辨别的人为变暖。

然而,自 IPCC 第一份评估报告发布以来,就遭到了一些持批评态度的科学家的质疑与批判。2007 年美国哈特兰德研究所组建了一个被命名为"B 支队"的研究团队,旨在对气候变暖的科学证据进行独立于 IPCC 的评估,2008 年,他们出版了关于全球气候变化的评估报告"Climate Change Reconsidered"和决策者摘要,其结论与 IPCC 第四次评估报告针锋相对,指出是"自然而不是人类活动控制着气候"。

4.2 全球气候变化的观测事实

人类赖以生存的地球系统正经历着以气温升高为主要特征的气候变化。最近百年(1906—2005 年)全球地表气温升高了 0.74℃;20 世纪后半叶北半球气温可能比近 500 年中任何一个 50 年要高,也可能是过去至少 1300 年中最高的;而且自 1850 年以来最暖的 12 个年份出现在 1995—2006 年。过去 50 年气温每 10 年平均升高 0.13℃,是过去 100 年平均升高量的两倍。气候变化已经造成了海平面升高、降水变化以及极端气候事件发生频率的增加。

随着气候变化研究的深入,人们对气候变化的成因也有了更深入的理解和认识,逐步强化了人类活动是气候变化主要成因的结论,为研究气候变化影响、适应和减缓对策提供了重要的科学基础。

4.2.1 全球温度变化

IPCC 第四次评估报告明确指出:气候系统变暖是毋庸置疑的,目前从全球平均气温和海洋温度升高、大范围积雪和冰川融化、全球平均海平面上升的观测事实中,均可明显看出气候系统变暖的事实。20 世纪后半叶北半球平均气温很可能高于过去 500 年中任何一个 50 年期的平均气温,并且可能至少是过去 1300 年中的最高值(见(彩)图 4-9)。近 50 年的线性变暖趋势几乎是近 100 年的两倍,1906—2005 年期间,全球平均地表温度上升了 0.74℃。

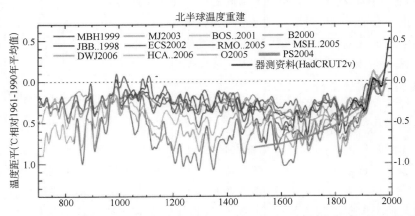

图 4-9 过去 1300 年北半球的气温变化(黑色曲线为仪器记录的气温序列,
其余不同颜色曲线表示不同作者重建的温度序列)(引自 IPCC 2007)

全球温度普遍升高,北半球较高纬度地区温度升幅较大(参见(彩)图 4-10)。在过去的100 年中,北极温度升高的速率几乎是全球平均速率的两倍。陆地区域的变暖速率比海洋快。自 1961 年以来的观测表明,全球海洋平均温度升高已延伸到至少 3000 m 的深度,海洋已经并且正在吸收气候系统增加热量的 80% 以上。对探空和卫星观测资料所作的新的分析表明,对流层中下层温度的升高速率与地表温度记录类似。

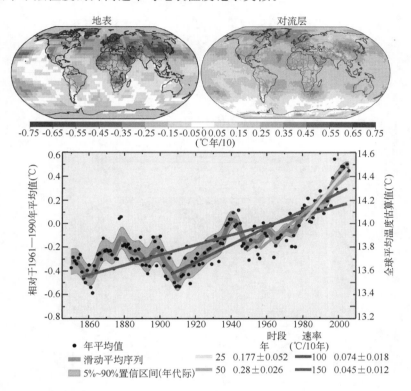

图 4-10　地表温度、对流层温度及年平均气温 25 年(1981—2005 年)(黄色)、50 年(1956—2005 年)(橙色)、100 年(1906—2005 年)(红紫色)、150 年(1856—2005 年)(红色)的线性趋势。蓝色的平滑曲线表示年代际变化,淡蓝色曲线表示 90% 的年代际误差范围,灰色表示资料不完整的区域;下图显示的是全球年平均气温(黑点)及其对应的线性拟合(IPCC 2007)

(彩)图 4-10 显示的是 1979—2005 年全球地表温度(左上图)和卫星观测的对流层温度(右上图)的线性趋势。从各时期线性趋势的强弱来看,距离当前最近的时间越短,斜率越大,表明全球温度正在加速上升。

4.2.2　全球降水变化

IPCC 第四次评估报告指出,总体来讲,全球降水存在一定的上升趋势。全球平均陆地降水,1900—1950 年整体呈上升趋势,1950—1980 年是一个相对多雨的时期,到 20 世纪 90年代早期呈下降趋势,21 世纪初又开始回升。但降水变化有很强的区域差异,在 1900—

2005 年期间,北美和南美东部、欧洲北部、亚洲北部和中部降水量显著增加,而在萨赫勒、地中海、非洲南部、亚洲南部部分地区降水量减少(见(彩)图 4-11、图 4-12)。自 20 世纪 70 年代以来,全球受干旱影响的面积可能已经扩大。

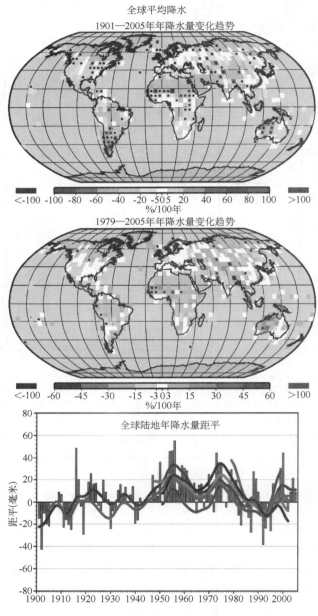

图 4-11　全球年降水量变化趋势及距其平(IPCC 2007)

注:1901—2005 年(a,单位:%/100 年)和 1979—2005 年(b,单位:%/10 年)陆地上年降水量的线性趋势分布(灰色区域表示尚无足够多的数据计算出可信的趋势)以及 1900—2005 年(c)全球陆地年降水量距平的时间序列(距平变化相对于 1961—1990 年的平均值,平滑曲线表示不同数据集的年代际变化)

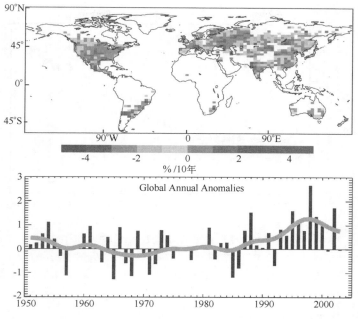

图 4-12 1951—2003 年全球年极端降水量趋势

(a,图中白色陆地区域表示尚无足够的数据来估算趋势)及年平均 R95t 距平;(b,相对于 1961—1990 年,单位:%)时间序列,平滑的橙色曲线表示年代际变化(IPCC 2007)

4.2.3 全球海平面变化

　　IPCC 第四次评估报告指出了海平面上升的各种影响因子及其不确定性。表 4-1 给出观测和模拟的不同影响因子对全球海平面的贡献。自 1993 年以来,海洋热膨胀对海平面上升的预估贡献率占所预计的各贡献率之和的 57%,而冰川和冰帽大范围减少的贡献率则约为 28%,其余的贡献率则归因于极地冰盖融化,20 世纪全球海平面平均上升约 0.17 m。全球气候变暖引起海洋膨胀和冰盖、冰川融化,导致海平面上升,有仪器监测以来的 150 年中,发现全球海表温度和海平面在持续升高((彩)图 4-13),1961—2003 年海平面平均上升速率约为 1.8 mm/a,而卫星观测到 1993—2003 年的平均上升速率约为 3.1 mm/a(表 4-1)。

表 4-1 观测和模拟的全球平均海平面上升值及不同影响因子的贡献(IPCC 2007)

海平面上升(mm/a)

海平面上升的根源	1961—2003		1993—2003	
	观测的	模拟的	观测的	模拟的
热膨胀	0.42±0.12	0.5±0.2	1.6±0.5	1.5±0.7
冰川和冰帽	0.50±0.18	0.5±0.2	0.77±0.22	0.7±0.3
格陵兰冰盖	0.05±0.12[a]		0.21±0.07[a]	
南极冰盖	0.14±0.41[a]		0.21±0.35[a]	
对海平面上升的个别气候贡献之和	1.1±0.5	1.2±0.5	2.8±0.7	2.6±0.8
海平面上升观测总量	1.8±0.5 (验潮仪)		3.1±0.7 (卫星测高仪)	

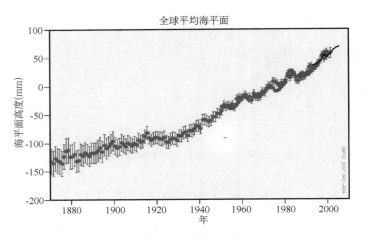

图 4-13 全球平均海平面高度变化(IPCC 2007)

(图中平均值相对于 1961—1990 年平均,红色表示自 1870 年以来重建的海平面场,蓝色表示自 1950 年以来的验潮仪测量结果,黑色表示自 1992 年以来的卫星测高结果;单位:mm,误差柱表示 90% 的信度区间)

4.2.4 全球冰雪变化

伴随全球气候变化,全球大部分地区积雪退缩,特别是在春季和夏季;近 40 年北半球积雪逐月退缩(除 11 月和 12 月外),在 20 世纪 80 年代尤为明显。1978 年以来的卫星资料显示,北极年平均海冰面积已经以每十年 2.7% 的速率退缩,南北半球的山地冰川和积雪面积已呈退缩趋势,自 1900 年以来,北半球季节性冻土面积减少了大约 7%,春季冻土面积的减幅高达 15%。

4.2.5 极端气候事件变化

20 世纪,极端气候事件的频率发生了变化:极端低温的出现频率显著下降,高温事件增加;北半球中高纬度地区的大雨和极端降水事件增多;不少地区干旱与洪涝发生频率、强度有所增加(表 4-2)。

表 4-2 20 世纪后期极端天气气候事件变化趋势及可能性(摘自 IPCC,2007)

现象和变化趋势	20 世纪后期出现变化趋势的可能性(1960 年之后)
多数大陆地区冷昼/冷夜更少	很可能
多数大陆地区热昼/热夜更多	很可能
多数大陆地区暖事件和热浪发生频率增加	可能
多数地区强降水事件发生频率(或强降水占总降水的比例)增加	可能
自 20 世纪 70 年代以来许多地区受干旱影响范围增加	可能
强热带气旋活动增加	自 1970 年以来某些地区可能
极高海平面所引发的事件增多(不含海啸)	可能

根据 IPCC 第四次评估报告,近 50 年来极端温度有大范围变化。冷昼、冷夜和霜冻的发生频率减小,而热昼、热夜和热浪的发生频率增加了。中纬度区域霜冻日数大范围减少,极端暖日数(最暖 10％的白昼或黑夜)增加,极端冷日数(最冷 10％的白昼或黑夜)减少。其中冷夜和暖夜日数变化最显著,1951—2003 年间,在有观测资料的地方 74％的地区冷夜日数明显减少,73％的地区暖夜日数增加(见(彩)图 4-14)。2003 年夏季(6、7、8 月),发生在欧洲中西部创纪录的热浪是极端气候异常的典型例子,且是自 1780 年开始拥有器测记录以来最暖的一年(比先前最暖的 1807 年高 1.4℃)。春季欧洲陆地表面干燥,也是 2003 年极端温度事件发生的一个重要因素。

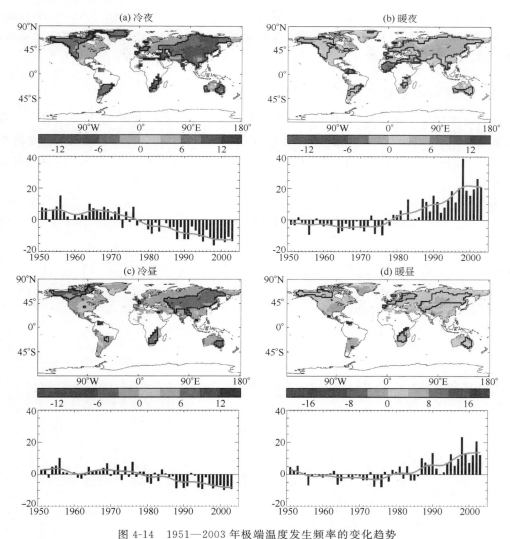

图 4-14　1951—2003 年极端温度发生频率的变化趋势

(a)冷夜;(b)暖夜;(c)冷昼;(d)暖昼(每 10 年日数趋势以 1961—1990 年为基础)(Alexander 等 2006)

在极端降水方面,自 20 世纪 70 年代以来,大部分地区的强降水事件发生频率有所上升,即使总降水和雨日数没有变化或减少的地区(如地中海大部分地区、南非、西伯利亚、日本和美国东北部),也都发现强降水量及其频数的增加。同时,干旱范围、强度和持续时间增大,特别是在热带和副热带,观测到了强度更强、持续更长的干旱。另外,有观测证据表明,大约从 1970 年以来,北大西洋的强热带气旋活动增加,其他一些区域强热带气旋活动也有不同程度的增加。

4.3　中国气候变化的观测事实

中国地处东亚季风区,其气候既受到季风的影响,也受到海洋和复杂大陆地形的影响;同时,中国气候变化也受到温室气体和气溶胶排放增加、土地利用变化等人类活动的影响。近百年的仪器观测结果显示,中国正经历气候变暖的过程,以西北、华北、东部最为明显,其中华北地区出现了暖干化趋势。

4.3.1　中国温度变化

在近百年温度变化研究中,建立温度序列是一个非常重要的方面,也是开展进一步研究的基础(图 4-15)。(彩)图 4-16 是 20 世纪 80 年代以来中国气象工作者建立的几条全国平均气温序列与国际上被广泛应用的 CRU 资料得到的中国温度序列的对比,可见,虽然各序列所用资料数量和方法不尽相同,但在 1951 年以后,各曲线相当吻合。

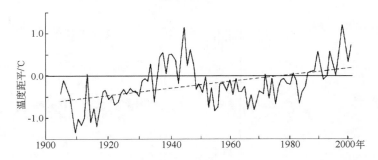

图 4-15　中国近百年来(1905—2001 年)年平均地表气温变化(唐国利等 2005)

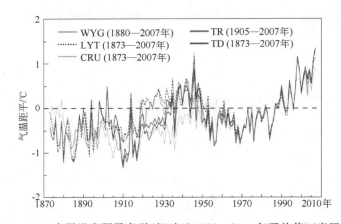

图 4-16　1873—2007 中国温度距平序列(相对于 1971—2000 年平均值)(唐国利等 2009)

根据上述全国平均气温序列,在全球变暖背景下,近100年来中国地表年平均气温明显增加,升温幅度约为0.5~0.8℃,比同期全球平均值(0.6±0.2℃)略高。20世纪两个增暖期,分别出现在20—40年代与80年代中期以后,这两个增温期的温度上升幅度大致相同,20世纪20—40年代升温幅度明显大于全球的平均值,80年代中期以后的增温速率与全球基本一致。近期的研究表明,20世纪两个增暖期的主要区域及其季节存在差异,20—40年代的增温主要限于中国的中部与南部,集中在春、夏、秋三季;80年代中期以后的增暖则在中国北方地区更明显,且四季增温均较明显,由此推断20—40年代变暖与80年代中期以后变暖的成因可能不同。

20世纪的变暖在全球(或北半球)和中国都可能是近千年中最显著的,其增暖趋势和增温程度可能高于中世纪温暖期(约950—1300年),低于全新世最暖期(约距今6000年前)。近50年中国增暖尤其明显,全国年平均地表气温增加1.1℃,升高速率0.22℃/10a,明显高于全球或北半球同期平均增温速率0.13℃/10a。

从区域来看,中国年平均气温变化最明显的地区在西北、东北和华北地区,其中西北地区增暖的强度高于全国的平均水平;但是长江以南地区并没有明显的变化趋势(图4-17)。中国西南地区出现弱的降温现象,春季和夏季降温尤为突出。

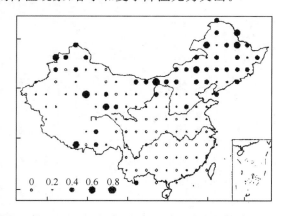

图4-17 中国50年(1956—2002年)的年平均温度变化趋势(引自丁一汇 2008)

4.3.2 中国降水变化

降水变化的研究必须基于具有一定代表性、相对均一的降水序列。由于降水的时空变率大,近百年降水序列的建立比温度序列的建立困难得多。根据王绍武等(2000)将史料和降水量观测结合,从重建的中国东部35站1880—2002年降水量序列分析(图4-18),近100年和近50年中国年降水量变化趋势不显著,但年代际波动较大。20世纪初期和30—50年代年降水量偏多,60—80年代偏少,近20年降水呈增加趋势。1990年以来,多数年份全国年降水量均高于常年。从季节上看,近100年中国秋季降水量略为减少,而春季降水量稍有增加,1956—2002年的全国平均年降水量呈现增加趋势。

中国年降水量趋势变化存在明显的区域差异。1956—2000年间,长江中下游和东南地区年降水量平均增加了60~130 mm,东北北部和内蒙古大部分地区的年降水量有一定程度

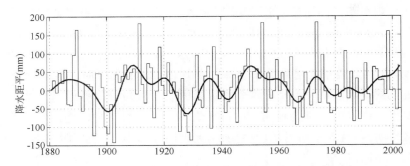

图 4-18　1880—2002 年中国东部 35 站的年降水量距平
（相对于 1961—1990 年平均值）（龚道溢 2010）

的增加。但是，华北、西北东部、东北南部等地区年降水量出现下降趋势，其中黄河、海河、辽河和淮河流域平均年降水量约减少了 50～120 mm（图 4-19）。

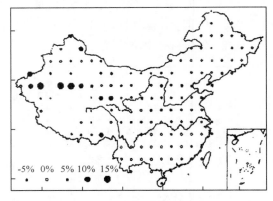

图 4-19　中国 50 年（1956—2002 年）年平均降水的
变化趋势（引自丁一汇 2008）

4.3.3　其他气象要素的变化

近 50 年中国的日照时间、水面蒸发量、近地面平均风速、总云量均呈显著减少趋势。风速减少最明显的地区在中国西北；全国平均总云量在内蒙古中西部、东北东部、华北大部以及西部个别地方减少较为显著；全国年平均日照时间在 1956—2000 年间减少了 5％左右，日照时间减少最明显的地区是中国东部，特别是华北和华东地区；1956—2000 年水面蒸发量减少 6％左右（图 4-20），水面蒸发量下降明显的地区在华北、华东和西北地区，其中海河和淮河流域年水面蒸发量在 1956—2000 年间下降了 13％左右。

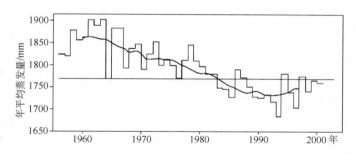

图 4-20　1956—2000 年全国年平均蒸发量变化曲线（引自丁一汇 2008）

4.3.4　中国极端气候变化

自 1950 年以来的近 50 年,全国平均的炎热日数呈现先下降后增加的趋势,近 20 年上升较明显。全国平均霜冻日数减少了 10 d 左右,寒潮事件频数显著下降。

近 50 年来,华北和东北地区干旱趋势严重,长江中下游流域和东南地区洪涝加重,长江中下游流域和东南丘陵地区夏季暴雨日数增多明显(图 4-21)且暴雨主要发生在夏季,西北地区发生强降水事件的频率也有所增加。中国西北东部、华北大部和东北南部干旱面积呈增加趋势,东南沿海地区台风降雨量有所减少,北方包括沙尘暴在内的沙尘天气事件发生频率总体呈下降趋势。

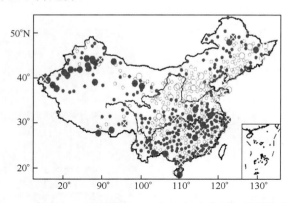

（实心和空心圆分别代表增加和减少趋势,其中:
⊗＞7.5%/10 a;●(7.5%～2.5%)/10 a;●＜2.5%/10 a;
⊗＜-7.5%/10 a,○(-7.5%～-2.5%)/10 a,
○＞-2.5%/10 a,显著变化的地区标有叉号）

图 4-21　近 50 年来中国极端强降水日数的变化趋势

4.4　全球气候变化的趋势预估

气候模式是进行未来气候变化预估的主要工具,最新的全球气候变化趋势预估结果主要来源于 IPCC 第四次评估报告。

4.4.1　温度

IPCC 第四次评估报告的预估结果表明,未来 20 年变暖为每十年升高 0.2℃,即使所有温室气体和气溶胶浓度稳定在 2000 年水平,仍会出现每十年 0.1℃ 的变暖。目前在气候变化模拟方面取得的进展,能够给出针对不同排放情景下的预估变暖的最佳估值及其不确定性区间。表 4-3 给出了在 6 种排放情景下(包括气候—碳循环反馈)的全球平均地表气温升高的最佳估值及其可能性范围。

表 4-3　21 世纪末全球平均地表温度升高和海平面上升预估值

个例	温度变化(与 1980—1999 年相比,2090—2099 年时段的温度,单位:℃)	
	最佳估值	可能性范围
稳定在 2000 年的浓度水平	0.6	0.3—0.9
B1 情景	1.8	1.1—2.9
A1T 情景	2.4	1.4—3.8
B2 情景	2.4	1.4—3.8
A1B 情景	2.8	1.7—4.4
A2 情景	3.4	2.0—5.4
A1FI 情景	4.0	2.4—6.4

　　21 世纪的变暖预估结果显示出与情景无关的空间地理分布型,这与近 50 年的观测结果相似,预计陆地上和大多数北半球高纬地区的变暖最为显著,而南大洋和北大西洋的变暖最弱(见(彩)图 4-22)。

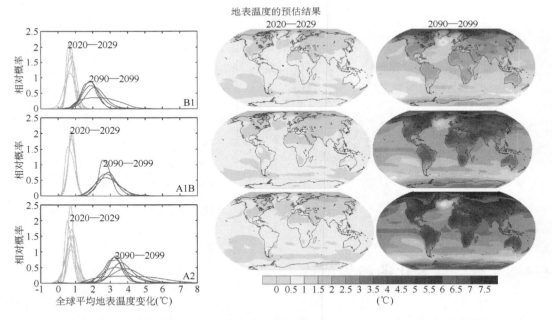

图 4-22　21 世纪初期和末期全球平均温度变化预估(相对于 1980—1999 年平均)

　　(彩)图 4-22 的中图和右图分别为 3 种不同情景下 2020—2029 年(中)和 2090—2099 年(右)海气耦合模式的多模式平均预估结果。左图为用全球平均变暖估算的相对概率表示的相应不确定性,相对概率来自于针对相同时段所作的几个不同的海气耦合模式和中等复杂程度地球模拟器的研究。

近年来,中国科学家利用我国研制的全球海气耦合模式,参考 IPCC 给出的未来温室气体排放与浓度情景,对全球、东亚以及中国未来 20～100 年的气候变化趋势进行了预估。预估结果表明,在未来 20～100 年里,中国地表气温将明显增加,21 世纪中国地表气温将继续上升,其中北方增温大于南方,冬春季增暖大于夏秋季。与 2000 年比较,2020 年中国年平均气温将增加 1.1～2.1℃,2030 年增加 1.5～2.8℃,2050 年增加 2.3～3.3℃,到 2100 年,增加 3.9～6.0℃。

表 4-4　未来中国年平均地表气温与降水变化(相对 1961—1990 年平均值)

要素	2020 年	2030 年	2050 年	2100 年
温度变化/℃	1.3～2.1	1.5～2.8	2.3～3.3	3.9～6.0
降水变化%	2～3		5～7	11～17

4.4.2　降水

自 IPCC 第三次评估报告(2001 年)以来,对降水分布预估结果的认识不断提高。高纬地区的降水量很可能增多,而多数副热带大陆地区的降水量到 2100 年可能会减少 20%(见(彩)图 4-23)。

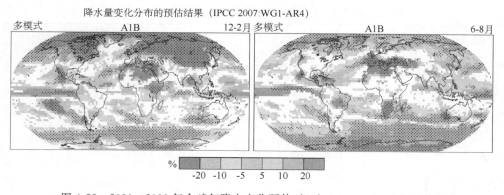

降水量变化分布的预估结果　(IPCC 2007:WG1-AR4)

图 4-23　2090—2099 年全球年降水变化预估(相对于 1980—1999 年平均)

由于气候变暖的影响,预计中国降水有增加趋势,到 2020 年,全国平均年降水量将增加 2%～3%;到 2050 年可能增加 5%～7%,降水日数在北方显著增加,南方变化不大;到 2100 年增加 11%～17%。近期 Chen 等(2011)集合 28 个全球海气耦合模式的预估结果得到,在 SRES A1B 排放情景下,21 世纪末期中国年平均降水增加 10% 的可能性超过 55%;东北、华北和西北地区冬季降水增加 20% 的可能性超过 60%;而东南沿海,长江中下游地区和西北地区东部的夏季降水可能增加 10% 以上。

4.4.3　极端天气气候事件

未来全球高温、热浪和强降水事件的发生频率很可能会持续上升,热带气旋(台风和飓风)可能变得更强,并伴随着更强的风速,以及与热带海表温度持续增加有关的更强降水。然而,全球热带气旋数目减少预估结果的信度不高。1970年以来,某些地区超强风暴的比例明显增加,远大于现有模式的同期模拟结果。

未来中国的极端天气气候事件发生频率可能会发生变化,日最高和最低气温都将升高,但最低气温的升高更为明显,霜冻、年较差将大幅减少,而暖夜、热浪和生长季将显著增加;未来南方的大雨日数将显著增加,暴雨天气增多的可能性较大。

4.4.4　冰雪覆盖

预估结果显示,积雪会退缩,大部分多年冻土区的融化深度会广泛增加,北极和南极的海冰会退缩,21世纪后半叶北极暮夏的海冰可能会完全消融。

4.4.5　海平面

即使温室气体浓度趋于稳定,人为变暖和海平面上升仍会持续数个世纪,过去和未来的人为CO_2排放将使变暖和海平面上升现象延续到千年以上。表4-5给出的海平面上升预估上界,会再增加0.1~0.2 m,未来中国海平面具有上升趋势,预计至2030年,中国沿海的海平面将上升1~16 cm,到2050年上升幅度将为6~26 cm,预计21世纪末升高幅度将达到30~70 cm。

表4-5　21世纪末全球平均海平面上升预估值(IPCC 2007)

个例	海平面上升(与1980—1999年相比,2090—2099年时段的高度,单位:m)
	基于模式的变化范围,不包括未来冰流的快速动力变化
稳定在2000年的浓度水平	无
B1情景	1.18~0.38
A1T情景	0.20~0.45
B2情景	0.20~0.43
A1B情景	0.21~0.48
A2情景	0.23~0.51
A1FI情景	0.26~0.59

第5章 气候变化的影响与减缓

气候变化与人类生活息息相关,无论是冷暖变化还是干湿变化,既能直接影响人类生活的方式与质量,也会通过影响人类赖以生存的地球自然环境,进而间接影响人类生活。

5.1 气候变化的影响

气候变化对人和自然究竟有哪些影响,哪种变化趋势会对人类产生正面的积极影响,负面影响的极限有多大,人类怎样应对气候变化? 诸如此类的问题,一直是学术界,甚至各国政府极为关注与亟待解决的问题。

5.1.1 气候变化对自然界的影响

气候变化的影响是多尺度、全方位、多层次的,正面和负面影响并存,但其负面影响更受关注。气候变化已经对全球许多地区的自然生态系统产生了很多影响:① 海平面升高影响海岸带和海洋生态系统。近百年来,全球海平面平均上升了 $10\sim20$ cm,近 50 年我国海平面呈明显上升趋势,上升的平均速率约为 2.6 mm/a。未来海平面继续上升导致海岸地区遭受洪水泛滥的机会增大、遭受风暴影响的程度和严重性也在加大。② 气候变化改变植被群落的结构、组成及生物量,使森林生态系统的空间格局发生变化。如中高纬度植物生长季延长、动植物分布范围向极区和高海拔地区延伸,某些动植物数量减少、一些植物开花期提前等,同时也导致了生物多样性的减少等。③ 冰川及其面积减少,冻土厚度和下界面发生变化。高山生态系统对气候变化非常敏感,山地冰川普遍出现减少和退缩现象。④ 气候变化是全球江河流量变化的主要原因。全球气候变暖后,高纬度地区和东南亚河流的年平均流量增加;中亚和环地中海地区、南非和澳大利亚等地的河流年平均流量减少,中高纬地区以冰雪融水补给为主的河流流量可能会因此而减少。⑤ 一些极端天气气候事件可能增加。自然生态系统由于适应能力有限,容易受到严重的甚至不可恢复的破坏,正面临这种危险的系统包括:冰川、珊瑚礁岛、红树林、热带雨林、极地和高山生态系统、草原湿地、残余天然草地和海岸生态系统等。随着气候变化频率和幅度的增加,遭受破坏的自然生态系统在数目上有所增加,其地理范围也不断扩大。

全球变暖导致的地球气候系统变化,使人类与生态环境系统之间业已建立起来的相互适应的关系受到了显著的影响。因此,全球变化特别是气候变化问题受到了各国政府、科学家与公众的极大关注。

（1）气候变化对海岸资源环境的影响

全球气候变暖对海岸带的影响尤其是引起海平面上升问题，早已受到世界各国，特别是沿海国家的关注。国际上对海平面上升问题高度重视，组织开展了许多研究和研讨。1989年9月，美国马里兰"全球海平面上升国际研讨会"着重研讨海平面上升对发展中国家的影响和应采取的对策。1990年2月，IPCC在澳大利亚佩斯召开了国际研讨会，审议通过了全球海平面上升影响的对策方案。1993年8月，在日本筑波召开了IPCC"东半球海平面上升脆弱性评估和海岸带管理"国际研讨会。近十几年来，这方面的研究越来越深入，且更加重视研究导致海平面上升的原因、幅度及其可能带来的影响。

气候变化对海岸带来的影响主要是引起海平面上升。全球气温升高会促使大洋海水热膨胀、陆地冰川消融，从而导致全球海平面上升。模拟研究表明，1910—1990年，全球海平面受气候变暖的影响平均上升了0.02～0.06 m；对应不同的温室气体和气溶胶排放情景，预计到2100年全球海平面上升幅度为0.09～0.88 m。对于由小岛和珊瑚礁组成的小岛屿国家而言，海平面上升将大大减少国土面积，减少可使用的地下水，带来生存危机；对于沿海国家的地势低洼地区，海平面上升速度过快，湿地会向内陆延伸，大批良田将随之丧失；而且，海平面上升还会引起海水侵入河口地区和海岸带地区的地下淡水，影响耕地的生产力；海平面上升必将改变河口的咸水入侵强度，影响河口的生态环境，对河流两岸的城乡供水带来问题，将加剧沿海城市由于抽取地下水而引起的地面下沉；海平面上升将使洪涝灾害加重，热带海洋温度升高，风暴潮发生频率和强度都会有所增加。

气候变化对海岸带影响具有不确定性，主要是因为：① 影响未来长期海平面升高的因素有很多，如海水热膨胀，山地冰川、格陵兰冰原、南极冰原融化等，其中海水热膨胀影响最大。然而，热膨胀的准确计算和气候变化对冰川消融影响的模拟都很复杂，目前估算的准确性还不高。② 当前估计未来对海平面上升的影响，多是基于目前情况和一些假设条件下完成的，而这些情况和条件与未来几十年或100年后发生的实际情况之间的差别可能会很大，因此目前的估算结果可能不会出现或只会部分出现。

（2）气候变化对水资源环境的影响

1979年WMO、联合国环境署、国际水文科学协会等国际组织实施的"世界气候计划"中专门设立了世界气候计划——水计划，该计划主要研究水资源系统对气候变率的敏感性，以及气候变化和气候变率对水文和水资源的影响。IPCC第一、二、三、四次评估报告，均评述了气候变化对水资源影响的研究结果，包括气候变化对地下水和水质影响的研究，水文、水资源对气候变化和气候变异的敏感性及适应性研究等。目前广泛开展的气候变化对水文、水资源的影响研究，大都以精度较高、综合性较强的区域水量平衡为基础，使用大气环流模式输出结果或假定的气候变化情景，探讨未来水文和水资源的变化情况及趋势。

全球气候变暖后，水资源供给状况出现很大变化，主要表现在：① 高纬度地区和东南亚等地区的河流，年平均流量增加；中亚和环地中海地区、南非和澳大利亚等地区的河流，年平均流量减少。气候变暖促使冰川消退和永久雪盖减少加快，中高纬地区以冰雪融水补给为主的河流，流量可能因此而减少。② 河水温度的上升，促进河流里污染物沉积、废弃物分解，进而导致水质下降。当然，年平均流量明显增加的河流，水质可能会有所好转。③ 全球气候变暖可能增强了全球水文循环,使全球平均降水量趋于增加,但降水变率可能随着平均降水量的增加而发生变化,蒸发量因全球平均气温增加而增大,这可能意味着未来旱涝等灾害的出现频率会增加。

气候变化对水资源的影响具有不确定性,主要是因为:① 目前小区域内气候要素的变化信息都是用粗分辨率大气环流模式输出结果并内插获得的,由于大气环流模式的分辨率一般在 275 km×275 km ～500 km×825 km 之间,不能直接提供小于模式分辨率区域内的气候要素改变信息,气候要素分布受地形和小尺度天气系统的制约,简单内插很难获得客观合理的小区域气候要素值,导致结果的不确定性。② 目前关于未来气候对水资源影响的研究,基本上是给定气候情景下水资源变化的敏感性研究,多数仅限于研究气候变化对多年平均径流的影响。因此,现有气象资料中的误差,包括资料的观测误差、传输误差、站网设置不合理等,会直接带来模式预测结果的不确定性,并且模式中的一些参数是通过调整、逼近、寻优等方法确定的,因此,采用这种模型模拟气候变化的影响很难给出比较准确的结果。③ 大气环流模式模拟径流时,只是简单地将径流看做是降水的瞬时反映,没有反映地表径流等形成的时间差异,没有考虑地形、地貌的影响,没有考虑水分的水平运动等因素。④ 气候变暖后水资源的变化,除了受气候变化影响外,还受土地利用、地下水开采等因素以及调整和适应对策的影响等,现在很难对未来 100 年内可能出现的变化作出预测。

(3)气候变化对森林资源的影响

气候变化对森林生态系统的影响,目前主要是研究不同气候变化情景下,自然状态的森林生态系统的反应和可能变化,包括气候变化对森林的分布、组成、演替、生产力的影响,以及对森林病虫害和森林火灾的影响。

气候变化对森林的影响,主要表现在:① CO_2 浓度增加,有利于生长,能提高水分利用效率,表现为苗木分枝加多,叶面积加大,叶子变厚;然而,全球增温会使许多地区变得干旱,从而对植物生长不利。② 气候变暖后,各种植物的种植界限发生迁移,但物种的迁移由许多因素决定,包括物种本身的迁移能力、适应能力、可供迁移的适宜地距离、迁移过程中的障碍等,如果没有人为帮助,许多树种将难以适应气候变暖。

气候变化对森林资源的影响,具有不确定性,主要是因为:① 目前不同大气环流模式输出结果的可靠性未有定论,不同模式的输出结果相差两个数量级,直接影响气候预报的准确性,无疑会直接影响评价结果。② 气候变化对森林生态系统的影响评价不确定,如不同群落、树种对温度变化的反馈有很大差异,目前难以定量地加以区别。③ 生态系统十分复杂,生成、发展与环境的关系至今未完全被人们认识,气候变化对其影响的认识远未达到清晰的程度。

(4)气候变化对草原资源的影响

气候变化对草原生态系统影响的研究是个薄弱环节,目前研究内容不够广泛,只是就气候变化及干旱对草场退化及植被的变化有些初步研究。

气候变化对草原资源的影响,主要表现在:① 气候变暖后,草原区干旱可能扩大,持续时间可能拉长;草地土壤侵蚀危害严重,土地肥力降低;草地在干旱气候、荒漠化、盐碱化的作用下,初级生产力下降,导致草原景观荒漠化。② 气候变化直接导致草原温度和降水变化,显著改变区域的植被分布。当温度升高、降水增加时,草原和稀树灌木草原、草甸和草本沼泽的面积有所扩大,部分沙漠被荒漠植被代替;当温度升高、降水减少时,草原和稀树灌木草原、草甸和沼泽面积缩小,荒漠化严重。③ 气候变暖后,畜牧生产可能受到不利影响,某些家畜疾病很可能蔓延。

气候变化对草原资源的影响,具有不确定性,主要是因为:① 生态系统存在较多的不确定性,如不同群落、草种对温度变化反馈有很大差异,目前还不能定量确定。② 全球气候模式结果的不准确,直接制约气候变化对草原生态系统影响研究的准确性;③ CO_2 浓度升高引起的变暖对草原系统的影响研究还不够深入,到底存在多少不确定因素尚待深入研究。

5.1.2 气候变化对政治的影响

从 19 世纪中叶至 20 世纪末,国际社会先后召开第一次世界气象会议(布鲁塞尔,1853年),第一次世界气象大会(维也纳,1873 年),多伦多会议(1988 年),气候变化第三次会议(京都,1997 年)等,气候变化问题逐渐从一个局部问题发展成为一个全球性问题,从一个气象问题发展成为一个国际政治性问题;21 世纪以来,全球气候变化问题更是联合国和世界各国政府关注的焦点。2007 年 12 月在印度尼西亚巴厘岛召开的气候大会,2008 年 4 月召开的亚洲博鳌论坛大会,2008 年 7 月在日本召开的八国峰会,全球气候变化问题都成为会议讨论的主要内容。这些会议的召开,也体现了全球气候变化问题政治化的特点。

(1)气候变化与国家安全

全球气候变化直接或间接地给人类的生存与发展带来了很大的威胁,如全球气温升高引起两极冰川融化和海平面上升,进而威胁沿海低洼地势国家的生存安全。据科学家推测,到 2100 年海平面将上升 0.2～1.65 m,如果这种预测变成现实,那么非洲尼罗河三角洲将全部被淹没。从全球来看,大约会有 3% 的陆地面积被海水淹没,导致 10 多亿人暴露于风险之中。

气候变化引发的淡水资源短缺、粮食减产和大规模的环境移民,将加剧资源争夺,削弱国家的治理能力并引发国内与国际冲突。比如,2007 年 6 月,联合国环境署发表的《苏丹:冲突后环境评估》报告就指出苏丹达尔富尔地区的冲突与苏丹的环境破坏密切相关。

(2)气候变化与国内政策的制定

美国自 20 世纪 90 年代以来,相继颁布了《清洁空气修正法案 1990》、《能源政策法案 1992》、《气候变化行动方案 1993》、《能源政策法 2005》、《清洁能源与安全法案 2009》等,气候变化日渐成为美国社会经济发展战略方案重点关注的问题之一。英国 2007 年 3 月 13 日公布了全球首部应对气候变化问题的专门性的国内立法文件——《气候变化法案》草案,墨西哥政府 2007 年 5 月制定了《气候变化国家战略》,提出了减缓和适应气候变化的具体措施,制定了"气候变化特别方案",并纳入国家 2007—2012 年的国家发展规划中。中国政府高度重视气候变化问题,于 2007 年 5 月 30 日颁布了《中国应对气候变化国家方案》,提出了应对气候变化的指导思想、原则、目标以及相关的政策与措施。

(3)气候变化与国际谈判、外交

气候变化对国家谈判与外交的影响主要体现在两个方面:一是气候问题可以作为外交

议题,也就是主权国家或经过授权的国际组织,通过官方代表使用交涉、谈判或其他和平方式,调整全球气候变化领域的国际关系;二是气候问题可以作为手段以达到其他的目的,也就是主权国家或经过授权的国际组织,利用全球气候变化问题来达到某种政治或外交目的。

1988 年 12 月 IPCC 的成立,表明气候变化问题全面进入国际政治议程,并成为一个事关各国重大利益的政治和外交问题,自此,国际气候谈判和外交博弈拉开了帷幕;1990 年 12 月,第 45 届联合国大会通过决议,成立政府间气候变化框架公约谈判委员会具体负责公约的谈判和制订工作;1992 年 5 月 9 日达成了《公约》,该公约于 1994 年 3 月 21 日起开始生效,不同国家和利益集团围绕着如何履约展开了激烈的博弈;1997 年 12 月,在日本京都召开的第 3 次缔约方大会上各国经过艰辛谈判,通过了《议定书》,为发达国家和转型国家规定了具体的、有法律约束力的温室气体减排义务,并允许发达国家可以以资金援助与技术转移的方式在没有减排义务的发展中国家实施减排项目,《议定书》最终于 2005 年 2 月 16 日正式生效,在后续的《公约》第 11 次、第 13 次缔约方大会上,依次确定了蒙特利尔双轨路线、巴厘岛路线图等;2009 年 12 月于丹麦哥本哈根召开了第 15 次缔约方会议,但由于存在是否坚持"巴厘路线图"和《议定书》、发达国家能否作出深度减排的承诺、发达国家如何对发展中国家进行资金与技术支持等分析,哥本哈根会议未取得实质性进展。

(4)气候变化与国际政治格局

全球气候变化问题从多方面影响政治格局。国际社会一方面基于共同的国家利益而展开广泛的合作,如《公约》和《议定书》的签订,就是国际社会为了应对气候变化而共同努力的成果;另一方面,利益的差异又使各个国家之间在解决全球气候变化问题上充满了矛盾和分歧,甚至影响了原本良好的国际关系。比如,发达国家要求发展中国家在应对全球气候变化问题上承担相应的减排义务,而发展中国家则要求发达国家要切实履行《议定书》中规定的发达国家的减排义务和对发展中国家进行的资金、技术援助。发达国家内部利益分歧也很大,欧盟鉴于自身在节能环保方面的技术优势,主张发达国家要严格执行《议定书》所规定的减排指标,而以美国为首的一些国家则为了自身经济发展,对所应承担的义务持消极态度,美国甚至还一度退出了《议定书》。同时,各个国家在共同利益的基础上,组成了一些气候联盟,如以美国为代表的国家集团、欧盟、以中国为代表的发展中国家集团。这些围绕全球气候变化问题展开的斗争与合作,都是新的形势下国际政治格局调整与变化的重要表现。

5.1.3 气候变化对经济的影响

以气候变暖为特征的气候变化,对国民经济的影响主要表现在对企业、城乡规划、产业、区域经济等方面,以负面效应为主。

(1)气候变化对企业的影响

气候变化尤其是极端天气事件,如极端气温、强风、暴雨、高湿、冰雪、恶劣能见度等影响企业的生存与发展,尤其对能源、建筑、采矿、交通、食品、石油化工等企业的影响大。气候变化对企业的影响是双重的。从风险的角度来看,暴风雪、海啸、龙卷风等极端天气可能给正常的企业经营带来损失,这是直接风险;而间接风险表现为国家制定环境管制政策而要求企业采取新技术以减少温室气体排放,进而增加了企业产品的成本,增加企业经营风险;从商业机会和竞争力来看,气候变化背景下,企业可以通过技术创新提高能效,采用的新技术手段降低排放而形成新品牌赢得市场机会,从而提升竞争能力。

(2)气候变化对城乡规划的影响

城市是人口、建筑、交通、工业、物流的集中地,也是温室气体排放的重要源地之一。据统计,全球大城市温室气体排放量占世界的80%,因此,城市成为温室气体减排的关键。同时,随着现代农业发展、农村城镇化和农民生活水平的提高,农村的能源消费迅速增长,CO_2排放量也会明显增加。适应气候变化,对城乡建设提出了更高要求,要求城乡规划在经济和社会发展、土地利用、空间布局等各项建设方面综合部署,积极应对气候变化。

(3)气候变化对农牧渔业的影响

气候变化对农业的影响较大。农业是气候变化最为敏感的产业部门,极端天气事件诱发的自然灾害经常造成农业生产的波动,危及粮食安全、社会稳定和经济的可持续发展。气候变化对牧业的影响是全方位的,主要表现在:草原地区的气候直接影响和制约着牧草的生长发育、产量形成和营养物质等,决定着牧草和牧业的地理分布和生产力水平。气候变化对渔业有着重大的直接影响,渔业生物的行动分布、生活习性、资源数量变动以及养殖、捕捞等与风、气温、降水、气压等气象条件关系密切。

(4)气候变化对交通建筑业的影响

极端天气导致的洪水、滑坡、泥石流、雪崩等对公路、铁路、航海和航空的正常运行具有极大的影响,对交通运输设备、地面设施可能会产生不同程度的破坏。气候变化对建筑业有直接影响,建筑规划、布局、地基基础、结构、设备、供水、排水和施工等,都需要考虑建筑物所处地区的气候条件。

(5)气候变化对区域经济的影响

气候变化对区域经济的影响是全方位的,由于自然生态系统是社会经济发展的前提和基础,气候变化使得自然生态系统失衡,引起自然资源、气温的变化以及自然灾害的发生进而影响区域的经济发展。

气候变化影响农、林、牧、渔等资源质量与数量,长期的气候变化还会影响气温、水资源、土壤、草原等状况,这使区域中的相关产业受到冲击。如气候变化导致温度带迁移,会引起土壤、植被、植物品种分布、流域水文等的变化和演替,对区域产业(特别是农林牧渔业)的生产规模、数量和质量产生影响。

气候变化引发的自然灾害、自然资源状况的改变,会在不同程度影响着区域各产业部门的经济效益,导致区域整体经济总量的变化。

5.1.4　气候变化对文教卫生的影响

当人类活动直接或间接导致气候变化的同时,气候变化必然反作用于人类社会的方方面面,气候变化对人类健康、生活方式、文化教育等领域的影响明显。

(1)气候变化对人体健康的影响

气候变化对人类健康的影响,有正面的也有负面的,但总体上负面影响超过正面影响。总体来说,气候变化对人体健康的影响主要表现为以下几个方面。

① 气候变化引发的极端天气（如热浪、干旱、台风和洪水）会通过各种方式对人类健康造成影响。这些极端事件除直接造成人员伤亡外,还可能通过损毁住所、迁移人口、污染水源、减产粮食（导致饥饿和营养不良）、损坏健康服务设施等间接影响人们的健康。

② 气候变化改变了各种气象要素特性,如气温、气压、风、降水、日照等,会直接或间接影响自然疫源性疾病的分布和传播,从而对人类健康带来直接或间接的影响。如气候变暖使得一些热带传染病扩展到温带,增大了传播的时间和范围,加剧了空气污染。人体呼入的污染物增加,会诱发呼吸系统疾病以及肺水肿和肺心性疾病,还可能影响人体神经系统、内脏系统、生殖和遗传系统。还会增加太阳照射中紫外线的辐射强度,从而影响人的眼睛、皮肤和免疫系统,产生白内障、角膜炎、雪盲、皮肤病等疾病。

③ 气候变化通过引发社会政治、经济制度的变迁,从而影响着人类健康。由气候变化问题引发的社会制度变化以及争端威胁着国家与地区的安全,武力与战争（特别是化学武器的使用）将造成人员伤亡甚至死亡,对相关人员的健康系统产生长远影响。同时,由于气候变化造成的粮食作物产量变化会导致食物及营养供给减少、经济衰退等,也必然会影响人类健康。

（2）气候变化对人类生活方式的影响

气候变化对人类生活饮食的影响,主要表现在两个方面:一是气候变化使得"多素食,少肉食"的饮食结构可能成为未来生活饮食的新趋势,有助于人体生理系统的健康,更有助于缓解能源危机、环境危机;二是气候变化导致的粮食价格上涨,抑制了人们对粮食产品的需求,转而寻求功能品质类似而价格较低的替代食物。

人类生活使用的家用电器、家用汽车以及乘坐的电梯等都需要消耗大量的石化能源,对这些能源的消耗也在不断产生着温室气体。应对气候变化,各国政府在加强社会舆论宣传的同时开始采用税收杠杆增加人们使用这些能源的成本,唤起了大家的节能减排意识,一定程度上影响了人们的能源消费习惯,改变人们的生活方式。例如,夏天将空调温度调至 26℃以上,交替使用空调和电风扇;使用节能电器,并留心掌握一些节能小窍门等。

气候变化使人们采用更为环保和低耗的出行方式,当前人类出行的方式有步行、自行车、公共交通、私家机动交通工具等多种方式,其节能程度显然是递减的,即步行和自行车的 CO_2 排放几乎为零,私家机动交通工具虽然给个人出行带来了便利,但能耗需求和排放量会大大增加。随着人们对气候变化影响认识的深入,主动参与应对气候变化,在一定程度上改变出行方式,从而为节约能源消耗、减少排放作出贡献。

（3）气候变化对教育的影响

气候变化需要人们在认知态度和行动上作出根本性的改变,而人类的态度、反应及行为受限于人们所接受的教育。因此气候变化对各国和各地区的教育文化提出了要求,主要表现为以下两个方面。

① 为低碳发展方式提供人力和智力支持。发展低碳经济是减缓气候变化的有效措施,而发展低碳经济离不开科技进步和具有"低碳意识"、"低碳素质"的劳动者。科技进步需要通过教育继承、完善、创新和传播,劳动者的培养离不开教育,教育可以形成推动低碳经济发展的人力资本。

② 提高大众应对气候变化的意识。应对气候变化需要广大民众的配合与参与:教育文化工作者应该努力向大众传播气候变化的知识和应对措施,鼓励大众参与;政府应将气候变化的内容纳入基础教育、高等教育和成人教育体系中,重点引导青少年树立应对气候变化意识;此外,要经常举办针对政府部门、企事业单位和普通大众的气候变化培训与宣传活动,提高相关部门对应对气候变化重要性和紧迫性的认识,促使其积极承担社会责任。

5.2 气候变化的适应

适应气候变化,是应对气候变化不可分割的组成部分。在制定应对气候变化政策时就应充分考虑如何适应已经发生的气候变化,尤其是如何提高抵御灾害性气候事件的能力。

5.2.1 气候变化的适应能力

在气候变化领域中,IPCC(2001)报告提出,适应能力被定义为系统的活动、过程或结构本身对气候变化的适应,减少潜在损失或应对气候变化后果的能力,包括自然界、系统本身的适应力,也包括人为的作用,特别是系统的自身调节、恢复能力。虽然 IPCC 给予适应能力明确界定,但是并未有效区分其与调整能力、响应能力、恢复力、减缓等概念之间的关系,因而需要进一步地了解适应能力的内涵。

(1)适应能力与调整能力。适应能力与调整能力的差异在于两方面,一是涵盖的范畴,二是是否改变系统本身。Watts and Bohle 等(1993)认为,适应能力可以用来表示短期的应对和长期的调整潜力。从这一视角而言,适应能力应该涵盖调整能力,由是否改变系统本身来看,调整能力是系统对干扰或压力的响应能力,没有根本改变系统本身,是短期的、相对较小的系统修正。适应能力是系统对干扰或压力的响应能力,这种能力改变了系统本身(Kasperson,2005)。因而无论从哪个角度看,适应能力所包含的内容要广于调整能力。

(2)适应能力与响应能力。适应能力与响应能力在系统对气候变化调整的时间先后顺序以及是否长期、持续调整方面有所不同。Turner(2003)认为,尽管响应能力与适应能力都是系统恢复力的组成部分,但是适应性是作为系统响应后重建的表现。Smit(2006)认为,响应能力是一种短期能力,而适应能力是一种长期的持续的调整能力。

(3)适应能力与恢复力。适应能力与恢复力之间的关系是不确定的。Carpenter(2001)指出,适应能力是恢复力的组成要素,反映系统行为对干扰的响应;而 Walker 等(2004)把适应能力作为人类活动的集合能力,包括缩小或排除并不期望的因素、创建新的期望因素、促进目前系统朝向期望的状态转化等。

通过以上分析可知,适应能力与恢复力之间的关系是模糊的,而适应能力的内涵要比调整能力、响应能力宽泛。

5.2.2 适应气候变化的努力方向

适应气候变化的努力方向主要有:

(1)控制温室气体排放政策措施取得明显成效;

（2）与气候变化相关的研究水平不断提高，科学研究取得新的进展；

（3）公众关注气候变化意识得到较大提高；

（4）适应气候变化领域的机制得到增强。

5.2.3　气候变化的适应措施

（1）动员社会各主体参与。通过建设具有资源节约理念的社会组织，推动形成节约使用能源的共同意愿和良好的社会风气，鼓励政府机构、社会团体、企事业单位和家庭等各类社会主体积极参与。

（2）建设低碳发展体系。在工业、农业、交通运输业、建筑业和服务业等产业体系中，积极鼓励低碳发展模式，努力减少各类能源消耗。同时，引导消费者建立以绿色消费与绿色生活方式为特征的消费观念，以资源节约型的绿色产品满足社会公众的需要，实现人与生态和谐、与环境友好的良性发展。

（3）建立有效的调控系统。逐步改变 GDP 导向的绩效考核指标，把低碳发展作为各级政府宏观调控体系的重要组成部分，树立科学发展理念。

（4）坚持通过国际合作，提高适应气候变化的能力，解决跨领域、跨区域的适应问题。

5.3　气候变化的减缓

目前，国际社会对温室气体减排的认识基本一致，即为了应对全球气候变暖的问题，世界各国需要采取更有力的措施减缓碳排放的增长。

5.3.1　减缓碳排放增长的目标

IPCC 第四次评估报告所设定的减缓碳排放增长的目标，大致包括：① 到 2100 年，将大气温度控制在不高于工业革命前 2℃ 的范围内；② 在 2050 年将大气温室气体浓度控制在 $450 \times 10^{-6} \sim 550 \times 10^{-6}(CO_2\text{-eq})$ 的范围内；③ 在确定温室气体减排目标和减排配额时，按照"共同但有区别"的原则，发达国家首先制定减排目标，发展中国家也应承担量化的减排责任。

5.3.2　减缓排放增长的路径

减缓排放增长的政策工具多种多样，大致分为行政规制措施和基于市场的政策工具两大类。然而减缓排放增长的规制措施，可能会在短期内带来企业成本的增加，并限制企业所拥有的包括创新在内的其他机会，从而削弱企业的技术创新能力并降低企业的生产效率。

经济学家倾向于通过市场化的环境机制，为温室气体的排放进行定价。目前主要有两种市场化方法：一是征收碳税；二是建立基于发放市场许可证的碳排放交易制度。

（1）碳税

由于温室气体排放主要是碳排放所引起的，因此对温室气体排放征税即对碳排放征税。考虑到政府可对化石燃料以及用碳当量折算后的温室气体征上游碳税，因此该措施具有一定的可操作性;此外,政府也可以对下游采用新技术的企业返还其缴纳的碳税。目前有一些国家已经设立了碳税,例如芬兰1990年率先设立了碳税,此后,瑞典、丹麦、荷兰和挪威也都相继采用了碳税政策。然而,碳税存在一定的缺陷(Stern 2007):主要是对不同燃料所设置的碳税税率并没有很好地反映这些燃料的使用所导致的碳排放情况,而且征收碳税的国家没有将碳税与其他税种协调起来。因此,目前征收碳税仍处于试验阶段,其作用有限。

(2)碳排放权交易

碳排放权交易是事先设定一个总排放量,然后在此基础上发放排放许可证。政府向受规制的企业免费派发或拍卖许可证,或者将这两种办法结合起来使用。而受规制的企业必须按其许可量进行排放,但许可证是可以买卖的,减排成本较高的企业可以通过从减排成本较低的企业那里购买许可量从而得到更多的排放。如果说碳税是固定排放的价格,并由市场来决定排放的均衡数量,那么碳排放权交易则恰恰相反:它是固定排放的数量,然后由市场来决定排放的价格。从2005年1月1日起,欧盟开始实施碳排放交易计划,碳排放许可证可以在一国之内或国家间进行交易。碳排放交易计划对政策制定者具有很大吸引力,一方面是碳排放交易计划明确了排放的数量,另一方面碳排放交易计划又不需要进行排放定价。然而,设定一个限制总额并不等同于减排;且由于该计划是一种间接定价的方法,因此许可证价格常会出现大幅波动。

5.3.3 减缓排放增长的机制

减缓排放增长应该是在市场机制基础上,通过制度框架和政策措施推动温室气体减排技术的开发与运用,从而减少温室气体的排放。普雷斯科特(2007)指出,推行低碳经济、应对气候变化不仅仅是一个环境问题,而越来越成为一个经济和财政问题,也是一个政治问题。政府应在市场机制下,通过对企业进行有效的激励,推动企业温室气体的减排。

第三编
政策研究编

　　公共政策是目前世界上公共管理研究的主要范畴，但在中国还属于起步和发展时期。现代政策科学之父拉斯韦尔指出："政策是一种为某项目标、价值和实践而设计的计划"。一般认为，公共政策是公共权力机关经由政治过程所选择和制定的为解决公共问题、达成公共目标、实现公共利益的方案，用来规范和指导有关机构、团体或个人的行动，表达形式包括法律法规、行政规定或命令、国家领导人口头或书面的指示、政府规划等。

（主要撰稿人：周显信　田思路　曾维和　蒋　洁
黄　祥　卢愿清　张胜玉　李志江　郭　翔）

第6章 气候政策的研究基础

"应对气候变化的公共政策",简称"气候政策"或"气候变化政策",是公共政策的重要组成部分。IPCC第四次评估报告认为,气候政策是指在《公约》指导下,政府采取或强制推行的各项政策,通常与本国的或其他国家的商业和工业结合起来,以加快减缓和适应气候变化的措施。气候政策对社会经济的发展具有重要影响,国际能源机构在《世界能源展望》报告中指出,如果世界继续采取今天的能源政策和气候政策,那么气候变化的后果将会非常严重,越早开始采取行动,变革的成本就越低。大致上,每延误一年,成本就将增加5000亿美元,"气候变化是影响人类福祉的深刻而迫切的威胁"(Campbell and Parthemore 2008)。有数据显示,中国温室气体排放总量位于美国之后,居世界第二位(Bradsher 2003),因此,中国气候变化政策日益重要,提高能源利用率和应对气候变化问题已经成为中国目前面临的重大挑战。

6.1 气候政策的分析框架

运用政策科学与气候政策的概念模型、政策工具和分析框架,我们进行气候政策的相关分析。

6.1.1 概念模型及政策工具

公共政策分析,主要是研究公共政策本质、原因和结果,需要综合运用政治学、经济学、社会学、人类学、心理学、管理学、城市规划、社会服务和法学等学科的概念、原理和方法。

(1)概念模型

公共政策具有多种概念模型,也称为政治学决策模型。概念模型具有多种分类的方法,但大抵相似,例如美国著名公共政策学家托马斯·戴伊在《理解公共政策》中提出了体制模型、过程模型、集团模型、精英模型、理性模型、渐进模型、对策模型、系统模型等。国内学者张金马、伍启元、张国庆、陈庆云、顾昕、李永军等都对公共政策的概念模型进行过大同小异的分类,其中张金马(2004)的分类具有代表性,他把公共政策分析的概念模型归为10种:1)理性优化模型;2)非理性主义决策模型;3)冲突情境下的对策模型,即竞争、博弈与协商;4)渐进决策模型;5)综合决策模型;6)政策过程模型,政策是一种政治行为;7)系统决策模型,强调政治系统的环境作用;8)集团模型,政策是团体间的均衡;9)精英理论,政策是精英们的偏好;10)制度理论。

学者们结合公共政策分析的概念模型,从经济学、管理学、行政学等学科出发,提出应对气候变化公共政策的个性化分析模型。

① 气候变化不确定性政策选择模型。气候变化最大的特点是不确定性，在经济学上亦是如此。一些成熟的数学模型已经被学者用来分析与成本效益相关的不确定性，如一些学者采用模拟方法分析减排模型输出的不确定性，得到那些随机参数或是误差如何影响被模拟的系统的敏感性和可信度。王灿等（2006）利用数学模型对 CO_2 减排模型的不确定性进行了分析（图 6-1）。敏感性分析也被用来研究减排成本评估中对估算结果产生重要影响的因素，还有一些研究者利用其他模型来处理不确定性，例如 Nordhaus 利用综合的气候—经济模型分析不确定性。

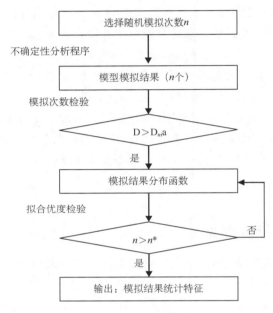

图 6-1　参数不确定性传播模拟框架

② 气候政策谈判中的利益博弈模型。气候政策给全球经济发展带来了收益，并形成了一个全新的经济发展模式（低碳经济），但这种收益在不同类型国家之间的分配是不均等的，因此气候政策谈判中的利益博弈不可避免。该模型主张气候变化政策主要表现为一个跨期国际协同行动的问题，需要将一系列错综复杂的价值追求、环境义务、经济权利、国家主权、利益分配问题置于一种制度安排之下谈判，从而形成一个折中的气候政策。气候变化谈判博弈主体凸现出"两大阵营"和"三方力量"。"两大阵营"：发达国家与发展中国家。"三方力量"：第一方力量是欧盟；第二方力量是以美国为首，包括日本、加拿大、澳大利亚、新西兰、俄罗斯等被称为"伞型"的国家集团；第三方力量为发展中国家，通常为 77 国集团加中国。两大阵营斗争的焦点是历史责任、资金和技术转让，三方力量角力主要围绕减排义务的分担。因此，"各国在全球气候变化政策的核心内容上存在着巨大的分歧，历次气候大会实质上均是各个国家复杂的利益博弈和激烈的政治较量"（郭新明 2010）。

③ 气候变化政策的数学评价模型。气候变化政策的数学模型随着气候变化政策的研究工作深入而不断丰富，目前已经产生了大量气候政策的数学评价模型，形成了局面活跃、

方法多样、结论不一的研究特点。按照成本分析和综合分析两个层次,可以把气候变化政策的数学评价模型分为投入产出模型、可计算一般均衡模型、宏观计量经济模型、工程经济模型、动态能源优化模型、能源系统模拟模型、综合评估模型等不同模型方法,其中可计算一般均衡模型是应用得最为广泛的方法之一。气候政策模型研究呈现出4个发展趋势,即加强综合评估模型的应用、扩展成本与效益的内涵、注重不同模型之间的比较、强调不确定性分析。我们应进一步加强研究队伍建设、扩展研究领域、跟踪国际研究前沿问题,以便为国家的气候谈判政策提供更有效的科学依据和决策支持(王灿等 2002)。

以一般均衡模型(CGE)为例,它是对宏观经济系统中各经济主体相互作用关系的一种数学抽象描述。在 CGE 模型框架内,各个经济部门之间相互关联。知识投入能够替代其他生产要素,具有促进经济增长和替代化石燃料并减少 CO_2 排放的作用,因而可以减少排放目标对经济系统的负面影响,其基本的逻辑结构如图 6-2:

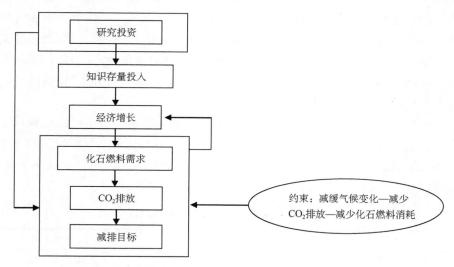

图 6-2　CGE 模型中技术变化、经济增长与 CO_2 的关联(王克 2011)

(2)政策工具

政策工具是达成政策目标的手段,主要包括三类:1)自愿性工具。核心特征是很少或几乎没有政府干预,且在自愿的基础上完成预定任务。包括家庭、社区、志愿者组织和市场。2)强制工具。也称直接工具,强制或直接作用于目标个人或公司。在响应措施时只有很小的或没有自由裁量的余地。包括管制、公共事业和直接提供。3)混合性工具。兼具自愿性工具与强制性工具的特征。混合型工具允许政府将最终决定权留给私人部门的同时,可以不同程度地介入非政府部门的决策形成过程。包括信息与劝解、补贴、产权拍卖、征税和用户收费。

气候变化是一个极其复杂而长期的全球性问题,人口增长、城市化进程和生活水平的不断提高加大了对能源和其他资源的需求,需要越来越关注应对气候变化的政策工具。污染税和排放权交易成为气候政策的两类重要的市场化政策工具,它们也是在各国减排中最常使用且效果最突出的两种政策手段。碳税,通过将外部成本内化的措施,调整扭曲的价格,促使企业和公众减少高碳能源的使用,促进低碳能源和节能减排技术的使用,达到碳排放减少的目标。同时,通过碳税还可以获得用于发展低碳经济,向低碳社会转型的资金。而碳排放权交易则是基于产权理论的一种政策工具,通过明确碳排放的产权来就纠正市场失灵,避免"公地悲剧",再辅以排放权的市场交易,以市场化手段降低了行政成本,形成最优的减排成本和收益(朱信永 2010)。目前,基于市场的碳减排政策工具已在气候变化的公共政策中得到了广泛的运用。

6.1.2 气候政策分析框架述评

概念模型及政策工具,为气候政策分析框架的形成提供了理论依据,不少学者基于上述概念模型及政策工具,提出了应对气候变化的分析框架。

(1)适应气候变化的政策分析框架

中国社会科学院城市发展与环境研究所的潘家华等(2010 年)提出了适应气候变化的分析框架。他们提出,适应气候变化涵盖增量型适应和发展型适应两大类,严格意义上的适应主要针对增量部分,从适应手段看,主要有工程性、技术性和制度性适应三种,对某一特定适应活动,可能需要两种或三种手段,通过适应投入的成本和效益分析,可以解释增量型适应与发展型适应的不同(表 6-1)。

这个分析框架表明,适应气候变化是一项复杂的系统工程。在不同的气候风险区和不同的部门与产业,可以根据适应需求选择工程性适应、技术性适应和制度性适应等不同的适应手段,这些手段也为适应气候变化的政策研究提供了路径依赖。但过多关注手段,容易忽视主动减缓气候变化的政策研究。

表 6-1 增量型适应与发展型适应

适应方式	现状风险水平	未来风险
增量型适应(发达地区)	常规风险:60 气候变化风险:0 适应投入:60 气候风险净损失:0 所需增量投入:0	常规风险:60 气候变化风险:30 适应投入:90 气候风险净损失:0 所需增量投入:30
发展型适应(欠发达地区)	常规风险:60 气候变化风险:0 适应投入:30 气候风险净损失:30 所需增量投入:30	常规风险:60 气候变化风险:30 适应投入:90 气候风险净损失:60 所需增量投入:60

注:1)假设适应投入与效益成正比,即每单位适应投入可相应减小 1 个单位的风险水平,忽略不可避免风险。

2)表中的数值表示气候风险水平、适应性投入、增量投入、气候风险净损失的大小。

(2)基于工作模块的气候政策分析框架

曲建升等(2009 年)通过对气候政策对象、内容和方法进行分析,认为气候政策的分析工作往往需要协调多方面的冲突,以相对灵活的模式开展。从而提出一个包括政策过程、环境目标和利益目标 3 个工作模块之间的复杂联系的气候政策分析框架模式：1）政策过程模块。按照公共政策的一般过程，气候政策也需要经过"问题界定→标准确定→方案筛选→政策制定→政策执行→评估监测"等环节，该模块的分析工作主要包括对以上各个环节的产生、执行和效果进行分析和评价。2）环境目标模块。如果不考虑气候行动的成本、风险和利益分配问题，气候政策的目标将只是减缓和适应气候变化的环境目标。该模块的分析工作主要包括分析气候政策制定和实施过程中的科学性、可行性、变化调整的影响因素和环境效益（如气候目标、大气温室气体浓度目标和适应工程的潜在效益等）。3）利益目标模块。该模块的工作主要是分析各决策者和利益相关者等行为主体与政策主体在气候政策过程中的政治立场、利益诉求和风险机遇等信息，反映了干扰或促进环境目标实现的利益因素。

基于工作模块的气候政策分析框架，为我们提供了一种从工作模块与政策过程研究气候政策的思路，有利于揭示气候政策工作模块之间的内在联系：政策过程模块是气候政策分析工作的纵向主线，是分析工作的主体，环境目标模块和利益目标模块是支撑气候政策分析的立体网络，分别会从不同角度约束、阻碍、推进或完善气候政策的决策和执行过程。

（3）基于气候谈判的政策分析框架

气候谈判在气候政策形成和执行过程中起着重要的作用，如在分配减排义务和排放配额、支付资金和技术援助时，各国政府和组织会进行艰苦、持续的谈判，以尽量减少本国的发展压力或展现积极的环境立场。由此，有学者从气候外交与气候谈判的视角提出气候政策的分析框架。美国学者德特勒夫·斯普林茨和塔帕尼·瓦托伦塔（Sprinz and Vaahtoranta 1994）提出了"以利益为基础"的分析模式。他们认为生态脆弱性和减缓成本是决定国家在国际环境谈判中政策立场选择的两个关键因素。据此，他们把国家在国际环境谈判中的立场分为 4 类：推动者、拖后腿者、旁观者和中间摇摆者（图 6-3）。

		生态脆弱性	
		低	高
减缓成本	低	旁观者	推动者
	高	拖后腿者	中间摇摆者

图 6-3　对国际环境管理（谈判）不同态度的国家分类

基于气候谈判的政策分析框架，把气候谈判引入到气候政策的研究中来，使得气候政策研究与其他公共政策研究区别开来，凸显了气候政策研究的政治性和特殊性。

（4）其他气候政策的分析框架

还有学者从不同视角提出自己的气候政策分析框架。有学者建立了从生态脆弱性、减缓成本、公平原则 3 个变量进行分析的理论框架（张海滨 2006）。也有学者从气候变化特性（复杂的原因链、不确定性和公平考虑）出发，提出由 3 个步骤组成的气候变化决策框架：全球最佳化，以寻求有效的解决办法；集体决策，以实现程序上和结果上的公平；制定实施国际气候变化协议的机制（Jepma and Munasinghe 1998）。

6.1.3 基于利益博弈的气候政策分析框架

在吸纳各类气候政策分析框架优秀因子的基础上，我们提出构建气候政策的分析框架应把握几个原则：一是深入分析气候政策背后的利益动因原则；二是国际与国内政策相比较的原则；三是理论与实践相结合、有利于发展气候政策学的原则。由此，我们构建了一个基于利益博弈的气候政策分析框架（图6-4）。

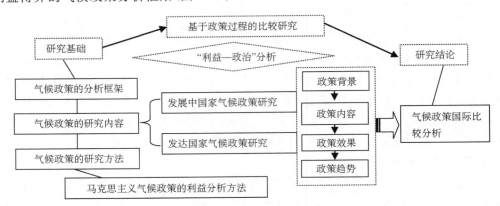

图 6-4 基于利益博弈的气候政策过程分析框架

由图可知，气候政策研究主要包括四大研究内容：一是应对气候变化的政策研究基础，主要包括气候政策的概念模型、分析框架与分析方法。二是发达国家应对气候变化政策研究，主要研究美国、欧盟（含英法德）、日本、澳大利亚、俄罗斯等发达国家的应对气候变化政策。三是发展中国家应对气候变化政策研究，主要是研究南非、印度、巴西、印尼、马来西亚和中国这6个国家（也是当今世界最大最活跃的经济体）的应对气候变化政策。四是对发达国家与发展中国家应对气候变化政策进行国际比较研究，并提出基本的研究结论。

我们的分析框架，在研究内容上凸现出了气候政策研究区别于一般化公共政策（特别是从行政学与政策科学意义而言）的5个特征：

一是"国家利益"的分析主线。我们坚持马克思主义利益分析法，从各个国家的利益出发来分析气候政策，这是因为西方国家在现实中都是从国家自身利益出发来制定与执行气候政策的。例如澳大利亚气候变化政策始终贯彻国家利益至上的原则，从20世纪80年代末的积极倡导者，到90年代末的落后者，到拒签《议定书》，到后京都议程的积极构建者，虽然历经起伏，仍然可以看到国家利益至上贯穿其中，2007年总理陆克文批准《议定书》的政策调整也不例外。美国历届政府对《议定书》态度的调整与改变，大多也是基于其国家利益与国家安全的考虑（王淳 2010）。

二是气候谈判、政策协调与气候外交等基本的政策工具。气候谈判对气候政策的形成发挥着重要的作用，从1990年联合国正式启动国际气候谈判开始，已走过了近20年艰难、曲折、充满变数的谈判历程。为解决气候变化问题，联合国设立了IPCC，召开了15次国际气候变化大会，取得了《公约》、《议定书》与"巴厘岛路线图"等重要成果，确定了各国尤其是发达国家的温室气体排放减少义务，为应对气候变化问题确立了基本框架，可以说，"京都进程"每一步都离不开气候谈判的推动。"气候外交"成为西方国家处理国家关系的一个重要手段。以欧盟为例,欧盟是国际气候谈判的最初发起者,一直是全球减排最主要的推动力,并希望担当谈判领导者的角色,且也是事实上的"京都进程"以及"后京都时代"国际气候谈判领导者,在《联合国气候变化框架公约》及其《京都议定书》的谈判与生效过程中发挥"领导"作用(崔大鹏 2003,薄燕 2008)。经过多年调整,目前欧盟以气候政策为平台,对内实现可持续发展,对外通过"气候外交"提升全球影响力的战略已初步成型(崔艳新 2010)。欧盟在"气候外交"下的气候政策,取得了三大标志性成果,即《气候行动和可再生能源一揽子计划》(2008 年)、《适应气候变化白皮书》(2009 年)和《哥本哈根气候变化综合协议》(2009年)。欧盟的"气候外交"政策,对于全球社会、经济乃至国际贸易格局都产生了深远影响。作为重要的发展中国家,气候变化无疑将是中国在处理国际关系上及制定国内发展政策中必须面对的重大问题。

三是国际组织在政策主体中举足轻重。WMO 和联合国环境规划署(UNEP)于 1988 年建立的 IPCC 就是一个很好的例证。IPCC 检查每年出版的数以千计有关气候变化的论文,并每五年出版评估报告,总结气候变化的"现有知识",提供气候变化的相关资料,例如,1990年、1995 年、2001 年和 2007 年,IPCC 相继完成了四次评估报告,这些报告已成为国际社会认识和了解气候变化问题的主要科学依据。目前,《公约》、《议定书》都是 IPCC 等国际组织多年共同努力的结果,现在已经初步成为国际社会应对气候变化的国际框架。

四是重视新型公共政策分析技术的运用。这主要表现在政策摸拟技术运用上,政策模拟是计算机科学兴起后发展起来的新兴学科,国际上出版了专门的杂志——《政策模拟》(policy modeling)。在最近几年中,气候保护政策的模拟成为这个刊物的重点内容。美国、英国、德国、日本等发达国家都对气候变化情景和保护政策开展了针对本国的模拟模拟的重点是确定气候保护的经济影响与安全性进一步探讨气候保护下的最优增长问题。自 20 世纪 80 年代后期以来,在全球温室气体减排的政策研究方面,国际上已出现一系列可计算一般均衡模拟模型,[①]它们或在全球尺度,或在国际与区域尺度,或在国家尺度上,研究温室气体减排与经济发展的相互作用,研究减排机制对国民经济的综合影响(刘扬等 2003)。

五是重视"前摄适应"(proactive adaptation)气候政策研究。"前摄适应"是安东尼·吉登斯(2009)在《气候变化的政治》中提出的一个基本概念,它的含义在于,认识到气候变化问题在未来不可避免地会变得更加严重,在采取措施减少气候变化的同时,还必须在政治上积极适应由此带来的问题。"前摄适应"要求以一种长远的思维考虑未来气候变化将给我们带来的后果,从而积极采取预防的措施。

6.2 气候政策的研究内容

气候政策,包括政策背景、政策内容、政策效果与政策趋势 4 个方面。这 4 个方面又可

---

① 气候保护政策模拟研究,需要全面且精细地刻划与分析温室气体减排与各国家经济之间的相互作用,为此人们普遍采用"可计算一般均衡模拟(CGE)"方法。

以划分为两个层面,即应对气候变化的政策制定(政策背景与政策内容)和应对气候变化的政策评估(政策效果与政策趋势)。

6.2.1 应对气候变化的政策制定

(1)应对气候变化的政策问题确认

任何一个社会问题要进入政策议程,进而出台相应的公共政策,都必须经过由问题到社会问题,再上升为公共政策问题的发展历程。公共政策问题是指社会大部分成员或部分有影响的人物认为某种社会状况不理想或不可取,应当引起全社会关注并由政府采取行动加以解决的社会问题。公共政策问题不可能一开始就非常明确,只有经过不断分析、定义以后,才能逐渐清晰起来。因此,解决公共政策问题的首要一步是合理建构问题,即明确公共政策问题是什么,这是公共政策制定的逻辑起点。威廉·N·邓恩(2001)将问题的建构分为4个阶段:1)以"问题感知"体悟"问题情境"。2)以"问题搜索"认定"元问题"。3)以"问题界定"发现"实质问题"。4)以"问题具体化"建立"正式问题"。其中,元问题是由于不同参与者所持有的问题表述的范围大到难以处理而难以构造的问题,实质问题是在结构化问题之后以某种结构化分类准则确定的问题,正式问题是对实质问题的形式表达,由此逐步由问题情境到元问题再到实质问题进而实现问题的具体化、明晰化。

气候变化是当今国际社会高度关注的一个热点问题。然而,根据邓恩的政策问题分析模型,气候变化问题能否进入政府议程进而成为公共政策问题,首先必须理清以下三个问题:一是全球气候是变暖还是变冷;二是该气候变化是否正常;三是该气候变化是不是人类活动造成的。对这些问题的不同认识,必然影响到政府应对气候变化的行为,尤其是相关气候变化政策的制定与发展。这可以从国际和国家两个层面进行分析。

首先,从国际层面而言,对于全球气候变暖与否、是否由人类活动造成以及是否必须采取应对措施等问题,国际社会仍存在多种不同的声音,这影响了国际社会对气候变化政策问题的共识与认定。在全球气候变暖还是变冷问题上,国际社会中存在两派争锋相对的观点:一种观点认为全球气候正在变暖。如IPCC自1989年以来发布的四次关于气候变化科学、影响和适应选择的评估报告无疑最具权威性与代表性。另一种观点则对全球变暖的论断表示怀疑。如俄罗斯科学院太阳地球物理研究所研究员弗拉基米尔·巴什基尔采夫和加琳娜·马什尼奇认为,对地球气候影响最大的是太阳系活动的变化,而不是温室气体的排放,地球变暖和回冷是对太阳黑子数量和大小变化的反应。与这两种观点相对应,应对气候变化的公共政策也具有代表性的两派观点:一是"怀疑派",他们虽然承认人为的气候变暖的事实,但认为采取措施应对气候变化既不紧迫,也无必要;二是"行动派",在气候变化上表现积极,认为人为的气候变化是无可否认的,全球应及时采取措施加以应对。

其次,从国家层面而言,某国对气候变化及其原因的认识不同,其对气候变化问题的界定亦有别,所采取的政府行为(或拒绝将其纳入政府议程,或积极制定政策以应对气候变化)也不同。例如,作为世界上主要的温室气体排放国,美国在应对全球气候变暖行动中的作用不容忽视。但在不同时期,美国政府对气候变化问题的认识及所采取的政府行为有很大差异。

因此,在气候变化现象能否成为公认的社会问题,进而上升为政策问题上形成了不同的问题构建路径,对"气候变化政策问题是什么"这一制定气候变化政策的逻辑起点给出了不同的答案。大体可分为两种对立的观点:一是全球气候变化问题本身不是问题,无须给予过多的关注,更不必进行政府决策;二是全球气候变化问题是社会问题,也是公共政策问题,政府必须采取行动应对。根据邓恩的问题构建过程,可以形成对全球气候变化政策问题的构建过程(图 6-5)。

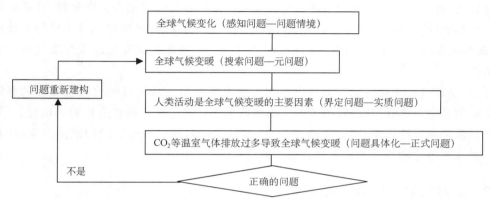

图 6-5　全球气候变化问题构建

(2)应对气候变化的政策规划与选择

从政策过程来看,一旦某个社会问题被列为政策问题,立即进入到政策规划与选择阶段,即如何提出政策方案并从中选出最佳方案来解决政策问题。一般而言,政策规划大致分为三个环节:诊断问题所在,确定决策目标;搜索和拟定各种可能的备选方案;从各种备选方案中选出最合适的方案。其中,制定政策方案最为关键的两个环节是政策目标确定和方案文本设定与选择。

① 气候变化政策目标的确定。从政策制定过程可知,目标的确立与政策问题有关。针对全球变暖的气候问题,如果不考虑政策制定与实施的成本、风险与利益分配问题,气候变化政策的总体目标即是减缓和适应全球气候变暖。但是,由于公共政策的本质、政策目标的多层次等问题使得国际社会达成气候变化政策目标的共识存在困难。首先,气候变化政策目标是一种特定的政治目标,不同行动主体会从各自不同的政治价值观、信仰、利益诉求来衡量政策目标的重要程度,它集中反映了不同政策利益相关者对政策的认同程度。其次,气候变化政策目标不是单一的,而是多目标的有机结合。气候变化应对政策是个复杂大系统,减缓和适应全球气候变化的总体目标中包含多个子目标,其中有长期、中期和短期的,也有主要和次要的,还有些目标是定量而非定性的。

② 方案文本设定与选择。在政策目标确定之后,拟定政策方案是政策制定的基础,而选择优化方案是其关键。政策制定的关键在于对多个政策方案进行选择,其本质上是对政策活动各要素及其价值偏好的选择。一个政策方案必须考虑以下三个关键要素:其一,选择政策主体,即解决"谁做""谁不做""谁主要做""谁次要做"等;其二,选择行动的方法、途径或

手段,这是方案选择的实质,它直接关系到目标能否实现及其实现程度;其三,确定在特定的时空环境中采取何种行动,"何时"、"何地"解决何种问题,实现何种政策目标,即解决政策主客体之间的相互作用的条件与环境问题。政策决策的过程即是选择政策主体、行动方法以及具体行动的过程。国际气候变化政策方案的设定与选择过程也是不同决策主体即各国国家价值偏好的竞争与选择的过程:首先,在国际、国家气候变化政策制定过程中,谁应当承担多大责任是气候变化应对政策选择的焦点问题。其次,世界各国不仅对于气候变化行动主体持有异议,对应当采取何种政策路径与政策工具来应对气候变化也存在分歧,且不同国家对政策工具的选择也存在差异。最后,在解决"何时"、"何地"解决何种问题实现何种政策目标(即政策主客体之间相互作用的条件与环境)问题上,国际气候变化政策形成过程中亦争议不断。

总之,全球气候变化政策方案的设定与选择充满争议。从气候变化政策目标的确定到政策文本的商定与选择,从政策主体的争论到政策工具的选择再到政策机制的构建,国际社会各个国家之间讨价还价,相互争论与辩论,提出了诸多针对气候变暖的减排方案、路径与方法。在这些争论的背后实质上是利益的博弈。

6.2.2 应对气候变化的政策评估

气候政策评估,就是依据一定的标准和方法,对气候变化政策方案规划、执行情况和政策效果及价值进行估计和评价的活动。进行气候政策评估,具有如下几个方面的意义:1)检验气候变化政策的运行效果。通过气候政策评估,可以对气候变化政策执行效果进行调查、分析和判断,从而避免气候变化政策实施的盲目性。2)决定气候变化政策未来的走向。一项气候政策在执行以后,其发展走向可以分为延续、调整和终结三种。无论是采取何种走向,我们都不能只凭想当然,必须做到有理有据,而理由和依据的取得则必须依赖于对气候变化政策执行效果进行全面系统的分析和科学合理的评估。3)合理配置气候变化政策资源。气候变化政策评估一方面可以使气候变化政策的决策者和执行者从整体和全局角度出发,使有限的资源产生更大的效益;另一方面可以防止因过多考虑局部利益所带来的资源过度投入。4)促进气候变化政策制定科学化。通过气候变化政策评估,用气候变化政策执行中产生的问题去反思气候变化政策制定中存在的失误,只有在建立严格气候变化政策评估基础上,才能使的气候变化政策学习,气候变化政策制定逐步走向科学化。

(1)气候变化政策评估的目标

气候变化政策评估的目标即气候变化政策评估的出发点,就是设法回答"为什么要进行气候变化政策评估"这样一个问题,并作出必要的解释。一般来说,气候变化政策评估目标能够决定气候变化政策评估的发展方向、基本内容和选择标准。气候变化政策评估目标主要涉及以下 3 个方面的内容:

① 政治方面的目标。评估气候变化政策的执行是否会破坏现有的政治格局,是否有利于维护本国主权的完整和政权的巩固与发展,是否有利于社会的团结稳定与经济的可持续发展,是否取得了合法性地位,是否得到了舆论界和社会公众的认可与支持,等等。

② 行政方面的目标。评估某个或某些政府机构能否在气候变化政策执行中发挥作用,

是否具备这方面的能力,能否通过气候变化政策执行获得这样或那样的利益,能否有效克服组织管理方面存在的问题,等等。

③ 政策方面的目标。评估气候变化政策的应用价值,是否达到了预期目标,是完全达到还是部分达到,气候变化政策的投入与产出是否合乎预期的要求,气候变化政策的执行是否对气候变化政策环境构成预期的影响,等等。

(2)气候变化政策评估的主体

气候变化政策评估的主体即气候变化政策评估者的构成,包括气候变化政策制定者和执行者、专业学术团体和研究机构以及气候变化政策的目标群体等。

① 气候变化政策制定者和执行者。气候变化政策制定者和执行者担任着气候变化政策活动的关键角色,能够比较全面、比较直接地掌握气候变化政策的第一手资料,获取气候变化政策执行效果的有关信息。但作为局中人,他们必然会受到各种因素的制约,比如固有观念、思维方式、部门利益等,从而会影响气候变化政策评估的质量。此外,气候变化政策评估是一项专业性和技术性都很强的工作,需要评估者掌握相关的理论知识,但是气候变化政策制定者和执行者未必具有这方面的职业训练。

② 应对气候变化的专业学术团体和研究机构。应对气候变化的专业学术团体和研究机构具备专业理论和技术方法,它们能够胜任气候变化政策评估工作,其评估结论能够引起人们的高度重视。应对气候变化的专业学术团体和研究机构往往受托于政府部门进行气候变化政策评估,因而在评估经费、信息获取等评估条件方面具有一定的优势。但这种优势也可能会转变成劣势,正是由于存在来自政府部门的种种牵扯,这些专业学术团体和研究机构容易接受某种暗示,存在一些心理障碍,从而影响气候变化政策评估的质量。

③ 气候变化政策的目标群体。气候变化政策的目标群体往往能够通过自身感受和彼此之间的信息沟通,对气候变化政策执行效果作出具有针对性的评价。气候变化政策的目标群体是气候变化政策的受体,对气候变化政策评估具有很高的热情,能够根据自己和他人的切身体会,对气候变化政策作出比较客观的评价。需要注意的是,气候变化政策的目标群体中既有气候变化政策的受益者,也有气候变化政策的受害者,他们难免会从各自利益角度对气候变化政策进行价值判断,可能会设法掩盖气候变化政策效果的缺陷,也可能设法夸大气候变化政策执行中的阴暗面,甚至可能采取极端态度,全盘否定某项气候变化政策。所以,在听取他们意见的时候,必须注意区分上述两种情况。

(3)气候变化政策评估的步骤及方法

气候变化政策评估由四个方面的基本内容组成:第一,规范,即评估气候变化政策的标准。规范是科学评估的一个先决条件,在评估活动中具有举足轻重的地位。第二,信息,即收集有关评估对象的各种信息。这些信息既可以是定量的,也可以是定性的。第三,分析,即评估者运用所收集到的各种信息和定性、定量分析方法,对气候变化政策的价值作出判断,得出结论。分析是气候变化政策评估最基本的活动。第四,建议,即对未来的气候变化政策实践提出建议,以决定现有的气候变化政策是否延续、调整或是终止,是否要采用新的气候变化政策。

根据以上四个方面,气候政策评估一般分三个基本步骤:1)气候政策评估准备,必须做好三方面的工作,即确定评估对象、制定评估方案和相关的准备工作;2)气候政策评估实施,主要有三项工作,即采集整理气候变化政策信息、统计分析气候变化政策信息和运用评估方法获取结论;3)气候政策评估总结,主要包括撰写对气候变化政策的总体评估报告和对气候变化政策评估活动作出总结。

气候变化政策评估除了要遵循一定的步骤,还必须采用合适的评估方法。合适的气候变化政策评估方法对气候变化政策评估具有非常重要的意义,从某种意义上来讲,评估的成功往往取决于方法的成功。气候变化政策评估方法主要有以下几种,成本—效益评估法、前后对比评估法、专家判断评估法和执行群体评估法。

气候变化政策评估在理论和实践上都有十分重要的意义。然而,在实际运作中,对气候变化政策进行系统、全面的评估却是十分困难的,面临着重重阻力和障碍,具有多方面的评估困境:气候变化政策目标的多元性、气候变化政策影响的广泛性、气候变化政策资源的混合性、气候变化政策评估信息的短缺性、气候变化政策评估资源的短缺性和主观人为的抵制性等。科学运用气候政策评估的步骤及方法是克服这些困境的关键。

6.2.3　应对气候变化的政策变迁

依据变迁时序和表现形态,政策变迁呈现为政策时滞、政策博弈、政策演进三个主要特点,并在内在逻辑和相关变量的支持下生成了一系列理论命题。从政策变迁的过程看,主要包括三个阶段:1)政策失效。政策失效基本表征包括:一是政策负效应明显,政策效率低,政策效益为负值;二是政策维护成本高昂,政策功能式微;三是违背普适的价值观;四是舆论反映和公众意见强烈。政策失效的原因主要有以下可能:一是政策本身的缺陷。由于政策目标不明确、政策决策体制障碍、决策信息不完全、决策者短视等因素导致政策的科学化和民主化不足。二是政策执行的障碍。三是政府自利性的存在。四是利益集团的博弈。2)政策创新。公共利益都是政策创新的最初出发点和最终目的。在政策创新的路径选择和行动策略上,主要有渐进式和激进式两种。3)政策均衡应当包含两个方面:一是政策系统内的各种要素变量及其关系在给定的政策安排中运行。二是政策系统内各变量总会在政策不变的前提下最终获得均衡,变量的变动不会出现改变政策的情况(陈潭 2006)。

气候政策变迁也呈现为各种气候政策制定主体经过动态的利益博弈而形成的政策失效、政策创新和政策均衡等方面的内容。通过对气候政策变迁的分析,可以有效地促进气候政策发展趋势的研究,可以把握每个国家气候政策的新趋势和未来发展趋势,预见单项气候政策(如碳排放)的未来发展趋势等。

6.3　气候政策的分析方法

公共政策的分析方法,对于有效地解决公共政策问题具有举足轻重的作用。方法论及分析技术的研究有助于科学决策的推行,避免重大的失误。

6.3.1　政策分析的任务与方法

一般而言,政策分析的基本任务及程序是:1)帮助决策者确定政策目标;2)找出达成目标的各种可能的办法;3)分析每个备选方案的各种可能结果;4)依一定的标准排列各种备选方案的顺序。这些基本任务决定了政策分析中的各种因素及分析过程。根据奎德等的论述,可以将政策分析的基本因素概括为如下 7 个方面:问题、目标、备选方案、模式、效果、标准和政治可行性。这 7 个方面的要素都具有具体的政策分析方法:公共政策问题界定的方法主要有边界分析、分类分析、层次分析、头脑风暴法、多面透视分析、假设分析、论证图式和问题文件法;目标确立的方法主要有价值分析、政治分析和处理多重冲突的目标;方案搜寻的方法主要有文献评论法、系统综合分析法、提喻法、情景分析法和偶然联想链法;结果预测的方法主要有外推预测的方法、理论预测的方法、直觉预测的方法;方案比较的方法主要有预测性评估和可行性评估;效果评估的方法主要有成本—效益分析法、前后对比法 、对象评定法、专家判断法和自评法(陈振明 2005)。

6.3.2　气候政策的常用分析方法

气候政策是公共政策的一种特殊类型,上述公共政策分析方法无疑具有较强的方法论意义。但作为一种特殊的公共政策,气候政策依赖于特殊的政策分析方法。曲建升等(2009)认为气候政策既具有公共政策的一般性,也具有科学性、历史性、全球性、政治经济性和动态变化性等特殊性。因此,作为公共政策的内容之一,气候政策的分析方法与一般公共政策分析方法总体上一致,但由于气候变化问题的特殊性,气候政策分析方法又与一般的政策分析方法有所不同,特别需要应用如下几种特殊的公共政策分析方法。

(1)量化历史责任的分析方法

当前气候政策争论的焦点之一是气候变化的历史责任问题,这关系到当前减排义务和未来排放空间的分配。气候变化的历史责任、义务分担方式、行动组织、实施方案等工作需要利用数学、经济学、法学、伦理学和政治学等理论和方法来确定,可能涉及的方法包括边界分析、分类分析、层次分析、问题文件法、文献评论法、系统综合分析法、因果分析、回归分析法等。在历史责任量化的过程中,更多的是多种方法的综合运用,从多个方面和多个角度确定可以广泛认可的历史责任分担原则。目前气候变化历史责任分析主要针对温室气体的排放展开,如哪些国家、区域或集团,累计排放了多少温室气体,其人均累计排放情况如何等。通过计算确定人类社会在过去(一般是工业革命以来)的累计排放情况以及将大气温室气体浓度控制在安全水平（如 550×10^{-6}）之下的温室气体排放空间,确定全球基于公平原则(如基于人均原则)的累计排放量,继续分配剩余的排放空间和确定减排义务。这一原则符合国际法准则和公平精神,但由于发达国家的排放空间将因此骤减,在确定实施细则时阻力较大,因此会在此基础上发展出若干变通的计算方案。

(2)确定政治影响的分析方法

气候变化作为当前最紧迫的环境问题之一,与社会经济运行以及人类社会的未来关系极为密切,再加上国际合作过程中复杂的利益关系和立场,使气候变化成为当前的国际政治核心问题之一。在气候政策制定和执行过程中,不可避免地要受到国家利益、行业和部门利益、公众利益以及国际形势等因素的影响,而这些诉求最终将通过政治和政府行为予以体现。通过定性和定量地分析气候政策过程中的政治影响,可以判断气候政策的政治立场、利益诉求等,具体的分析方法包括行为过程方法、假设分析、分类分析、层次分析、问题文件法、系统综合分析法、德尔菲法、个人判断法、运筹博弈等。

(3)经济成本和效益的分析方法

一方面,气候变化的减缓和适应等应对行动需要采取经济转型、能源技术研发、降低能耗、建设适应工程等措施,而这意味着直接或间接地增加经济成本;另一方面,气候政策的执行将产生现实或预期的环境效益,减缓气候变化或增强气候变化适应和恢复能力可以降低经济损失。最近的一些研究成果均表明,越早采取气候行动,则投入越少,损失越低。Stern(2007)报告中提出,如果现在就采取措施,在 2050 年前把温室气体浓度控制在 $450 \times 10^{-6} \sim 550 \times 10^{-6}$ 的安全水平,则减排的成本大约仅占 GDP 的 1‰左右。气候政策的经济成本和效益的分析方法主要利用计量经济学等分析方法,如敏感性分析、成本—效益分析、对比法等。

(4)未来趋势预测的分析方法

气候政策的执行效果往往需要较长的时间才能显现,如一项海岸堤防工程,仅在数十年后海平面显著上升或高强度的风暴潮发生时才能体现作用,但其对堤防工程内密集的人口和经济基础的保障意义显而易见。目前正在执行的温室气体减排活动,其效果也要至少数十年后才能有所体现。而且,由于科学上不确定性的存在,对这些效果的预估也就存在更大的不确定性。利用政策分析的方法,如情景分析法、趋势外推法、回归分析法、专家判断法,判断某项气候政策的科学性、可行性,并对其预期效果进行预估,是气候政策获得通过和有效执行的关键因素。

上述特殊气候政策分析方法为气候政策的分析提供了有益的参考。在具体的气候政策分析与研究中,要注意把这些特殊的方法与公共政策分析的一般性方法结合起来灵活穿插、综合运用,方能取得最大的功效。尤其是在研究中国气候政策时要注意比较分析方法的运用。通过比较分析,找寻中外气候政策的异同点,深入了解各国气候政策,从而准确地把握气候政策的共性特征与个性特征,进而深化对中国气候政策的研究。

6.3.3 气候政策的利益分析法

从气候政策"利益—政治"的研究视角出发①,我们认为,马克思主义利益分析法是气候政策的基本分析法。

学界在长期的气候政策研究中逐渐形成了 3 种研究视角(表 6-2)。

---

① 把"利益—政治"的气候政策研究视角和马克思主义气候政策研究方法有机地结合起来,并进行概念化、理论化与操作化的研究,无疑有利于马克思主义气候政策学的形成。

表 6-2 气候政策研究的 3 种视角

视角	核心概念	代表性学者及著作
"工程—技术"的视角	政策技术与数学模型	国内中国科学院、清华大学、南京信息工程大学的诸多学者及著作
"组织—制度"的视角	政策立法与政策执行	庄贵阳等《气候环境与气候治理》、唐颖侠的《国际气候变化条约的遵守机制研究》
"政治—社会"的视角	气候正义与政策评估	吉登斯的《气候变化的政治》、诺斯科特的《气候伦理》,希尔曼的《气候变化的挑战与民主的失灵》

注:此处主要列举的是国内学者及翻译的国外学者的著作,事实上这 3 种视角的研究在国外还存在一大批优秀的研究著作。

"工程—技术"的气候政策研究视角主要是通过政策技术与数学模型的建构来研究气候政策的可行性与科学性;"组织—制度"的气候政策研究视角就是在"组织—制度"的框架下研究气候政策中立法、制定协议与执行等问题;"政治—社会"的视角就是在政治与社会的变革过程中来研究气候政策的伦理与评估问题。这 3 种视角的研究在当前的学界逐渐出现两种趋势:一是从第 1 种视角逐渐向第 2 种视角和第 3 种视角重心转移的趋势;二是这 3 种研究视角呈整合的趋势。

我们在综合这 3 种研究视角,尤其是第 2 种与第 3 种研究视角的基础上提出一种"利益—政治"的气候政策研究新视角,即气候政策的形成过程实质上是国家利益与全球利益、当前利益与长远利益、国家与国家间利益的协调与均衡的发展过程,气候政策的目标是提供科学合理地应对气候变化的公共产品。

"利益—政治"的气候政策研究新视角,基本概念工具包括"气候谈判"、"利益等级"、"利益均衡"、"利益协调"、"政策协调"等,其基本观点是"气候变化问题表面上是一个环境问题,实质上是政治问题和经济问题"。国外不少学者也持这种观点"利益—政治"的气候政策研究新视角的主要政策分析方法是马克思主义气候政策的利益分析法。

利益分析法是马克思主义认识世界的一种基本方法。马克思主义不仅重视利益理论,也非常重视利益分析方法。马克思指出:"人们为之奋斗的一切,都同他们的利益有关"。列宁在十月革命后也明确指出:"我国内外政策归根到底是由我国统治阶级的经济利益和经济地位决定的,这一原理是马克思主义整个世界观的基础"。可见,马克思主义者认为利益对于人们思想和行为具有根源性和支配性,必须用利益的分析方法。马克思主义认为,利益分析方法是深入把握社会事件的本质及其根源的方法,在进行社会革命过程中,只有自觉地运用它才能掌握主动并取得成功。马克思主义的利益分析方法就是从利益的角度,通过社会历史现象把握其本质和根源,透过各种社会主体的言论和行为把握其动因的方法。它是我们把握国内国际利益格局,正确制定战略的十分重要的工具。

马克思主义利益分析法的基本内容包括:要把握重大社会事件背后的阶级和社会集团的利益根源;各个阶级和社会集团的利益是由它在社会关系中的地位决定的;分析利益格局是制定战略的依据;要根据社会事件对谁有利有害的性质和程度,决定我们的政策和策略。这些内容使得利益分析法在社会各个领域和各个学科中都有广泛的适用性,为我们的气候政策利益分析法提供了坚实的理论依据。

应对气候变化的公共政策利益分析方法就是以马克思主义利益分析方法为指导，从各个应对气候气候变化的公共政策主体的利益关系与利益矛盾的发展变化中研究气候政策的形成、制定、执行、评估与终结的一种研究方法。气候政策的形成主要有三大利益：人类共同利益、国家安全利益和区域局部利益。通过气候政策谈判处理利益关系与平衡利益矛盾是应对气候变化公共政策利益分析方法的基本内容。气候变化政策制定与选择的过程是一个国家间以及利益团体间利益博弈的过程，同时也是一个政策优化的过程。从国际气候政策的制定过程来看，不同国家在不同阶段以及不同利益团体发出的声音恰好反映了政策相关者在政策制定中表达自己利益的过程，而最终形成的为各方所认可的国际气候政策必然是各方利益竞争与妥协的结果，因此，马克思主义利益分析方法是研究气候政策的一个基本方法。

总之，我们一以贯之地体现三大研究主线：一是用政策科学的概念模型及工具分析气候政策，体现政策科学分析的研究特色；二是站在发展中国家的立场上研究气候政策，凸显立场鲜明与政策咨询意义强的特点；三是以马克思主义利益分析方法分析气候政策，促进马克思主义气候政策理论的生长，体现新兴学科的创新特性。本研究的主要结论是：1）国际气候政策的行动逻辑在于，通过动态的利益博弈，大多数国家的气候政策都会沦为政治标签，使利益层级出现位移，导致气候政策的利益悖论和"公地悲剧"的发生。2）在国际气候政策的制定中，只有拒绝单边行动、遏制气候霸权，通过气候谈判，制定利益补偿性的气候政策，实行联合共治，才能实现全球气候的"善治"，从而维护人类的共同利益。

第7章 发达国家应对气候变化政策

应对气候变化行动的目标,是维护整个人类社会的可持续发展,每个地区、每个国家,甚至每一社会个体都肩负着的义务。发达国家在形式上一贯坚持推动应对气候变化国际合作的立场,在实质上却依据不同时期本国的政治经济需要不断转换立场。但是,由于这些发达国家所处地理环境、发展状况与国际地位差异明显,各自的应对气候变化政策有着明显差异。分析发达国家应对气候变化的政策,我们选取了全球综合国力第一大国(美国)、发达国家间最紧密的国际组织及其典型成员国(欧盟中的英、法、德等国家)、极端气候事件威胁最重的国家之一(日本)、气候政策变动最无常的国家(澳大利亚)和资源极为丰富但经济水平相对薄弱的国家(俄罗斯)为重点研究对象,研究他们各自政策的背景、内容与趋势,力求深入了解发达国家在应对气候变化政策方面的共性与存在问题。

7.1 美国应对气候变化政策

7.1.1 "少雨不绸缪"

"这是一个最好的时代",人类千百年来的梦想正在一一实现,日新月异的科学技术使得普通民众都能拥有千里眼、顺风耳(电子通讯设备),随时可以飞天遁地(现代交通工具);"也是一个最坏的时代",气候变暖、冰川消融、海岸侵蚀、物种持续灭绝、自然生态环境日益失衡。人类对自然无节制地索取带来的酸雨、水体污染、臭氧层变化、地震、海啸、洪水、干旱、泥石流、沙漠化、火山爆发等突发性或渐变性灾害层出不穷。

由于地理地貌的不同,各国的自然环境承受能力差异甚大。非洲撒哈拉沙漠以南地区、中东、中亚及东南亚受气候变化影响最严重。由此带来的水资源与粮食匮乏不断引发资源纷争与人口迁移,这不仅威胁上述国家的生存与发展,甚至给整个世界带来严重不利影响。美国作为严重依赖化石燃料的温室气体排放大国,理应在解决全球气候变化问题中承担主要义务。其近年来也饱受飓风、洪水与沙尘暴等自然灾害之苦,但终究不是燃眉之急。既然"少雨",无须绸缪。美国基于自身气候变化问题不如其他国家和地区严重,在应对气候变化的国际合作协谈中,长期处于为自身谋取最大经济与政治利益的优势地位,有能力依据国家安全与经济利益需要选择最优战略,即"显性单边主义—隐性单边主义"的应对政策。

7.1.2 从"显性单边主义"到"隐性单边主义"的转变

20世纪80年代末,美国学界逐渐认识到气候变化是关系到人类福祉的基本问题。

Mathews(1989)撰文阐明气候变化对经济领域的重大影响,指出美国需要积极制定战略环境政策加以应对。Gore(1989)提出气候变化是未来全球政治实践的出发点,并直接给美国政府提出政策建议。以此为起点,美国政府逐步开始了应对气候变化政策体系的理论研究与实践活动。

1990年,美国通过《清洁空气法》,规定削减约50%CO_2总量以控制酸雨。1992年,《能源政策法》要求各州检视本州建筑法规中的能效条款。1993年,《气候变化行动方案》确定了国内温室气体减排目标。1997年,由包括6位诺贝尔经济学奖得主在内的2000位美国经济学家签署发表《经济学家关于气候变化的声明》,列举大量高效减排政策,鼓励政府积极采取预防措施缓解全球气候变化带来的危险。1998年秋,参议员查菲和利伯曼提出《自愿减排信用法案》,主张政府给予自愿减排的公司以政策奖励。1999年5月,参议员哈格尔和克雷格提出《能源和气候政策法案》,建议设立解决全球气候变化问题的专门机构,并强调依靠市场激励机制减缓全球变暖。2001年,参议员杰福茨提出《清洁能源法案》,主张限制汞、CO_2和氮氧化物的排放。令人遗憾的是,上述提案大多未获通过。

1997年7月25日,美国参议院通过"伯瑞德·海格尔决议",集中反映出在应对气候变化国际合作中的单边主义立场,要求在以下情况下不得签署任何与《公约》有关的协议:一是发展中国家不承诺限制或减排温室气体,却要求发达国家作出承诺;二是签署这类协议会严重危害美国经济[①]。即把发展中国家"有意义的参与"和不损害美国经济作为其签署和批准国际协议的前提条件。同年12月,克林顿政府虽在日本京都召开的《公约》第3次缔约方会议上承诺承担温室气体量化减排义务,却未及时送交参议院批准以使其对美国产生约束力。1998年8月,克林顿政府更公开宣布,由于《议定书》是"有缺陷的和不完整的",拒绝将其提交参议院批准[②]。美国在《议定书》上的签名成为不具有任何约束力的空头承诺。

2001年3月,布什政府表示"减少温室气体排放将会影响美国经济发展"、"发展中国家也应承担减排和限制温室气体排放的义务",气候变化存在的不确定性使得美国在今后一段时期内在应对气候变化问题时"将行动、学习、再行动,同时根据科学发展和技术革新来调整我们的方法",正式宣布拒绝接受《议定书》。理由如下:一是它没有要求发展中国家承担具有约束力的减排义务;二是履行议定书规定的义务将给美国经济造成显著损害;三是气候变化问题尚存在科学上的不确定性。

美国拒绝加入《议定书》后遭到各国谴责,严重损害其大国形象。布什政府为挽回不良影响,特于2002年公布美国应对气候变化的政策体系,提出一系列应对举措,如"开展促排登记、保护和供应减排的可转让信用、如果有必要检查迈向目标的进展和采取除外的行动、增加美国对气候变化承诺的资金、采取针对科学和技术评估的行动、实施全面范畴下新的和

---

① 105th Congress,1st Session,Senate Resolution 98 of June 12,1997.

② "President Bush Discusses Global Climate Change",June 11,2001. http://www. whitehouse. gov/news /releases/2001/06/20010611-2. html.

拓展的国内政策、促进新的和拓展的国际政策来补充国内计划"①。

此后,美国陆续发生的海啸、飓风、北极冰块融化、石油价格节节攀升等严重灾难导致的空前损失,使得美国人开始真切感受到气候变化对生活的危害。2005 年 5 月,布什在八国首脑峰会之前发表关于美国国际发展议程的讲话,"发展中国家没有能源就不可能发展经济,但是生产能源将对世界环境产生不良影响";"应对能源和全球气候变化挑战的出路是技术革新,美国在这方面处于领先地位"②。又于同年 7 月在峰会上首次公开承认"人类活动导致的温室气体排放增加引起全球变暖"③。越来越多的议员也转变对待气候变化问题的立场,逐渐主张依赖以市场为基础的配额交易协调并限制温室气体排放,应对气候变化的政策与法律制定活动逐渐升温。

2003 年以后,不少主张以自愿减排和市场激励机制抑制温室气体排放的国会议员提出若干提案:《全球气候安全法案》(旨在通过配额交易制度降低 CO_2 排放量)、《全国温室气体排放总量和注册法案》、《气候工作法案》、《清洁能源法案》、《清洁空气计划法案》、《紧急气候变化研究法案》、《气候责任法案》、《全球变暖污染控制法案》、《气候责任法》、《减缓全球变化法案》、《安全气候法案》、《低碳经济法案》和《美国气候安全法案》等。不过,以上法案中,仅共和党参议员麦凯恩和民主党参议员利伯曼共同提出的《气候责任法案》被批准通过,这也是美国国内最早的控制温室气体排放的正式法律。

美国联邦政府的策略一贯保守,有些州政府则相对激进,积极开展各类政策创新以减排温室气体。2003 年 6 月 26 日,缅因州议会通过了《为应对气候变化威胁发挥领导作用的法令》,要求到 2010 年,将温室气体排放量控制在 1990 年排放水平,到 2020 年,温室气体排放量在 1990 年排放总量的基础上减少 10%④。2005 年 11 月,美国东北部 7 个州达成旨在有效控制来自电厂的温室气体排放的"区域温室气体削减计划"(RGGI)(2007 年 1 月和 4 月,马萨诸塞州、罗得岛州和马里兰州又加入该计划),规范该地区内电力企业的碳排放限额及排放指标交易,提供灵活机制允许电力部门之外减排信用的使用⑤。各州因地制宜地制定可再生电力配比标准,要求每个电厂使用一定比例的可再生能源信用证,即总发电量中达到规定的可再生能源百分比。同时采用净计量方式,即若用户使用的电能比产生的电能小则允许电表回转,充分鼓励用户开发新的可用能源。2006 年,西部州长协会发起清洁和多样化能源倡议,试图增加电力系统效率和可再生能源来源。很多州均设立了节能公众受益基

① "US Global Climate Change Policy:A New Approach",Fact Sheet Issued by the White House on 14 February 2002,http://www. usgcrp. gov/usgcrp/Library/gcinitiative 2002/gccfactsheet. htm.

② "President Bush Discusses United States International Development Agenda", May 31, 2007, http://www. whitehouse. gov/news/release/2007/05/20070531-9. html.

③ "President Bush Discusses United States International Development Agenda", May 31, 2007, http://www. whitehouse. gov/news/releases/2007/05/20070531-9. html.

④ Joshua Weinstein. Climate Change Law to be First in Nation. Portland Press Herald,June 25, 2003,http://www. commondreama. org/headLines03/0625-07. html.

⑤ "美国国内的气候变化行动及其影响",《2007:全球政治与安全报告》,http://www. china. com. cn/node_700058/2007-04/02/content_8046836. html.

金,采用税收激励减少创办资本和装备翻新成本,鼓励厂商采用高效技术。

2006年8月31日,加利福尼亚州通过美国历史上首个州政府控制温室气体排放总量的法案——《全球温室效应治理法案》,采用总量限额与交易理念为温室气体排放上限,计划在2020年前将加州的温室气体排放量降低25%,引入市场机制激励温室气体减排以消除企业界的顾虑①;又颁布了美国最积极的碳排放管理规定,创立了温室气体排放全州综合控制措施体系②。之后陆续完善了低碳排放标准(LCES)应满足的具体目标,刺激新技术创新与开发,加快技术商业化步伐,推动经济增长、改善空气质量并佐助其他环保目标的实现。在加州的牵头下,美国16个州制定了更严格的汽车尾气排放标准。2007年,加州政府为了让机动车尾气排放法案早日生效,对美国联邦环保署提出环境诉讼。2010年8月,当原加州州长施瓦辛格以高达250亿美元赤字卸任时,其推行的应对气候变化的环保政策成为各媒体公认的"唯一执政亮点"。

第二次世界大战以来,美国领导建立了一系列涵盖政治、经济、军事等领域的国际机制体系,成为其称霸全球的战略支撑。虽然美国政府早就表示过不签署强制减排协议的单边主义立场,但全球气候变化带来的问题日益严重,欧盟、俄罗斯、日本、澳大利亚、中国等的表态和国际合作使美国面临巨大压力。"美国还希望通过参与国际气候合作,确立美国在国际气候合作中的领导地位,维护美国在各项国际机制中的话语霸权,增强美国的'软实力'"。2007年,布什不仅首次在国情咨文中提及全球变暖问题,还作出承诺即"在2008年底之前,美国将和其他国家一起制定一个长期的温室气体减排目标"③。美国政府不仅逐步转变应对气候变化的态度,也积极开展重返国际气候变化合作舞台的活动。如启动"主要经济体协商过程",邀请16个主要经济体(包括欧盟、日本、中国和印度)共同讨论温室气体减排问题,不过未达成实质协议;以"G8+5模式"④为平台探讨大国合作,解决全球气候变化问题的方式方法;参与20国能源与环境部长级会议,在遏制全球变暖问题上努力寻求共识;重回《公约》缔约方谈判,签署"巴厘岛路线图"。

2008年5月28日,科学家学会公布了由全美顶尖的1700余位科学家与经济学家联合签署的《美国科学家与经济学家关于迅速及深入减少温室气体排放的呼吁书》,旨在请求美国政府立即采取措施大幅度减少导致全球变暖的气体排放。奥巴马在总统竞选时就提出"绿色倡议",承诺将尽早对碳排放采取经济限制措施,推行贸易许可证制度,力争到2050年将CO_2排放量削减至1990年的60%~80%。2008年11月4日,奥巴马在胜选演讲中明确

---

① Gov. Schwarzenegger Signs Landmark Legislation to Reduce Greenhouse Gas Emissions. Office of the Governor press release 09/27/2006,http://gov. ca. gov/press－release/4111.

② http://www. aroudthecapitol. com/billtrack/text. html? file＝ab_32_bill_20060831_enrolled. html.

③ President Bush Discusses United States International Development Agenda. May 31,2007. http://www. whitehouse. gov/news/releases/2007/05/20070531－9. html.

④ 即美国、加拿大、日本、德国、英国、法国、意大利、俄罗斯加上中国、印度、巴西、墨西哥和南非五个发展中国家的峰会模式。

"处于危险中的地球"是美国面临的严峻挑战①。该届政府出于加强能源安全、提高能源利用效率、实现经济转型、塑造大国形象等考虑,积极探索新经济增长模式,主张利用控制碳排放的机会,大力推动开发新能源与新技术,落实以市场机制为基础的"总量管制与交易"方案,大规模削减温室气体排放,并制定出具体政策和相关技术保障措施(如交通部颁布的2011年新车油效标准、开展"嗅碳"卫星发射行动等)。

2009年6月26日,美国众议院通过《清洁能源与安全法案》(又称为《气候安全法案》),主要涉及清洁能源、能源效率、减少全球变暖污染、向清洁能源经济转型、农业和森林的相关抵消等方面,旨在推进清洁能源工作、减少其对别国石油资源的依赖以实现能源独立、削减温室气体排放、减少全球变暖的污染并实现向清洁能源经济的转型。奥巴马盛赞其是通向遏制全球变暖、减少化石燃料里程中"极其重要的第一步",将促进美国清洁能源技术的发展,刺激新一轮经济增长(李庆四 2009)。三个月后,参议院以此为基础公布《清洁能源工作与美国能源法案》。该法案规范了授权制定温室气体排放标准的具体情境,进行碳捕获、封存和碳市场准入条件,设立包括核能和可再生新能源在内的诸多新能源规划项目的过程,确立提高各种能效的标准并为研究和开发适应气候变化的新技术和新能源提供帮助。该法案建议应进一步发展低碳电力、核能、天然气和可再生能源,制定温室气体排放的近期、中期和远期目标,规定温室气体的强制性排放总量和其他温室气体的无约束力排放目标。

2010年的《清洁能源和安全法》规定了温室气体减排的上限和交易程序,旨在有效减少温室气体的排放。具体规定包括:给重工业、炼油厂及公用事业等分配85%的碳许可;要求2020年前至少20%的电力供给应利用可再生能源、2025年时可再生能源领域的新增投资达到900亿美元,碳捕获和封存技术投资达到600亿美元,电动和其他先进技术交通工具投资达到200亿美元,基础科学研究与开发投资达到200亿美元;建立建筑和设备使用的节能新标准,提高工业领域的能源利用效率;使各种主要来源的碳排放量在2005年水平上,到2020年减少17%,到2050年减少80%以上;设置排放限额和交易体制。该法案还允许不受污染限额制约的美国经济部门(如农林部门)每年享有高达10亿吨的额外抵消额。

7.1.3 国家安全利益至上的价值立场

20世纪90年代至21世纪初期的美国政府,对气候变化问题的态度虽然经历了反对、质疑、关注至积极推动政策的转变,实质上却始终坚持应对气候变化的政策体系为美国经济、政治与军事需要服务的基本立场和单边主义原则。如美国早年在《公约》谈判中反对确定具有约束力的温室气体减排目标和时间表,致使《附件一》虽然列明缔约国温室气体的排放量到2000年应当恢复到1990年水平,并号召各国自愿减排温室气体,却未包含任何具有约束力的减排措施(Oberthur and Ott 1999)。这使得国际社会丧失了建立有效应对气候变化机制的良机。

① Obama Sets Bold New Principles for U. S. Energy,Climate Policies. http://www.america.gov/st/econ-english/2009/January/20090126181729cpataruk0.8505976.html&distid=ucs.

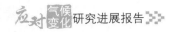

（1）为国家安全、能源安全与经济安全保驾护航

美国应对气候变化的政策，一贯围绕采取措施控制污染与减少能源使用量展开，持续致力于抓住机会使美国未来重新掌控能源、重新发挥美国的经济领导作用和市场竞争力、保护美国的家庭不受气候变化的污染、确保美国的能源独立与国家安全。

美国温室气体排放总量约占世界排放总量的 1/4，应当对人为因素导致的全球气候变化承担主要责任，但其应对气候变化的政策制定始终把本国经济利益摆在首位。如 20 世纪末期，若美国依照《议定书》要求履行减排义务，其发达的高碳排放量产业将付出沉重代价，国内强大的利益集团不得不出面干预，结果导致美国国会决定今后签订的与温室气体排放有关的条约"不得显著地损害美国经济"。美国政府在国际气候谈判中，基本立场是如何谋求自身利益的最大化，因此，美国在《公约》谈判时为避免承担在具体日期前将 CO_2 排放量减少到某种水平之下的义务，拒绝作出有约束力的减排承诺。曾代表美国参与《公约》谈判的威廉·尼兹说："美国的立场是白宫的一小圈顾问意识形态和政治斗争的结果，这种意识形态的存在部分是受煤炭和石油工业的影响，而这些力量是老布什总统在竞选连任时所需要的"。2001 年，布什政府断然退出《议定书》，正是受美国国内石油利益集团的压力所迫，并认为美国依赖化石能源的经济形势仍有巨大发展空间。同时，《议定书》在客观上限制了美国在违反联合国宪章的情况下开展单边军事行动所产生的温室气体，影响了美国的安全利益。正如曾在克林顿政府担任国防部长的科恩所言："我们绝对不能以牺牲国家安全为代价来实现温室气体减排目标。"[1]2002 年，布什政府在发布应对气候变化政策体系时强调，美国总统要对美国人民的福利负责，尤其强调经济增长，美国温室气体排放的目标要与其经济规模相适应。

21 世纪初叶，美国重返国际气候合作舞台在很大程度上源于其长期遭受的道德谴责和国际霸权遭遇到强有力挑战。美国拒绝加入《议定书》造成其在国际社会的被动处境，使其受到各国的道德谴责。为此，美国开始表示愿意接受全新而健全的协议约束。所谓的健全协议的最大特征是所有国家可自由选择和制定自己的目标及时间表，这也正是美国在"巴厘岛路线图"协谈、17 国会谈和哥本哈根会议上的核心主张。2005 年，俄罗斯的关键一票使《议定书》得以生效，各成员国开始酝酿进入"后京都时代"的谈判。全球合作机制首次在没有美国参与的情形下获得成功，带给美国不小的震动和压力，致使其在气候合作领域被边缘化。越来越带有欧盟色彩的国际公约迫使美国积极参与塑造国际气候合作的"后京都机制"，以便确立其在该机制中的话语霸权，使其成为美国主导的国际体系的组成部分，服务于美国的全球霸权战略。

虽然奥巴马上任后积极任命气候问题特使，尽力开发清洁能源并出台《清洁能源与安全法案》，积极参与应对气候变化的国际合作，力求重塑美国在该问题上的领导地位。但从其 3 年来的一系列活动看，不过是将美国政府此前的显性单边主义转化为隐性单边主义。如奥巴马在哥本哈根会议上明确承诺：到 2020 年以前，美国的温室气体排放将在 2005 年基础上

---

① Proceedings and Debates of the 105th Congress. Second Session，May 20，1998，144 Cong Rec H3505－01.

减少 17%,到 2050 年前,相对于 2005 年减少 83%。这一看似甚高的标准实质不过是数字游戏,因为大多数参会国家以 1990 年的排放量为减排基准,美国的目标若按此计算仅相当于减排 4%。

从美国二十余年的实践经验看,其秉持的应对气候变化政策基本达到了保障国家安全、能源安全与经济安全的效果。

(2)为提高应对气候变化的技术提供动力

美国政府希望借助自己的科技优势,以及国际气候变化合作平台,在限制未来主要竞争对手发展的同时,利用技术优势,谋求经济和政治霸主地位。如《美国能源政策法》以发展能源技术为核心,提出联邦政府将在未来连续五个财政年度中拨款 21.5 亿美元,支持"在全国或者区域范围内对能源安全作出贡献"和拥有能够显著改善美国能源经济安全的"先进气候技术或制度"的尖端科技研发项目;强调扩大能源消费中天然气的比重(美国能源信息署预计 2035 年天然气消费量将提高到 26.6 万亿立方英尺,在美国能源消费中的比重将上升到 23%～25%)[①];强调推广清洁可再生能源(包括风能、地热能、太阳能、海浪能、潮汐能、植物能等)。美国重视应对气候变化技术的对外输出问题,该法案还要求能源部长制订美国正在开发的降低温室气体强度技术清单,以确定哪些技术适合向发展中国家出口,意图利用技术优势控制全球应对气候变化的科技市场。

(3)促使经济衡量成为温室气体排放指标体系的核心

美国政府摒弃《议定书》的强制性减排目标的根本原因是该条约对发展中国家的制约有限,可能会使美国在国际经贸市场上处于劣势。美国在兼顾温室气体与经济发展的基础上,逐步通过各种政策性文件,创立起温室气体密度(即单位 GDP 产生的排放量)的衡量指标,提出"到 2018 年将温室气体排放量下降 18%"。该指标并不制约温室气体的排放总量,而是计算每单位 GDP 的温室气体排放量。

(4)促进自愿减排的发展

美国一直侧重于依赖市场机制应对气候变化,大力推进经济激励性的自愿减排活动,以 CO_2 排放总量限额与交易制度和发放排放指标为手段,在实现碳排放目标的同时确保企业竞争力。20 世纪 70 年代,美国开始推行二氧化硫交易的"泡泡政策"(Buble Policy)[②]。2003 年又建立起首个以温室气体减排为贸易对象的会员式市场平台——芝加哥气候交易所,开展甲烷、六氟化硫、氢氟碳化物、CO_2、氧化亚氮、全氟化物等温室气体的减排交易。

7.1.4 "假积极"与"真单边"的发展趋势

全球气候变化的威胁带来的恶劣后果会严重影响美国的国家安全。如海平面上升将使一些军事岛屿被迫关闭,影响其作战能力;气候恶化将导致本国居民生活质量下降与大量难

---

① "Annual Energy Outlook 2001",With Projections to 2035,p. 39. 卜晓明,《奥巴马看好核能》,新华网,2011-2-16,http://finance. qq. com/a/20110316/003672. htm。

② 泡泡政策是排污抵消的一种方法,即把企业的每个污染源均当作一个"气泡",在该企业排放总量不变的情况下,允许在减少某些"气泡"(污染源)的同时,增加另一些"气泡"(污染源)的排放。

民涌入,威胁美国内部安全与稳定,甚至将其不断卷入地区冲突。但是,美国传统经济的持续发展主要归功于无限制地使用化石燃料(主要为石油)。在其替代能源技术取得突破性进展之前,不会冒着损害本国经济发展的风险,实施温室气体减排政策。如《能源政策法》规定,美国总统采取措施减少经济对石油需求的前提是确保为消费者提供可靠、价格上可承受的替代能源①。严重依赖石油的能源结构,使得美国应对气候变化的政策最终取决于各利益集团的力量对比及其妥协结果。

美国应对气候变化的战略决策,必须获得总统、国会及各利益集团的普遍支持,才能够顺利推行。简单的强制性温室气体减排目标,容易遭到国内以能源公司为代表的利益集团的强烈反对(这些碳基能源体系的既得利益者从未停止过反对气候变化的科学研究和反对国会立法控制温室气体排放的行动)。如美孚公司向清洁能源研发的投入不足全年利润的0.5%,但1997—2007年的11年间,却向反气候变化研究机构提供了总计2300万美元的资助②。

即便迫于国际压力与自身发展需要,奥巴马政府所代表的美国采取的"积极"气候变化政策,本质上仍然是隐性单边主义政策,在任何场合均未做出实质性的、切实而科学的具体减排承诺。当然,美国政府近年来确实积极推行减排与增效相结合的政策,通过促进应对气候变化的技术革新,为正在兴起的新能源产业创造发展机遇,也督促其通过减排节约能源成本,积极采取措施降低未来因过度排放温室气体被迫支付高额罚金的风险。大量企业已自愿减排或提出具体减排目标(如杜邦公司)③。2003年成立的"气候风险投资者网络"管理着数百家投资机构数十万亿美元的资产④。该机构一向积极推动美国国会通过立法限制CO_2排放。

美国应对气候变化政策的制定与执行,大力发展节能产业、可再生能源和生物能源产业,可能会逐步实现能源结构的多样化,凭借科技实力强的优势可能会在低碳经济方面引领世界潮流。那时,美国政府应对气候变化的政策必将有所调整,甚至可能采取各种手段迫使发展中国家接受高额减排指标。

7.2 欧盟及英法德等成员国应对气候变化政策

欧盟应对气候变化的政策主要体现在其环境政策方面。欧盟环境政策是欧盟就环境事务所采取的具有政策形式和政策效力的方法和措施的总称。欧盟环境政策,其形式可以分为两大类:一是欧盟环境法律;二是非法律的欧盟环境政策文件(蔡守秋 2002)。

---

① The USA"Energy Policy Act of 2005". Energy Efficiency,Sec. 151.

② Hearing on Oil Profits and Subsidies:Solis's Questions. http://hk. youtube. com/watch? 0JkHyc&feature=related.

③ P R Newswire. Ceres Report Ranks Dupont in U. S. ,Global on Climate Change. http://sev. prnewswire. com/chemical/20060321/PHTU1921032006-1. html.

④ Ceres. 2008 Investor Summit on Climate Risk:Final Report. http://www. ceres. org/NETCOM-MUNITY/ Document. Doc? id=331.

7.2.1　应对气候变化的积极倡导者

西欧是世界上工业化最早的地区,同时也是最早经受污染的地区。20 世纪 70 年代以后,欧洲各国对环境的保护意识开始加强,并开始着手制订相关的环保法规。作为环境保护政策的一部分,欧盟的气候保护政策于 1991 年启动,此后欧盟一直在全球应对气候变化问题中扮演"急先锋"的角色。

欧盟在气候变化问题上的积极态度,一方面缘自其不可避免会受到全球气候变暖的影响的客观事实。根据欧盟委员会于 2009 年发布的一项研究报告,按照目前的发展趋势,到 20 世纪 80 年代欧洲地区平均气温将上升 2.5～5.4℃,海平面将升高 48～88cm。因气候变暖和海平面上升,欧盟经济仅在农业、旅游业、海岸设施和洪涝灾害这 4 个易受气候变化影响的领域内每年损失最高达到 650 亿欧元。因此,欧盟及其成员国非常重视全球气候变化的问题。另一方面是欧盟在经济、科技和制度方面的优势,可以确保其在全球应对气候变化的合作中获取独特的利益。这也是欧盟始终极力倡导采取措施应对全球气候变化的重要原因。经过最近二十余年的不断努力,欧盟及其成员国应对气候变化的政策日益完善,在世界范围内的影响也逐步扩大。

7.2.2　建构完整的政策体系

欧盟气候变化政策历经数十年的发展,到今天其内容已经非常丰富,并且已经形成了由政策目标、基本原则、具体手段与措施所构成的层次分明、系统完整的政策体系。

(1)环境政策的主要目的

欧盟的环境政策的目标,主要由三个方面组成:1)维护、保护和改善环境质量;2)努力保护人类健康;3)确保慎重、合理地使用自然资源。① 这三个方面中,保护人类健康是维护、保护和改善环境质量的终极目的,而慎重与合理地使用自然资源则是保护环境的重要手段和措施。

(2)环境政策的基本原则

欧盟的环境政策和环境立法中规定了一系列原则,这些原则对于控制温室气体排放起着重要作用。归纳总结,大致可分为三类:1)实体性原则;2)工具性原则;3)立法权限的基本原则。

所谓的实体性原则,是指包括《欧共体条约》在内的有关法律和政策性文件中所提出的环境保护的基本价值判断。实际上,实体性原则就是上述环境政策的主要目的和基本目标。所谓工具性原则,是据以实现实体性原则的措施。其中最重要的是预防原则,另外,谁污染谁付费的原则也是其中之一。所谓的立法权限的基本原则,也被称为辅助性原则。主要涉及欧共体在环境问题上的立法权限问题。②

① 《单一欧洲法条约》第 25 条。
② 《欧共体条约》第 5 条第 2 款。

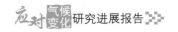

（3）应对气候变化的手段与措施

1）直接的应对措施和政策

① 适应气候变化的政策。考虑到气候变化的事实和在今后相当长的一段时间内的不可逆性，在采取各种措施减缓气候变化的同时，首先应当解决如何适应当前的气候变化问题。为此，欧盟发布了《适应气候变化在欧洲：欧洲的行动选择》绿皮书。该绿皮书并不是欧盟的法律文件，只是政策咨询性质的文件，因而没有法律约束力，但是在表述和措辞上明显带有某种倾向性。换言之，该绿皮书以一种隐蔽的方式表达了欧盟在适应气候变化问题上的立场和观点，希望能够引起注意和共鸣。

② 减缓气候变化的措施和政策。

一是直接减排政策。

欧盟的减排政策可以分为两个阶段。第一阶段是到 2012 年前，该阶段的减排目标是执行《议定书》，到 2012 年欧盟 15 国（2005 年之前加入欧盟的成员国）实现温室气体排放比 1990 年水平降低 8％的目标，以及欧盟 12 国（2005 年东扩后加入的成员国）实现各自承诺的减排目标。第二阶段为 2012—2020 年，也被称为后京都议定书阶段，该阶段的减排任务是到 2020 年欧盟温室气体减排 20％，其中纳入排放权交易的产业领域（主要为能源密集型工业）中，温室气体排放要比 2005 年水平减少 21％；在其他排放权交易未涵盖的领域，如建筑、农业和废弃物领域要实现减排 10％的目标（傅聪 2010）。欧盟成员国首脑在 2007 年 3 月召开的欧洲理事会上达成政治一致，提出"与工业化前水平相比，全球平均升温不应超过 2℃"的欧盟长期气候治理目标。通过欧盟内部以及各成员国内的法律和行政机制，这些减排的指标被层层分解下放，并在其他相关机制的激励和保障下最终得以实现。

二是温室气体排放权交易政策。

排放权交易制度由美国首创，通过《议定书》在世界范围内得以确立。这种机制也成为欧盟及其成员国乃至欧盟中某些大型企业自身履行《议定书》承诺，实现温室气体减排目标的主要手段。欧盟根据各成员国的实际情况将总体的减排目标分解给各成员国。成员国可以将获得的而未使用的部分配额通过特殊的市场有偿转让给其他成员国。通过这种经济激励机制，间接地促使成员国及其企业采取措施减少温室气体排放。

温室气体排放权交易政策在欧盟各成员国层面的具体实施大致分为三个阶段来完成：第一阶段是 2005—2007 年，该阶段的配额基本上是免费发放。虽然规定成员国每年最多可以拍卖 5％的排放许可，但是从整体上看仍然是过剩的。这在一定程度上影响到排放权交易制度的实施效果。2008—2012 年是第二阶段，欧盟对各成员国实施了更加严格的排放配额，增加各国的拍卖配额，并且规定某些行业（如电力行业）不能免费获得全部配额。这些措施增加了排放权交易机制的活力，同时通过实施更为严厉的处罚措施和引入碳存储机制从不同的角度促使成员国及其企业积极采取措施减排。在未来的第三阶段，排放权交易机制的完善主要围绕进一步缩减总排放配额和逐步增加可交易排放权额度而展开。

欧盟排放交易体系具有高增长性、高波动性、高流动性的特点。实践证明，该交易机制通过理性发挥市场手段，有效地实现了欧盟在《议定书》中承诺的减排目标任务。

2）能源政策

① 节约能源,提高能源效率。

就目前的人类生产力水平而言,要想在短时期内改变能源结构的现状非常困难。而节约能源,提高各种能源特别是化石能源的利用效率则是大有可为的。甚至有人将此看作一种特殊的能源来源。所以欧盟能源政策的第一个方面就是提高能源的利用效率。在节约能源和提高能效方面,许多国家都出台了相应的政策或者法规,引导公民和企业采用多种手段和措施节约能源和提高能效。涉及的领域有建筑行业、城市公用事业等。比如德国政府通过制定和改进建筑保温技术规范等措施,不断发掘建筑节能的潜力,并鼓励企业和个人对老建筑进行现代化的节能技术改造。英国也有类似的规定(莫神星 2009)。

② 替代能源的开发。

能源结构的单一化或者说对化石能源的过度依赖是造成温室气体增加的重要原因之一。改变能源结构和新能源特别是低碳能源的开发与利用对减少温室气体排放有十分重要的意义。为此欧盟全面审核了能源政策,制定了面向未来的能源战略规划。其主要内容就是节能和开发替代能源,目前,作为最大的能源消耗产业,欧盟的电力生产已经达到了能源多样化的目标,其他行业比如交通运输行业等正在经历能源多样化的过程,成绩也很明显。需要指出的是,新能源的开发与利用和节能措施的实施,其意义不仅在于环境保护,对于国家的经济安全而言同样有着非常重要的作用。

③ 可再生能源的开发和利用。

可再生能源的意义主要在于防范能源危机,确保国家的能源安全,但由于可再生能源往往是低碳能源,所以对减少温室气体排放也有了重要的意义。比如生物燃料,热核燃料,以及氢燃料的开发与利用可以减少煤炭和石油等非清洁能源的消耗量。所以欧盟通过一系列立法来促进可再生能源的发展,比如 2001/77/EC 指令(关于可再生能源)、2003/96/EC 指令(关于生物柴油)都是其中的重要表现。

3)财税政策

① 税收政策。税收政策在应对气候变化方面有两个方向的选择:或是课税惩戒排放,或是提供税收优惠,鼓励减排行为。

A. 课税

欧盟主要国家从税种和税率两方面来实现通过税收政策进行减排的目标。从税种方面看主要包括能源税、交通税、污染税和资源税等,比如瑞典、斯洛文尼亚等国推出"CO_2 税",英国开征了"气候变化税"。丹麦除了开征"CO_2 税"以外,还对氯氟烃、氢氟碳化物、全氟化碳及六氟化硫开征了特许税,并根据不同温室气体种类确定了不同税率,效果非常明显(陈立宏 2010)。

B. 税收优惠

常见的税收优惠措施通常包括减税、免税、税收返还、加速折旧等。这些措施都无一例外地被运用于鼓励节能减排,但只适用于特定技术或是商品,以及达到特定标准的企业和工业部门。例如荷兰通过"能源投资减负项目",允许将节能设备年度投资成本的 55% 从采购当年利润中扣除;德国高效热电联产设施可以享有石油税豁免优惠;罗马尼亚对重要的能效技术免除进口关税,对由能效技术带来的收入部分免征所得税;英国、荷兰针对中小企业购买能效设备,给予相当于购买价格7%的公司税收返还优惠。加速折旧也是一种广泛使用的政策工具,如荷兰1991年推出了"加速折旧与环境投资计划",允许使用环境友好设备的企业加速计提折旧(陈立宏 2010)。

②财政政策。主要包括直接补贴政策和能效审计政策。

A. 直接补贴

直接补贴政策包括两个方面的内容。其一,是指对消费者购买或支付特定商品之后直接给购买者补贴或折扣。该政策的主要目的在于引导市场主体对低能耗的家电或者锅炉等低能效产品进行升级换代,促使企业提升技术水平开发新型产品从而提高能源效率。荷兰、西班牙、匈牙利、丹麦等国都有针对冰箱和洗衣机实施的补贴方案,法国对购买冷凝式锅炉提供税收优惠。其二,是指为生产部门提供补助金或是专项拨款,鼓励开发利用能效改进措施和新能源技术。例如荷兰对中小企业节能提供资助,引入特定节能技术,最多可获得相关成本25%的资金补助。

B. 能效审计

企业的能源效率决定该企业的税收多少,以及是否能够享有政府的财政税收优惠政策,因而对企业进行能效审计也是保障政府的环境财税政策得以落实的重要程序。为了保障能效审计的公平、公正,以及提高企业进行能效审计的积极性,一些欧盟国家设立了政府或公用事业机构支持的能效审计制度。企业能效审计的费用或是由政府补贴,或是完全由政府支付,减轻了新能效审计在实施中的成本。补贴费用视企事业规模、能源消耗量、雇员人数等因素核定,比例为40%~100%不等。

4)技术支持政策

应对气候变化不仅是一项政治、经济工作,还是一项研发工作。相对于其他制度减排而言,技术减排才是具有根本意义的措施,因而从一开始,欧盟及其成员国就非常重视鼓励相关环保和减排措施的创新与应用,其中主要有鼓励清洁能源技术的开发与利用,鼓励碳捕获与存储技术的开发与利用等。欧盟在科技框架计划、里斯本战略以及正在制定的"欧盟2020战略"中都提出将应对气候变化作为欧盟科技研发的重点。"欧盟2020战略"特别提出,要迅速从传统经济向低碳经济结构转变,提高能源使用效率;加快高新、绿色技术的开发和应用,帮助欧盟国家迅速摆脱经济衰退、创造更多的就业岗位;巩固欧洲国家高新制造业基地的地位,利用低碳节能技术、清洁能源技术来实现环境保护和应对气候变化的新目标(傅聪 2010)。

(4)主要成员国应对气候变化政策概述

欧盟应对气候变化的政策是各成员国在这一问题上的利益和立场调和的产物,其中有根本一致的地方,也有相互妥协的地方。另外,欧盟应对气候变化的政策所涉及的范围和领域还不够细化,有些措施也不够具体,这些原因导致了各成员国制定了在本国范围内实施的一系列气候政策。这些政策有些是对欧盟气候政策的具体落实,有些则形成了对欧盟政策的有效补充,具有积极意义和研究价值,下面择其要者予以述评。

1)英国:多元手段的结合运用

英国在应对气候变化政策方面贯彻了欧盟的"将能源问题和气候变化问题结合起来"的

基本特点。除此之外,还具有以下两个基本特征:

第一,限制和激励两种手段相结合。为了落实欧盟应对气候变化和能源政策,英国一方面大力限制高污染、高排放和高能耗的企业发展,甚至关停了部分特别严重的企业。尤其是大部分矿山企业被勒令关闭,使得本国的能源供应主要依靠进口。此外,英国政府还确立了"污染者支付"的基本原则,其基本内容是将防治污染的费用加于造成污染的企业,消除在这一问题上的搭便车效应。这些企业的负担增加,要么关停,要么会积极改进技术,减少污染。另一方面,英国政府也制定了一系列旨在引导企业主动采取措施减少温室气体排放的激励措施。这些措施包括税收优惠、减排援助基金等。税收优惠主要是指企业可以与政府签订减排协议,如果能够完成协议上的减排目标,政府可以给企业最高80％的税收减免。该税种被命名为"气候变化税"。减排援助基金主要是在减排技术的推广、减排项目的实验和减排工程的建设方面向企业提供资金支持。另外还有一种与此比较类似的"碳基金"。与上述减排援助基金不同的是,碳基金主要面向中小企业,目前主要是通过向企业提供节能技术的咨询和帮助企业购买节能设备,从而实现既定的减排目标。

第二,生产领域与消费领域双管齐下。

在生产领域英国政府鼓励企业开发利用新能源和新产品,特别是鼓励企业利用风能、太阳能、潮汐能等绿色能源来发电。对于诸如包装行业、建筑行业等部分行业,英国政府则提出了明确的节能减排的要求。比如在包装行业,英国政府要求包装材料制造商采用废弃物重新利用,以减少能源的消耗。在建筑领域,要求在进行建筑设计时应当考虑建筑物的节能问题,特别是开工前必须取得经过政府批准的建筑物能耗报告,否则将不能开工。在消费领域,英国政府积极推进"绿色家庭"计划,该计划鼓励居民在家中安装太阳能、屋顶式风力发电机、节能灯、高能效电器和锅炉等设备,鼓励居民购买新能源汽车,并给予相应的财政补贴和税收优惠。

2)法国:层次分明的系统应对

法国应对气候变化的政策主要集中体现在2000年颁布的《控制温室效应国家计划》中,这也是欧盟各国制定的第一个国家级的全面控制温室效应行动计划。法国虽然是欧盟成员国中人均温室气体排放量较低的国家,但是由于其经济发展较为迅速,其减排压力也不容小觑,因此法国是国际防止气候变化活动的积极支持与推动者。同其他成员国相比,法国应对气候变化政策主要有以下特点:

第一,完全依靠国内政策措施实现其承诺的减排任务。众所周知,《议定书》中确立了排放权贸易、清洁发展以及联合履行这三种灵活机制。考虑到这三种机制在实施过程中的困难和本身会带来的一些负面影响,法国"控制温室效应国家计划"中没有采用这些机制。但这并不意味法国将来不会采取和利用这些机制。

第二,针对不同的行业提出层次分明、目标明确的具体减排措施。法国在《控制温室效应国家计划》中首先明确了减排措施选取和制定原则是:a)确保先前制定的减排措施得到有效落实;b)补充制定与过去措施性质类同的一些新的减排措施;c)利用经济手段来调节和控制温室气体排放;d)充分考虑2012年之后的后续行动以及减排任务的长期性。其次该计划提出了三类不同的减排措施,并明确了措施的内容及适用的范围(表7-1)(李干杰 2000)。

表 7-1　法国减排措施

措施内容	措施特点	适用行业领域
第一类减排措施	资助、法规、标准、标记、培训和信息宣传	实施成本低 企业参与积极性高 适用范围广泛	工业、交通、建筑、农林、废物处置和利用、能源、制冷剂
第二类减排措施	利用某些经济手段来限制排放	以生态税为核心	农林、能源
第三类减排措施	城市空间发展控制；发展城市公共交通和基础交通设施；增强建筑物节能效果和发展清洁能源。	具有中长期效果的积极措施	交通、建筑和能源

3）德国：谋求应对气候变化的主动性

德国是欧盟成员国经济和技术最发达的国家之一，其经济发展与气候变化的联系十分紧密，因此德国在应对气候变化问题上一直扮演积极的倡导者角色。早在 1987 年德国政府就成立了首个应对气候变化的机构——大气层预防性保护委员会。德国应对气候变化的政策与欧盟以及其他成员国有许多类似的地方，比如积极发展清洁能源和可再生能源，减少大气污染和碳排放，通过技术手段和经济手段鼓励低碳消费等，此处不再赘述，下面概括性阐述德国气候政策的主要特色。

第一，将气候保护和适应气候变化问题结合起来，并突出后者的地位。德国政府认为："气候保护和适应气候变化是密不可分的，是一枚钱币的两面，是德国应对气候变化政策的两根支柱。"因此德国政府于 2008 年 12 月通过了《德国适应气候变化战略》，"该文件为德国适应气候变化的影响而采取行动搭建了框架"。[1] 其他欧盟成员国的政策只笼统地强调应对气候变化，将适应气候变化的问题单列出来并予以相当的重视的做法不多见，这一点值得我们注意。

第二，将应对气候变化的问题与经济发展问题相结合。与欧盟其他成员国相同，德国政府也有通过税收手段促进节能减排的措施，比如对油气电征收的生态税，以 CO_2 排放量为基准征收机动车税等。但是与其他成员国相比，德国政府对气候变化与经济发展的关系问题的认识更加深入和全面。除了可以利用某些经济手段来促进节能减排外，德国政府认为气候保护不仅为经济可持续发展提供长期的保障，同时还会给德国经济带来直接的好处。例如就业岗位的增加、环保技术出口以及与环保相关的服务业的增长等。这一观点主要源于德国在经济和技术方面的独特优势。

第三，积极寻求气候政策的国际合作。与法国不同，德国政府十分强调气候保护和应对气候变化的国际合作，特别是注重提高《公约》确立的清洁发展机制和联合履行行动的执行力度，落实能效出口行动，支持和鼓励德国企业更多参与项目级机制，在排放交易框架内以低成本完成减排义务，促进保护气候和高能效产品和服务的出口。为此德国政府还责成德

---

[1]　驻德国经商处. 德国应对气候变化的政策和措施. 中国驻德国大使馆经济商务参赞处网站 http://de.mofcom.gov.cn/aarticle/ztdy/201012/20101207309190.html. 2011-3-19 访问。

国驻外使领馆、驻国际机构代表处更多地报告所在国能源、气候保护领域展开的业务,以寻求在清洁发展和联合履行机制基础上进行合作的机会,以及其所在国在新型低排放能源科技、可再生能源和能效领域的研究计划和招标活动。对于发达国家主要是在默克尔总理倡导建立"新型跨大西洋经济伙伴关系"框架内寻求在清洁能源、可再生能源开发和提高能效等重点领域开展的跨大西洋合作和协调。对于发展中国家而言,德国政府认为气候变化给发展中国家带来的负面影响使德国必须重新审视它的发展援助政策、移民政策和安全政策。这些政策必须考虑有助于受援国提升其适应气候变化的问题,避免由于气候变化带来的移民和难民问题的加剧。①

7.2.3 政策实施的优势与困境

应对气候变化的问题始终与环境保护和能源发展问题相结合,提升气候政策的地位和受重视程度,使其在欧盟成员国内部得到很好的贯彻和落实已经成为各成员国的共识。数次大小不等的能源危机使欧盟各成员国都意识到对化石能源的过度依赖不仅仅导致了环境的恶化,也对欧盟各国的国家安全构成了威胁。将环境保护问题与国家安全和国家竞争力联系起来的理念,使得气候变化问题上升到前所未有的高度,因而引起了政策制定者们非同寻常的重视。

欧盟与各成员国的应对气候变化政策和立法相互补充,共同构成了相对完整的体系。受到欧盟体制的影响,除了欧盟层面(各成员国之间)确立的一系列应对气候变化的政策和法令以外,各成员国国内也会制定很多这方面的政策和法律。这些成员国内部的法令、政策在内容上或者构成了对欧盟政策和立法的补充和完善,或者规定了较欧盟更为严格的条件和标准,但他们都在各自国家内部发挥了重要作用,因而也应当视为欧盟应对气候变化政策的组成部分。

政策法律化,为欧盟各国实现应对气候变化的目标提供了有力的保障。政策与法律相比,其不足之处主要在于稳定性、强制性和可操作性方面有所欠缺,而适时将比较成熟的政策以法律的形式确定下来,运用法律的国家强制性,能够保障相关的政策顺利有效地实施,对于政策目的的最终实现具有十分重要的作用。例如英国气候变化法案将具体的减排目标写入法律,保障了该目标实现的确定性和稳定性。

欧盟的政策制定和推行需要考虑兼顾各个成员国的国情和利益,因而会遇到其他国家没有的困难和阻力。欧盟虽然是高度一体化的超国家实体,但毕竟不是一个国家。不同成员国之间基于共同的利益会"用一个声音说话",但各成员国之间的利益差别是客观存在、不容否认的。这就造成了欧盟政策的制定和推行并不像其他实体国家一样顺利和流畅。特别是像在应对气候变化这样容易产生搭便车效应的问题上,需要更为完善的制度设计和安排以及各方更多的努力与合作。在《单一欧洲法》中第 25 条规定:在欧洲经济共同体条约第三部分增加第七篇——环境,其中第 130 条第 18 款第 3 项中提到,在环境方面采取行动时,共

---

① 驻德国经商处. 德国应对气候变化的政策和措施. 中国驻德国大使馆经济商务参赞处网站 http://de.mofcom.gov.cn/aarticle/ztdy/201012/20101207309190.html. 2011-3-19 访问。

同体应考虑到……共同体不同地区的环境条件……共同体整体的经济和社会发展,及其各地区的平衡发展。在《欧洲联盟条约》第 16 章环境第 130 条款项中也有几乎相同的规定。

7.2.4　加强制度创新与国际合作

欧盟的减排政策措施有两个趋向,一是对于温室气体的排放实行总量控制,二是将总量目标在不同的成员国和不同的行业之间进行合理分配,再配套以碳存储和碳交易等制度,以实现减排目标。欧盟的碳交易制度,是比较成功的,为其他国际组织、国家和地区建立自己的碳排放交易制度提供了宝贵的经验,但是也存在一些问题,比如配额的分配过度和分配不公影响了这一制度实施的效果。目前欧盟正在着手进行改进。另外扩大碳排放交易的标的(石化产品、二氧化氮、全氟化碳等其他温室气体)、交易标的的合理定价,进一步研究增加参与碳排放交易的行业等,都是欧盟的政策制定者考虑的主要问题。制度减排应当与技术减排相结合。技术减排是从根本上解决问题的方法,但需要时间。在全球气候变化这一问题越来越紧迫的前提下,制度创新可能更具有立竿见影的效果。

将减少温室气体排放的问题与能源问题相结合,提升到国家安全的高度予以重视。欧盟各国面临的能源构成单一、环境恶化的问题在短时间内无法获得彻底的解决。就目前而言积极实施能源多样化政策,特别是重点发展清洁能源与可再生能源一方面可以解决已经暴露的能源短缺的问题,减少欧盟国家对国外的能源依赖,另一方面也可以减少温室气体排放,保护环境,从而在国际气候谈判等事务中取得主动权。

欧盟一直致力于并且事实上已经逐渐成为全球气候变化治理中的领导者。无论出于什么目的,其在利用自身资源和技术优势帮助发展中国家实施低碳经济政策、减少温室气体排放方面都作出了努力。例如全球碳市场中规模最大的欧盟排放贸易体系(EU ETS)的发展和走向,一直受到包括发达国家和发展中国家在内的世界各国的关注。目前 EU ETS 已经进入第二期的尾声,欧盟正在为第三期的运行做准备。为使其更有效、更合理和更公平,欧盟对 EU ETS 第三期进行了多方面改进,设定了更为严格的减排目标,纳入了更多行业和更多种类温室气体。如何利用这一贸易平台进行应对气候变化的国际合作,不仅是欧盟及其成员国需要思考的问题,同时也是其他国家特别是发展中国家需要深入研究的问题。

7.3　日本应对气候变化政策

受地球温暖化的影响,日本的平均气温在 1898 年以后的 100 年中大约上升了 1.1 ℃,特别是 20 世纪 90 年代以后,高温频繁出现。日本的气温上升大大高于世界平均水平,伴随气温上升,高温夜(夜间最低气温在 25℃以上)和酷暑日(白天最高气温在 35℃以上)增加,冬日(一天中的最低气温在 0℃以下)减少。另外,一天中降雨量在 100mm 以上的大雨日数长期以来有增加的趋势。①

---

① 日本气象厅官方网站 http://www.data.kishou.go.jp/obs-env/portal/chishiki_ondanka/p08.html.

7.3.1 岛国灾害催生气候治理理念

日本是一个岛国,也是一个资源贫乏、自然灾害频发的国家,受气候变化的影响较大,特别在水资源、森林、农业、健康等领域,比如因暴雨导致洪水和泥石流灾害,森林和湿地减少,沙滩和海滩的破坏,河川堤防的强度下降,地下水位上升,大米等农作物产地北移,粮食减产,大气污染,传染病流行等,给日本带来很大影响,甚至权威研究机构预测,如果 20 年间气温上升 1℃ 的话,2030 年日本因洪水灾害导致的损失将达到 1 万亿日元①。同时,气候变化对大量依赖国际能源的日本产业结构和经济活动带来很大影响。因此,日本政府十分重视气候变化问题,采取有效措施积极应对,进行立法和政策引导,并强化了该领域的政府监管职能。特别是 1997 年签订《议定书》以后,应对全球气候变暖对策由以前依托有关省厅的各种措施,发展到构建较为完善的应对气候变化法律政策体系上。

7.3.2 从治理环境公害到实行低碳战略

日本在经济高速发展时期认识到了公害和环保问题对社会发展的重要性,在 1967 年通过了《公害政策基本法》,1972 年颁布了《自然环境保护法》。此后随着气候变化带来的影响,日本在政策、法律和行政机构上进行调整和应对。1990 年日本制定了地球温暖化防止行动计划;1993 年制定《环境基本法》,进一步明确了日本政府在环保领域的长期施政方针和策略。根据《环境基本法》第 15 条关于政府制定环境保全基本计划的规定,日本于 1994 年制定了《环境基本计划》。1997 年日本政府成立了以内阁总理大臣为首的"全球变暖对策本部",日本气象厅设立了"气候课"、"气候变化对策室"、"气候变暖情报中心"、"气候研究部"等应对气候变化机构;1998 年日本政府制定了《面向 2010 年的全球变暖对策推进大纲》,该大纲制定了一系列应对气候变暖的政策、措施。政府每年对大纲制定的政策、措施进行定期检查,依法进行监督落实,使应对气候变化有法可依。为了通过国内法来应对 1997 年《议定书》,1998 年 6 月 19 日制定了世界上以防止地球温暖化为目的的最早法律——《温暖化对策推进法》②,该法共包括总则、《议定书》目标达成计划、全球气候变暖对策推进本部、抑制温室效果其他排出的政策、保全森林等的吸收作用、分配数量账户等、杂则、罚则等共 8 章 50 条。而更为具体的措施则通过 1999 年颁布实施的《地球温暖化对策推进大纲》③加以规定,这标志着日本应对全球气候变化政策框架的基本形成。

2002 年日本批准了《议定书》,拉开了 21 世纪加速应对气候变化政策的序幕。该年还修改了《温暖化对策推进大纲》和《温暖化对策推进法》,制定了《电力事业者利用新能源等的特别措施法》。2004 年起日本着手研究低碳经济战略,该年日本环境省所属的全球环境研究基金设立"面向 2050 年的日本低碳社会远景"研究项目组,研究日本 2050 年低碳社会发展

---

① 日本国立环境研究所等 14 个机构《温暖化影响综合预测研究报告书》,2008 年 5 月。

② 2002 年、2005 年、2006 年、2008 年又分别进行了修改。

③ 《地球温暖化对策推进大纲》是《关于地球温暖化对策推进法》的具体化,属于行政方针,无须内阁决定,而是由审议会(地球温暖化对策推进总部)决定。

方略；2005 年内阁决定制定《议定书》目标并达成计划，制定环境省自主参加型排出贸易制度，制定温室气体计算、报告、公示制度，修订《节省能源法》；2006 年内阁决定修改《NEDO 法》、《石油特会法》、《氟利昂回收破坏法》、《节省能源法》；2007 年 2 月农林水产省设立了"地球变暖对策研究推进委员会"，专门进行地球变暖问题的相关研究；2007 年 5 月，日本首相安倍晋三发表了"清凉地球 50"构想，倡导建立低碳社会。2007 年 6 月，日本政府制定了《21 世纪环境立国战略》。同年"面向 2050 年的日本低碳社会远景"研究项目组提交了《2050 年日本低碳社会远景》的可行性研究，首次正式确认了日本在满足社会经济发展所需能源需求的同时减排温室气体 70％的技术可行性；2008 年 6 月，日本政府提出新的防止全球气候变暖的对策（即《福田设想》），包括应对低碳发展的技术创新、制度变革及生活方式的转变，提出了日本温室气体减排的中长期目标：2020 年将日本的温室气体排放量减少到 1990 年时水平（中期目标）的 25％，到 2050 年日本的温室气体排放量比目前减少 60％～80％（长期目标）①，这标志着日本低碳经济战略的正式形成。2008 年 7 月"地球变暖对策研究推进委员会"发表了《地球变暖对策研究战略》，从地球变暖的防止对策、适应对策与国际合作等方面阐述了气候变化的影响。该年日本政府还制定了"低碳社会行动计划"，将低碳社会作为未来的发展方向和政府的长远目标，提出到 2020 年将太阳能发电量提高到目前的 10 倍，2030 年时提高到 40 倍，到 2030 年，风力、太阳能、水力、生物质能和地热等的发电量将占日本总电量的 20％。2009 年 4 月，日本公布了名为《绿色经济与社会变革》的政策草案。这份草案除要求采取环境、能源措施刺激经济外，还提出了实现低碳社会、实现与自然和谐共生的社会中长期方针，其主要内容涉及社会资本、消费、投资、技术革新等方面。此外，政策草案还提议实施温室气体排放权交易制和征收环境税等。2009 年公布了《2010 年度税制改革要求，征收全球气候变暖对策税的具体法案》②（"气候变暖对策税"又称"环境税"），如果 2011 年开征该项环境税，当年其税收预计可达 357 亿日元，以后每年可以达到 2405 亿日元。③ 这些收入将优先用于开发太阳能发电等新能源，以及推广低油耗、节能环保型汽车。鉴于开征环境税不仅将增加产业界的成本，煤油、电费的涨价也将影响国民生活，首相鸠山由纪夫对 2010 年 4 月起开征全球气候变暖对策税的预定计划持谨慎态度。因此，日本政府于 2009 年 12 月 14 日作出决定，放弃从 2010 年 4 月起对煤炭、煤油、汽油等所有化石燃料开征全球变暖对策税，将在对该制度设定进行充分讨论的基础上，力争 2011 年度以后开征。2010 年 3 月日本内阁提出了《地球温暖化对策基本法案》，该法案以美国、中国等"所有主要国家构建公平且有实效的国际框架"为条件，提出至 2020 年 CO_2 等温室气体排放量比 1990 年减少 25％，2050 年比 1990 年减少 60％的中长期目标。作为实现该目标的基本政策，包括创立国内排放量交易制度，征收地球温暖化对策税，实施可再生能源总量固定购入制度，等等。

---

① 「50 年 60～80％减」を明記 自民の低炭素社会法最终案。

② 日本环境省. 税制的绿色化. http://www. env. ga jp/policy/tax/kento htn Ⅰ 2009-11-02. 2011-2-1 访问。

③ 日本环境省官方网站：http://www. env. go. jp/policy/tax/about. html. 2011 年 2 月 5 日访问。

2009年日本环境省就《地球温暖化对策基本法》的制定向全国征集意见,2010年1月14日征求意见结果公布,从以下几个方面反映了日本各界和广大民众对该问题的认识和争论。① (1)关于中期削减排放目标。有23％的意见集中在中期目标上,一是认为应该坚持鸠山首相提出的"主要国家达成一致目标,日本方接受国际社会约束"这一前提,如果前提不明确,日本不能先行削减。二是认为为了实现削减25％的目标所实行的应对措施,必须明了对经济、雇用带来的影响,对企业和国民带来的经济负担,以及对国民生活的影响等,要经过国民的充分讨论,取得国民的理解。在政府没有公布这些信息前,不能先进行削减。三是认为如果只是日本设定较高的目标,会导致日本企业国际竞争力下降以及产业空洞化,给经济和雇用带来负面影响。四是关于中期减排目标,有部分意见认为应该进一步提高标准,室内煤气排放量2020年比1990年削减30％,但也有很多人认为应该坚持25％的标准。(2)关于地球温暖化对策税。有15％的意见是关于税制问题,一是实施地球温暖化对策税会使日本企业国际竞争力下降,企业疲于应付,导致产业特别是制造业空洞化。另外对国民生活也会带来很大影响。二是实施地球温暖化对策税,必须设定中期减排目标,分析减排效果,分析对产业的国际竞争以及国民生活带来的影响,并将分析结果交由国民来判断。如果不经过这样的过程,不能将其赋予基本法的地位。三是对所有的排放者均实施税制。四是要明确税收的用途,与现行税制的关系,税制中立还是增加税收。在未明确之前,对此无法加以讨论。五是会助长企业的生产活动向减排规制宽松的发展中国家转移,导致全球排放量的增加。(3)关于国内排放权交易制度。有14％的意见关注该问题。一是认为该制度会导致日本企业国际竞争力下降,给经济、雇用以及国民生活带来负面影响。二是从行业之间的公平性以及过去的削减排放的努力评价来看,不可能规定出公平公正的排放比例,不努力者也很有可能得到制度的保护。三是日本产业已经实现了世界上最高水平的能源效率,减排的潜力小,即使实现国内排放权交易制度,也不得不从国外购买排放权,导致财富向国外流出。四是对大量排放者,有义务参加排放总量的交易制度。五是由于投机资金有可能流入,导致企业经营的不确定性和风险,用于技术开发和节能的投资会减少。(4)其他政策建议。除了上述相对集中的问题以外,还征求到了许多其他方面的政策建议。比如,促进公共交通设施的利用,实现保护环境与发展经济双赢,强化可再生能源和节能领域的技术开发与利用,广泛利用原子能发电并考虑废弃物处理的问题,等等。

7.3.3 完善的政策体系与实施保障

纵观日本应对气候变化的法律政策,可以看出其鲜明的特点。

(1)应对全球气候变化对策框架清晰合理。日本1993年通过的《环境基本法》以保全地球环境为基本理念,在该法律引领下构建推进循环型社会形成的基本法体系,包括应对全球气候变暖的法律政策对策。除《全球气候变暖对策推进法》和《地球温暖化对策基本法案》等对气候变化进行直接法律规定的基本法之外,还有相应的配套法律。比如强化节能与能源

---

① 日本环境省官方网站 http://www.env.go.jp/earth/ondanka/act_gwc/pc0912/result_gaiyo.pdf。2011年2月5日访问。

效率的《能源利用合理化法》，抑制温室气体排放的《氟利昂回收破坏法》，促进新能源利用的《新能源发电法》和《新能源利用法》，规定能源利用和管理的《能源政策基本法》，以及探讨实施全球气候变暖对策税的税制改革，等等。这些配套法律政策，与基本法构成层次分明、总分结合、相互补充、共同促进的框架格局，从整体上推动了日本应对气候变化的理论与实践的发展。

（2）建立健全行政机构，职责区分明确。一是建立了健全的应对气候变化的行政机构，在内阁设置"全球气候变暖对策推进本部"，本部长由内阁总理大臣担任，全面负责本部事务及指挥监督；副本部长由内阁官房长官、环境大臣及经济产业大臣担任，职责是协助本部长工作；本部部员由其他国务大臣担任。此外还由内阁总理大臣任命若干名干事担任具体工作。该本部具体负责制定和实施《议定书》目标实现计划方案，综合调整有关推进实施长期全球气候变暖对策。二是明确了环境省"抑制温室气体排放"的管理职责，在环境省设置地球环境局，地球环境局由总务课、环境保全对策课、全球气候变暖对策课组成，负责制定抑制温室气体排放事务及事宜相关的标准、指示、方针、计划以及其他与此类似政策；制定抑制温室气体排放事务及事业相关法律规范以及其他类似规制。此外，还负责与环境省对口的国际机构、外国政府等的协商和协调，向发展中地区提供环保合作。

（3）明确了国家、地方公共团体、企业、国民在气候变化中的基本职责。国家负责综合且有计划地制定并实施全球气候变暖对策；地方公共团体应配合地域的、自然的社会条件，推动有关抑制温室气体排放等的措施；企业在其生产经营活动以及国民在其日常生活中，应在努力采取措施抑制温室气体排放等的同时，必须协助实施国家及地方公共团体所做出的有关抑制温室气体排放等措施。由此，自上而下形成了不同的责任层次与责任主体，有助于气候变暖对策的制定、实施与监督。

7.3.4 政策目标与价值取向的转化

从日本应对气候变化政策的发展趋势来看，其制定目标、价值取向等都在调整和转化中，此外非营利组织的作用也愈加重要。

（1）政策制定的社会目标是实现环境与经济相协调的可持续发展。为了克服全球变暖等环境危机，实现可持续发展的战略目标，日本正在综合推进"低碳社会"、"循环型社会"和"与自然和谐共生的社会"的建设。提出要变革现有社会经济结构、生活方式和价值观，谋求日本"从大量生产、大量消费、大量废弃的社会向可持续、节能、注重质量的社会"转变，努力把日本建成环境和经济协调、可持续发展的环保国家。[①] 因此，可以预见，今后相关政策都会进一步围绕此目的加以研究制定。

（2）政策制定的价值取向从经济视域向伦理视域转化。地球温暖化问题是一个全球范围的系统性的社会问题，1997年京都会议上通过的《议定书》，提出排放交易等京都机制，削减 CO_2 等温室气体方法被引入。关于防止地球温暖化政策的国际谈判，实际上是以京都机制为中心举行的。目前京都机制更多地利用于了商业机制，在伦理上的不足愈加显现。有

---

① 参见 2007 年 6 月日本政府制定的《21 世纪环境立国战略》，中国经济周刊 2011-04-29。

的学者甚至认为,京都机制从其出生便是市场主义的私生子(江泽诚 2010)。这也代表了一部分学者的观点,从社会公正和伦理的视域研究制定应对气候温暖化政策的呼声不绝于耳,关于 2010 年地球温暖化对策基本法案的意见中也有很多这方面的议论,政府对此已经有所考虑,在今后制定实施包括地球温暖化对策基本法案在内的法律政策时,价值取向的变化是值得我们关注的。

(3)政策制定过程中将更加重视非营利组织的作用。气候温暖化的问题不像大气污染、水质污染、自然环境破坏那样一目了然;另外,气候温暖化的原因与能源消费和生产消费等人类活动相关,所以应对气候变化政策的制定和实施受到制约,难以得到企业和消费者的认可。长期以来,日本关于公害、环境等政策的研究制定,都是由中央公害审议会和中央环境审议会的委员进行的,因此有必要发挥非营利组织的作用,进行国际民间合作,建立开放式的研究平台,对企业和市民进行科普教育,向政策决策者提供企业和市民的相关信息以及政策选择建议。比如 2005 年成立的"日本气候政策中心",在这些方面开展了很多学术研究和调查。

7.4 澳大利亚应对气候变化政策

澳大利亚处于降水量最少、蒸发量最大的全球最干旱大陆,地理环境复杂(包括山地、草场、雨林、沙漠和珊瑚礁等),气候条件较为恶劣。这曾使得其应对气候变化的政策异常积极,却又随着本国政治经济需要不断发生变化。

7.4.1 恶劣自然条件与消极应对观念

澳大利亚独特的自然条件(绵延的海岸线、肆虐的热带疾病、不断增多的极端气候现象与日益减少的生物多样化)、全球最大的煤炭出口国与旅游等服务业的发展,使其容易受到气候变化的负面影响,是发达国家中受气候变化影响最严重的国家。例如,澳大利亚的葡萄酒产业久负盛名,每年产量达数十亿箱。当前不断累积上升的气温日益缩短葡萄成熟季节,直接导致某些产区无法用当地种植的葡萄酿出酒体平衡的酒来,气温升高还直接导致水荒加剧与土壤盐碱化。同时,碳监测行动数据显示,虽然澳大利亚 CO_2 总排放量位居世界第 7 位(2.26 亿吨),但其实际人均排放量高居全球首位(11t),俨然是全球主要的污染物制造国。

虽然连续不断的极端气候事件(如连续十余年的严重干旱)使澳大利亚政府和居民均认识到应对气候变化的重要性,但由于社会上长期存在"应对气候变化将以经济发展为代价"[①]的观念,澳大利亚的相关政策一直处于摇摆状态。

7.4.2 变动不羁的气候政策

20 世纪 80 年代后期,澳大利亚曾是国际应对气候变化事务的引领力量,但技术水平的

---

① 如 2006 年 11 月 1 日,前总理霍华德在宣布向亚太清洁发展和气候伙伴关系的 46 个项目资助 6000 万澳元的同时,在接受阿德来德电台的访问时指出,应对全球气候变化将以经济发展为代价。

局限性与其他国家的低配合度致使气候问题未有明显改善,而大笔支出带来的财政负担也招致国内一些社会力量的极度不满。20世纪90年代中后期,澳大利亚已沦为落后者;21世纪初,澳大利亚甚至以《议定书》未包括世界最大的污染国美国、中国和印度为由,拒绝批准。当然,澳大利亚在这段时期也非一无建树,其先后出台了《保护未来配套措施》(1997年)、《国家温室气体战略》(1998年)、《更佳环境配套措施》(2000年)。2001年,澳大利亚联邦科学与工业研究组织还发布了《澳大利亚气候变化预测》,对本国各地区未来的气候变化发展状况做出预测,成为此后数年间制定应对气候变化政策的重要参考。2004年,澳大利亚发布《未来能源安全》,2006年发起并成立了《亚太清洁发展和气候伙伴计划》,2007年制定《澳大利亚气候变化政策》与《国家温室气体和能源报告法案》。

2007年12月3日,澳大利亚工党领袖陆克文凭借着应对气候变化的积极姿态终结了自由党领袖霍华德[①]长达11年的执政期,荣登第26任总理,并在当天举行的新内阁会议上正式批准了《议定书》。

2008年7月16日,联邦政府颁布《碳污染减量计划》白皮书。2008年9月5日,公布《澳气候变化问题政策报告补充报告——目标和曲线》,针对当时盛行的气候变化政策的实施将严重阻碍经济发展的论调,通过数据分析,若按 550×10^{-6} 目标减排,2020年该国GDP将仅损失1.1%,GNP将仅损失1.5%,不会对澳大利亚经济发展和人民生活水平有较大影响。同年9月19日,政府宣布开展全球 CO_2 捕获和封存行动。9月30日,澳大利亚政府公开发布由气候变化顾问罗斯·加诺特完成的《加诺特气候变化评估》,提出以"人均排放权"为谈判制订减排目标的基础。"人均排放权"将人口增长与历史排放等因素均列入考虑范围,最容易得到各国支持,是当前最佳合作模式。

2009年8月25日,澳大利亚颁布《应对气候变化法案》,确定在未来10年内将投入200亿澳元进行新清洁能源项目建设;同年12月15日公布《碳污染减量计划:澳大利亚的低污染未来》白皮书,指明温室气体减排与经济持续增长可以和谐共生,提出新减排目标,并要求高排放企业必须购买排放许可证。

2010年1月,澳大利亚向联合国提交了2020年减少5%~15%或25%的减排目标;6月24日,新总理吉拉德组织重新研讨碳交易计划;10月23日又宣布,政府在今后10年内将投入10亿澳元创建全国可再生能源市场,同时投入1亿澳元资助可再生能源技术的研发,以求更好地应对气候变化。

总体而言,澳大利亚的气候政策的轨迹可概括为:(1)以最低成本减少国内碳排放,如制定各项政策鼓励低碳科技发展、设计高效排放交易机制等;(2)推动家庭和社区减排的发展,如家庭和小企业的碳补偿制度,即两者可以上网计算排放情况并搜寻碳补偿机会,同时在住

---

① 霍华德政府基于维护澳大利亚眼前利益的实用主义原则,在国际气候谈判中长期追随美国的消极应对气候变化的政策,拒绝签署《京都议定书》。虽于2007年7月发布《澳大利亚的气候变化政策——我们的经济、环境和未来》,拟逐步形成具有影响力的新政策,却败给了在大选中提出积极应对政策的工党(在水资源短缺、气候变化给澳国居民带来诸多烦恼之际,越激进的政策越容易获得选民青睐)。此后,很多媒体称霍华德是因气候变化政策输掉大选的第一人。

宅区安装了数万个太阳能电力系统;(3)推动气候科学研究,如投入数亿进行清洁能源的开发,开展国家气候适应旗舰项目,开创现代森林碳元素测量系统,即采用包括遥感、海量卫星图像信息、温室气体计算方法、建立环境变化模型监测与计算陆地系统的排放,最终形成国家碳计算系统;(4)推动气候变化国际应对新机制的建立。

7.4.3 经济与环境长期博弈下的动荡减排

澳大利亚已经通过在国内实施各项温室气体减排措施,参与多项国际谈判并签订大量应对气候变化的国际条约,形成了独具特色的气候变化政策体系。该体系的形成时间长、内容庞杂,综观其数十年的发展历程,具有如下特性。

(1)级别地位高。澳大利亚的气候变化政策在整个政治议程中地位甚高,政策的制定与执行机构都比较高。如政府设立了专门的官方机构(温室气体办公室,AGO)统领应对气候变化的政策,负责国家气候变化具体事务,又以能源部门为主要温室气体减排部门,推动一系列温室气体减排措施;还设立了包括国会、内阁、专门委员会、环境部、农业与资源经济研究所及各级地方政府在内的较为完整的气候变化政策的执行框架体系。

(2)欠缺稳定性。澳大利亚气候变化政策一直处于变动状态:20世纪80到90年代前期,政府非常积极地率先开展减排研究与实践;90年代中期至21世纪初,政府则相对消极,几乎不愿签订任何应对气候变化的国际协议;陆克文政府时期,基本坚持了积极政策,主动组织并参与多个相关国际谈判,制定了大量鼓励减排的国内政策;2009—2010年间,澳大利亚又转向保守,甚至公开表示了对国际减排秩序的不信任;2011年伊始,政府又转换方向,制定出大量应对气候变化的措施。

(3)经济与环境利益长期博弈。澳大利亚是全球气候变暖的主要受害国之一,更是发达国家中面临气候问题最严重者。但澳大利亚的能源使用与工业生产均对高碳排量物质有着巨大依赖,清洁能源的开发和利用又是需要巨额投资的项目,澳大利亚应对气候变化的态度常常反复的主因就是经济与环境利益的长期博弈。当环境问题严重时(如2007年初和2011年初),政府忙于制定与实施积极的气候政策;反之,当国内经济问题严重时(如2001年和2009年),政府便将减排问题抛之脑后。

(4)执行力度低。虽然各界政府均提出了一些气候变化政策,但由于国内不少组织和个人均认为这些政策阻碍澳大利亚经济发展,很多未能执行。如本应于2010年7月1日开始实施的温室气体排放交易计划,因被质疑将导致电费疯涨,可能使很多电力企业由于担心利润大幅降低而倒闭,不仅将导致数千人失业,也影响经济发展,未能如期实施。2010年初,陆克文宣布将其延至2013年,视全球气候变化谈判结果再行启动。

7.4.4 更为积极的应对倾向

近年来,澳大利亚政府为参与国际应对气候变化的谈判与实践,在国内推行各种减排政策支出了大笔费用,成本与效益的不均衡使其难以坚定立场。2010年,澳大利亚政府甚至曾公开宣称,"尽管澳大利亚面对严峻的气候现实,但全球合作对抗气候变化的机会已经流逝"。但极端气候事件对澳大利亚的影响甚为显著,2010年的多次破纪录极端气候现象和

2011年昆士兰洪灾①迫使澳大利亚政府再度认识到应对气候变化的必要性,并随之转变其政策态度,不仅拨出大量款项支持应对气候变化的专项研究,拟开展"未来气候报告"计划,还自主举办全球第一个探讨国家和政府如何适应气候变化的官方会议。从全球变暖的速度和当今世界气候问题的严重程度来看,澳大利亚还将继续遭遇极端气候。国内企业与很多居民已经充分认识到该问题,"事实上,澳大利亚已形成一个活跃的自愿性碳补偿市场"(魏维琪 2010)。可以预见,基于自身生存与发展的需要,澳大利亚会继续在国际应对气候变化事务中发挥积极作用。

7.5 俄罗斯②应对气候变化政策

俄罗斯是世界上领土最大的国家,位于欧洲东部和亚洲北部,面积 1707.5 万 km^2,占全球陆地面积的 13%,人口 1.47 亿人,幅员广阔,自然资源极为丰富,是世界上最大的天然气供应国,第二大石油供应国;森林面积占全球 22%,国土森林覆盖率高达 43.9%,拥有世界一流的北方林,CO_2 吸收量排名世界第一,被誉为"世界的肺"。同时由于国土大部分属于温带和亚热带大陆性气候,冬季漫长寒冷,供暖成本较高,石油和天然气的出口是其最大的支柱产业,工业部门以石化、冶金、钢铁、造船、电力、军工为主,所以 CO_2 排放量和单位产值能耗较高。

7.5.1 国家利益之下的"出尔反尔"

1992 年,俄罗斯作为苏联解体以后新生的主权国家,签署了《公约》。此后,随着经济的逐步复苏和政治的逐渐稳定,俄罗斯从国家发展的根本利益出发,在对待国际社会减排问题上,或消极、或观望、或支持,体现出看似矛盾但实际上是原则性与灵活性相结合的政策立场。比如在是否加入《议定书》问题上,起初由于俄罗斯经济停滞,人口增长缓慢,经济发展主要依赖能源的大量出口,担心批准《议定书》后影响其石油出口,所以对加入《议定书》采取消极政策。但随着经济上的转型和政治上提高国际地位的迫切要求,俄罗斯转而支持国际社会的减排行动,加入了《议定书》。

7.5.2 从消极到积极的政策演变

在上述政策背景下,俄罗斯应对气候变化的政策内容呈现阶段性的特征,主要表现在以下几个方面。

(1)对签署《议定书》的观望与消极政策

1997 年 12 月《公约》缔约方,通过了旨在限制发达国家温室气体排放量以抑制全球变暖

---

① 昆士兰洪灾造成州内 40 余个城镇被淹,平均水位上升 10 余米,影响 20 多万人生活,造成高达 70 余亿美元的损失。由于该洪灾是由厄尔尼诺和厄尔尼拉现象引起,推进了澳大利亚在对抗全球变暖问题上提出新的国家策略。

② 虽然俄罗斯是属于发达国家还是发展中国家还有争议,但考虑到俄罗斯在碳减排中的特殊地位,我们在此将其作为发达国家予以论述。

的《议定书》，但规定只有占全球温室气体排放量 55％以上的至少 55 个国家批准，该议定书才能成为具有法律约束力的国际公约。同时《议定书》充分考虑到了发达国家内部的经济发展的差异性，容许俄罗斯、乌克兰、新西兰等国可将排放量稳定在 1990 年的水平上，并确立了联合履约、排放贸易和清洁发展等实现减排的灵活机制。2001 年初由于全球温室气体排放量最大的国家——美国，宣布拒绝批准《议定书》，使该《议定书》处于搁浅窘境，于是全球温室气体排放量第三位的俄罗斯是否加入《议定书》就成为世人瞩目的焦点。

由于俄罗斯当时的温室气体排放与《议定书》规定的排放基准年的 1990 年 17.4％相比呈下降趋势，因此至 2012 年维持这个指标对俄罗斯来说没有压力，而且可以通过与其他发达国家交易温室气体排放配额以获得经济利益，所以对当时国际社会的减排行动持有消极观望立场，在应对气候变化问题上表现低调。

此间，俄罗斯国内对是否签署《议定书》产生了激烈的争论。有的学者认为，CO_2 与气候变化之间的必然联系还未确认，不能说气候变暖是人为所致，即便如此，气候变暖对寒冷的俄罗斯来说也是有利的，可以增加农作物的产量，减少漫长冬季的取暖费用（雨杉 2003）。俄罗斯副总理茹科夫也认为，《议定书》要求发达国家减排温室气体的规定不会影响俄罗斯的经济发展。但以 2000—2005 年担任普京总统经济顾问的 Andrej Illarionow 和俄罗斯科学院世界气候及环境问题研究所主任 Jurij Israel 为代表的反对派则强烈反对加入《议定书》（周游 2010）。还有的观点认为，俄罗斯的利益诉求没有得到国际认可，比如，俄罗斯是欧盟天然气的主要供给者，而天然气是当今重要的清洁能源之一，天然气中的 CO_2 排放量比燃煤产生的排放量少 40％，所以欧盟能够减少废气排放，应该归功于俄罗斯。但欧盟却没有承诺把俄罗斯批准《议定书》作为支持俄罗斯加入世界贸易组织的条件（徐驰 2003）。另外，由于美国退出《议定书》，导致国际市场对温室气体排放配额的需求大幅下降，使这些指标价格一路下滑，俄罗斯原计划从出售排放配额中的巨额获利大幅缩水。

综合当时国际国内政治经济要素，俄罗斯对加入《议定书》持有谨慎态度。2003 年 9 月，俄罗斯总统普京在世界气候变化大会上表示，俄罗斯并不急于批准《议定书》。2003 年 12 月，在意大利米兰举行的《公约》第 9 次缔约方会议上，俄罗斯明确表示暂不批准《议定书》，成为这次会议最重要的事件，引起国际一片哗然。

（2）对签署《议定书》政策的积极转变

随着国内外政治经济形势的发展变化，俄罗斯对签署《议定书》的政策发生了转变。

从经济上来看，俄罗斯在可持续发展中必须摆脱对大量能源出口的依赖，寻求低碳发展之路，这是其经济转型和发展的必然要求。俄罗斯总统梅德韦杰夫就曾明确表示，俄罗斯积极参与全球气候谈判，明确减排目标，并非取悦于国际社会，而是实现经济增长方式转变的客观需求（毛艳 2010）。同时寄希望于在《议定书》规定的灵活机制下，通过排放配额贸易获得实际的经济利益。而此时欧盟也表示如果俄罗斯签订《议定书》，则支持其加入世贸组织。

从政治上来看，由于气候变化谈判日益成为国际政治的核心问题之一，俄罗斯必须在其中积极发挥作用，以争取更为有利的国际政治环境，提高其国际地位。在俄罗斯批准《议定书》之前，已经有 127 个国家批准同意了《议定书》，但其中发达国家的排放量却仍然只占所有发达国家排放总量（1990 年基准）的 44.2％，距离法律生效仍有较大距离。可见《议定书》

能否获得生效,最终取决于俄罗斯的态度,其作用举足轻重。这是历史性的机遇,俄罗斯自然不会轻易放过。

2004年10月,俄罗斯议会通过了《议定书》;11月,普京总统在《关于批准联合国有关气候变化的京都议定书》(联邦法律128-F3)上签字,使其正式成为俄罗斯的法律文本。由于达到了法定成立要求,促成了联合国于2005年2月宣布《议定书》正式生效。

(3)《议定书》生效后的具体政策

一是制定了具有自身特色的人类温室气体排放标准的法律基础。2006年3月颁布了政府法令278-R号《关于建立一个俄罗斯的评估人类温室气体排放的标准》,2006年6月颁布了国家水文气象部法令141号《关于俄罗斯评估人类温室气体排放的标准的确认》。

二是节能减排。2008年4月政府签发了《关于提高俄罗斯能源效率若干措施》,2009年通过了新的《节能和提高能效法》和《2030年前能源战略》,提高能源效率,落实节能措施,从常规的石油、天然气、煤炭等转向发展非常规的核能、太阳能和风能等。根据该战略,俄罗斯在2030年前,利用非常规能源发电将不少于800亿~1000亿kWh,为了实现此目标2030年前将为能源部门投资60万亿卢布(毛艳2010)。

三是构建气候变化政策体系。2009年7月10日,在G8峰会上,俄罗斯总统再次确认了在哥本哈根会议召开之前俄方提出的到2020年温室气体的排放量,将在1990年的基础上减少25%的减排目标,并指出俄罗斯有潜力到2050年将其温室气体的排放量减少到1990年的50%。2009年12月俄罗斯正式批准了《俄罗斯联邦气候策略》,公开承认气候变暖将产生严重后果,高调宣布和提高其2020年的减排目标,制定了应对气候变化的国家总方案——《俄罗斯联邦气候策略》。

7.5.3　原则性与灵活性相结合的政策选择

从俄罗斯应对气候变化的政策演变不难看出,其在《公约》第9次缔约方会议上,以本国的"经济效益"重于温室效应为由暂时拒绝批准《议定书》,受到了国际社会的批评。但俄罗斯提出的是"暂时"不批准,是观望中可进可退的一种灵活政策,其目的在于谋求更大的政治经济利益,为日后的政策选择留下了回旋空间。

俄罗斯政策转变以后,随着《议定书》的生效,俄罗斯的国际形象得到很大改善,促进了加入世贸组织的步伐,对加入欧洲市场,融入欧洲社会起到了重要的推动作用。但为了落实《议定书》的要求,需要俄罗斯改善其石油和煤炭的高消耗局面,设备改造和技术提升的压力巨大,其可供出售的温室气体指标较大,急需建立完善碳排放交易市场,以通过碳排放贸易获得更大的经济利益。

俄罗斯应对气候变化政策的转变,反映了其经济发展方式的转变,也是政治上超越意识形态束缚,通过协同合作解决国际问题,从而提高其国际地位的有效尝试,展示了政治成熟、外交灵活、经济务实的大国形象。

7.5.4　新一轮的利益博弈

《议定书》规定到了2012年温室气体排放目标,在该目标执行完毕后的"后京都时代",

各国的立场和态度会发生很大变化,俄罗斯也面临一轮新的利益博弈,其气候变化政策也会有所调整,其发展趋势表现如下。

一是继续发挥俄罗斯的国际影响力,争夺未来气候变化国际合作机制的主导权。俄罗斯利用其石油出口的优势,已经在外交上呈现出了强势。另外,俄罗斯在气候变化问题上,不囿于科学上的变暖变冷之争,而是把国家利益作为制定政策的唯一考量标准。

二是进一步淡化意识形态色彩,经济上更加采取灵活务实、合作双赢的政策。比如普京强调不强迫他人采取不合适的发展模式,加强历史发展过程中的自然过程(庞大鹏 2007)。在未来机制是否在《议定书》框架内进行谈判,俄罗斯表示愿意同所有与《公约》和《议定书》的有关各方进行广泛合作以及建设性对话,以便制定在限制全球温室气体排放方面的未来途径,降低人为因素对环境的负面影响,改善地球的生态状况。①强调与印度、中国在落实公约和议定书领域的技术合作,包括适应气候变化、提高能效、开发新能源。②此外注重在技术领域积极从欧盟引进先进的减排技术。

---

① 俄罗斯联邦对外政策概论,http://www.russia.org.cn. 2011 年 5 月 5 日访问。

② 俄罗斯联邦、印度共和国和中华人民共和国外交部长会晤联合公报。http://www.russia.org. cn/chn/?. 2011 年 5 月 5 日访问。

第8章 发展中国家应对气候变化政策

发展中国家深受全球气候变化所带来的负面影响。对此,诸多发展中国家或独自、或联合他国一起推动了相关应对气候变化政策的出台与完善。这些发展中国家的应对气候变化政策,既有符合本国特点的个性,也有普遍意义的共性。

在所有的发展中国家中,南非、印度、巴西、印度尼西亚、马来西亚和中国等国家受到的影响巨大。这6个国家是当今世界最大也是最活跃的经济体,人口总数超过全世界人口总数的45%,CO_2排放量超过了全世界的27%。

因此,我们选取南非、印度、巴西、印尼、马来西亚、中国等国作为发展中国家的典型,分析这些发展中国家的气候变化政策。

8.1 南非应对气候变化政策

南非是典型的发展中国家,虽然在非洲一枝独秀,却依然避免不了诸多难题。南非水资源短缺,缺水已经成为制约经济社会发展的重要因素,随着气候变化的影响,南非本已严峻的水资源状况更是雪上加霜,干旱周期变长、成本增加等问题极为棘手。

8.1.1 贫困与发展并存的基本国情

农业是南非国民经济的重要组成部分,对于南非的GDP及就业率的总体贡献率大约分别是12%及30%。农业也是南非重要的碳排放源,约占其温室气体排放总量的4.6%。气候变化对于南非农业的影响非常显著,食品生产、农村生活、农村营养、食品安全问题尤为突出。南非认为随着气候变化的影响,农业用水短缺、土壤侵蚀、农作物产量会发生变化;同时,害虫与植物疾病侵袭也可能会随气候变化而产生较大波动。南非强调气候变化会对国内本已困顿的穷人健康产生严峻且复杂的挑战。南非贫富差距较大,大量贫困人口受制于营养不良,健康状况堪忧。由于水资源与食物的短缺,贫困人口在面对高温、流行病等威胁时显得更为脆弱;同时,气候变化对健康的影响往往又与对经济、社会结构的影响彼此交互纠缠在一起。

南非煤炭资源相对丰富,约占非洲炭资源的95%,占全球的4%。煤炭占南非国家能源供应的70%,85%的电能由煤炭提供。南非的能源供应是非常典型的煤炭密集型,能源消费的碳排放占全国的80%,其中化石燃料比重最大。工业制造业排放的温室气体占整个南非的16%,但如果计入电力消费,工业制造业的排放则占到了45%。由此可见,当前南非的工业制造业依然属于能源密集型产业,能源强度较高。南非基础设施差,交通现状不容乐观,许多地方尚没有正式通铁路或公路,基础设施建设势在必行。但交通设施的迅速上升又导致其成为南非温室气体排放上升较快的行业,并成为第二大排放源。公路交通消费能源占整个交通能源消费的84%。

南非一直致力于全球气候变化谈判并积极进行碳减排行动,出台了一些法案。为了更系统地应对这一挑战,南非水利与环境部于2010年发布"国家应对气候变化绿皮书",整合了南非过去已有的政策,并对未来的气候政策进行了详细的规划,明确提出了自己的目标:(1)为全球努力贡献自己的一份力量,将温室气体浓度维系在一定水平,防止人类的危险行为干扰气候系统;(2)构建并维持南非经济、社会、环境的适应力及紧急应对能力,有效适应并管理气候变化所带来的无法避免的潜在危害。

8.1.2 七大领域的完备体系

南非气候变化应对政策体系[①]主要包括以下七大领域:水、农业、人类健康、能源、工业、交通、运输。当然也包括其他的一些领域,如灾难风险管理、自然资源领域、人类社会、民生与服务等方面。

第一,以机构、制度、设施为基本布局,强化水资源获取与节约。南非谋划并出台了一系列关于水资源的政策,主要包括三方面的内容。首先是管理机构与系统的革新。南非强调发展并改善水资源管理系统与机构,保证水资源长期供给,提升机构工作效率。南非强调促进可获得水资源的平等与可持续使用,加强水资源管理的力度;布局人手,加强水资源压力的监控,并提出有效解决途径;在可行区域,重点监控地下蓄水层的补给状况;加大培训力量,提升监测能力,以便辨识并理解趋势,同时追踪监测适应战略的效力。其次是节水制度的制定与出台。南非正在积极谋划水资源成本定价方案,加快水资源使用定价,包括排污收费;优化废水再利用技术,增加投资,提升废水处理能力,使其能够达到规定的排放标准,从而保护大众健康、河流健康以及生态环境,并使得环境灾害与处理成本最小。同时,南非非常重视基础设施的维护与更新,强调实现系统损失最小化,提升网络效率与效能,优化可获水资源。建立并执行家庭雨水收集激励项目;执行系统的水资源管理,包括保护与修复自然系统,地下水与地表水联合使用等。另外,南非正大力探索水资源再利用技术,对脱盐技术、废水处理技术等大力投资。

第二,市场手段与行政手段相结合,谋划能源结构优化与开发技术提升。南非在能源政策方面的努力主要包括几个方面:1)强调加快能源的多样化组合,启动低碳能源开发与利用。南非强调能源效率达标,并积极投资开发新的清洁技术与工业。目前南非正在审查并提高可再生能源目标,并加大可再生能源技术车辆的采购;"为能源而奋斗"计划,农业废弃物沼气技术、生物燃料、城市垃圾及废水沼气技术,太阳能等计划与资源开发得到进一步强化;南非正在制订并发展"国家核能政策",探索并进一步发展核能。2)使用市场手段优化能源使用与开发效率。南非正在通过提高碳税等手段,激励能源效率、优化能源构成并开发新

---

① National climate change response green paper (2010). The government of the Republic South Africa ,www. environment. gov. za

技术。开发并确定国家"新增长路径"与"国家工业政策行动方案",积极创设环境,促进可再生能源技术的开发、实施及出口工业的发展,提升就业潜能。3)推行强制标准,强化节能的硬性指标。南非政府一直强化能源利用效率,大力投资开发洁净煤技术与煤炭效能技术,并谋划对火力发电站引入更为严厉的热效率与排放标准,主要包括家用电器强制(能效)标志、器具设备的"最低能源标准"、强制能源等级标志等。

第三,注重规划,强调研究,大力探索工业与交通减排途径。南非为应对气候变化专门编写了"工业制造业应对气候变化行动方案",充分考虑气候变化,整合了"工业政策行动方案"。所有方案、政策、战略都围绕着一个共同目标,即有效管理并降低经济风险,确保向低碳经济的平稳过渡。南非对所有重要工业源的温室气体排放,以"大气质量法"第29节第一条进行管理。对所有涉及 CO_2 排放的能源消耗征收 CO_2 税。在交通方面,南非大力发展公共交通、低碳交通,增加铁路运输的比例,鼓励公共交通与绿色出行,提升替代性交通工具,提升公交效能等。为了减少交通碳排放,南非正在加大投入,在交通行业进一步开发与部署清洁能源技术,如电动汽车或混合动力汽车,支持清洁燃料技术产品与使用(Pegels 2010),开发化石燃料的替代燃料;降低燃油税,激励清洁燃料使用。南非的交通规划中也关注了气候变化,尤其注意了气候变化对交通设施的潜在危害。

第四,开发保护政策,维持生物多样性,减少旅游碳排放。为了保护生物多样性,南非强化了保护区的规划,确定了保护区扩大战略,力争保护生态系统,减少生物灭绝。为了更为有效的管理,南非在关键保护区周边建立了非正式保护区,并建立生物多样性监测系统,对特定风险提供及时信息,对于濒临灭绝物种建设基因库。为了保护海洋生物多样性,南非加大了保护生态海岸保护系统,并对渔业采取了风险规避的方法,实施海产资源收获配额制度,强调渔业与海洋生物多样性的协调与合作,确保应对气候的措施形成双赢的局面。南非的旅游业明显受气候变化影响,是高度气候敏感型的行业。为应对各种挑战,南非构建了强化旅游吸引力的碳柔性与适应能力,鼓励绿色旅游基础设施建设;鼓励本土旅游,以便应对因其他各国交通减排而导致的国际旅行衰退;鼓励本土与国际游客参与南非自然环境保护并享受责任之旅;支持旅游产业引入可再生能源,支持节能项目;探索专项计划,允许游客补偿其在南非旅游而产生的碳排放。

第五,加强环境立法与健康知识教育,系统促进人类健康。南非采取的政策有:1)强化法律的制定与执行。南非正通过立法试图减少颗粒物质与 SO_2 浓度,净化空气质量,提出2020年完全达到国家环境空气质量标准,减少呼吸道发病率。2)突出公众健康教育活动。南非大力健全营养政策、卫生保健设施,以教育为中心,开展健康适应策略;积极开展"公共意识运动",关注高温风险及恰当的应对策略,如改善通风、减少活动;增强民众关于气候与疾病关系的信息与知识并强化民众对霍乱与疟疾的认知。3)设计并执行的"高温健康行动计划"。该计划主要涉及突发情况的医疗服务、改进气候敏感性疾病监视管制,安全饮水及改进卫生系统等。

第六,推进风险评估,开发抗性作物,推动农业发展。南非采取的具体措施包括:1)调查并评估物种适应选择成本以及随之可能发生的环境风险,支持农业探索新的潜力与机会,减少风险;大力推进并调查农业领域的短、中、长期的适应性。2)加大投资,开发水源与营养物保护技术,开发气候抗性作物品种;开发并使用预警系统,对不利天气及病虫害进行预警,提供现代化的信息与决策支持工具。3)对农村人口进行培训,促进民众对气候变化与农业关系的认知。

第七,加大投入,交叉合作,加强气候变化相关基础研究。南非强调在各个领域进行相关专业的基础研究,所规划的研究领域极为广泛,如工业及建筑领域的碳捕获与碳存贮技术,能源领域的节能技术、可再生能源开发利用技术,水领域的节水开发与水域管理技术,海岸地区的气候变化模型,自然领域的基因库建设、农业领域的适应性作物培育技术、气候变化与病虫害预警系统,以及城市设计等。这些领域的研究不仅仅为应对气候变化提供了基础支撑,更为南非的未来发展提供了契机。研究领域架构较为庞大,且系统涵盖领域广泛,未来使用前景良好,这也体现了南非化"危"为"机"的基本应对思路。

8.1.3　鲜明的立场与严谨的思路

控制、适应与发展并重的基本政策设计思想。南非的气候变化政策一贯强调三方面内容,1)以能源、生产方式、经济结构调整应对气候变化带来的挑战,适应气候变化的未来趋势,增加南非经济社会抵御未来风险的能力。2)强调充分利用气候变化的机遇,化"危"为"机",促进发展。如气候变化可能导致海域生物物种的变化,这一变化可能会导致部分原本不适宜养殖的生物适宜养殖,进而对渔业产生某种积极影响,农业亦是如此。3)减少温室气体排放,减缓气候变化,南非近年来出台了多个涉及减排的政策与法案,内容涉及各大领域,以期在国家发展的前提下,实现自身温室气体排放总量的控制。

强调发展中国家国情的政策价值立场。南非强调自己认同 IPCC 第四次评估报告中的结论,愿意在"共同但有区别的责任"原则下承担相应的国家义务,南非对未来的气候政策进行了详细的规划。但同时,南非一贯强调自己发展中国家地位与国情,强调现在所遇到的困难,并将之纳入到气候变化应对的政策框架之中,如贫困、高失业率、营养匮乏、水资源短缺、火灾等。南非政府强调气候变化可能使得原本糟糕的国家现状变得更为不堪,并将这些问题放入应对气候变化的"一揽子"政策之中,在明确自身责任的同时,也呼吁发达国家的相关帮助,如技术转移等,这也为其自身未来发展赢取了更多机会。

强调各领域政策体系架构的系统性与整体性。南非强调将气候变化应对的思路贯彻、渗透到原有各领域的政策规划方案之中,并强化了公众气候变化意识的普及与教育。南非在气候变化应对的政策设计时遵循了连续性与循序渐进的原则。原有关于环境、能源、生物等方面的法案继续发挥作用的同时进行适度修正,加入气候变化应对的内容,如南非 2005 年出台了"国家环境管理:空气质量法案 2004/39",2009 年又出台"国家环境空气质量标准";2008 与 2009 年两年的时间内,先后出台"国家环境管理修正法案 2008/62"、"国家环境保护法案"①,这些法案都体现了气候变化对于南非相关政策的影响。与此同时,南非还专门开发相关法案与政策,如南非现有的"国家排放活动清单"(2010 年)、"国家气候变化应对

---

① 　各方案详细内容参见 www.environment.gov.za。

绿皮书"(2010年)、德班工业气候变化合作伙伴项目(2009—2010年)①等。另外,为了增强民众对于气候变化敏感性的认知,南非政府积极开展"公众意识"教育活动,其中较为系统的是"公众意识"运动、"保护水资源"、"保护湿地"以及"抵抗火灾"等项目。这些政策从体系上相对完整,涉及领域广泛,对于气候变化应对政策的实践奠定了较好的基础。

强调政策实施主体责任的层次性。南非政府强调应对气候变化并不意味着原有部门责任的变更,仅仅意味着气候变化及气候变化应对将体现并融入现有各部门的工作之中,政策的角色与责任并未发生任何变更。南非明确规定了气候变化应对的政策实践主体,强调大多数气候变化应对政策一般在省、市两级政府展开,在省级政府层面强调气候变化与发展的整合,市级层面强调空间规划等工作。政府应对气候变化的政策体系及所需工作都是以此为中心而完成的。实事上,在过去的一段时间内,省、市两级政府已经做了大量的相关工作,南非强调在实践中探索过去应对气候变化经验的推广与复制,这一循序渐进的政策实践思路相对可靠与科学,值得期待。

8.1.4　强化资金保障与提升行政效率

从南非气候变化应对政策体系看,其涉及领域相对完整、目标相对明确、方法与途径相对可靠,对未来南非应对气候变化具有较强的指导作用。未来南非的政策走向主要集中于以下几个方面。

(1)争取国际援助,加大气候变化应对政策的资金保障

南非几乎在各个领域内都涉及"资金投入"问题,没有资金投入保障,很多政策的实施就失去了可能或效果。气候变化应对政策涉及领域广泛,农业新品种开发、水资源监控、节能与新能源、气候变化模型、教育培训、疾病预防等,几乎每一个问题离开资金投入都没有实现的可能。南非意识到无论是发展低碳经济道路,还是管理未来气候变化,都需要大量资金投入,但这些又会给南非社会带来一系列额外的社会支出。南非强调,《公约》会议中已经明确了发达国家对于当前大气的排放承担首要责任,应当为发展中国家适应与控制努力提供支持,这种支持包括资金、技术与其他资源,虽然这种支持是带有条件的,即与气候变化适应与控制相关。南非政府呼吁国际社会尽早提供资金支持,从而使得自己尽早行动,减少未来应对成本。但从现在国际气候谈判的尴尬现状来看,这一期盼并不太容易实现。如果没有国际社会的支持,南非政府可拿出的专门资金是非常有限的。每年,南非用于解决现存贫困、营养、疾病等问题的资金已经使得政府捉襟见肘,很难再拿出相当数额的资金用以支持应对气候变化。事实上,如果缺少了国际社会的支持,南非在气候变化应对上的努力较难取得实质进展,这也是当前很多发展中国家普遍遇到的难题,同时也是南非现在及未来必须克服的问题。

(2)理清政策范围,明确气候变化应对政策边界

虽然南非科技水平、金融业和制造业领先于非洲,纺织、轻工和其他工业制品行销周边国家和欧美,收入远高于周边任何一个非洲邻国,但这依然无法掩盖其困窘的事实:行政效

---

① Durban Industry Climate Change Partnership Project,http://www.unido.org/.

率不进反退,国内治安和投资环境恶化,企业回报率低下,制造业急剧下滑,失业率与贫困人口比例居高不下,种族隔离严重。所有这些问题都是南非需要解决而又迫在眉睫的问题。这些问题的解决与应对气候变化的挑战之间在资金、人力资源、组织等方面存在着冲突与矛盾,南非很难齐头并进。当前,南非政府采取的策略是将所有问题一揽子打包。南非政府强调应对气候变化不应当阻碍国家的发展,并在这个前提下,将水资源利用、水利基础设施、工业生产效率与能源利用率、新农业发展、人类疾病等问题全部纳入到应对气候变化政策框架之下,以期实现历史问题与气候变化问题的统筹解决。这一方案对于南非来说,自然是较为理想的选择,因为气候变化可以争取到更多的国际资金与技术转移。但对于发达国家来说,这一内容宽泛的方案却比较难以接受,南非政策方案的扩大与泛化意味着需要更多的资金与技术支持,这也意味着发达国家付出更多的代价,这无疑会增加双方达成共识的难度。对于南非来说,最可靠的方法是减少政策涉及的内容,缩小政策的模糊边界,争取获得国际认同。

(3)强化行政效率,提升应对气候变化政策行政基础

南非的应对气候变化政策框架庞大,内容复杂,体现了南非政府应对气候变化的决心。但南非政府现有的行政架构是否有足够能力践行政策依然让人存疑。当前南非各级政府财政职权不明确(Christopher 2009),资金浪费严重,行政效率低下,成本过高,急需提升财政运转效率,加强财政监管,提升地方政府的管理水平。许多地方政府入不敷出、管理服务严重滞后,严重制约了政府服务质量,地方自治政府的现有财政运作模式亟须变革。如果南非在政府效率上无法取得突破的话,应对气候变化政策最后也许会成为空中楼阁,无法真正得以实践并取得令人满意的成效。应对气候变化政策的制订是气候变化之内的事情,但如果气候变化之外的事情无法解决好,诸如政府效率、财政机制等问题将会使得气候变化政策无功而返。令人欣喜的是,南非已于 2009 年开展了提升政府效率的改革。虽然学者对于改革能否成功并不抱太大信心,但对于南非来说,这是必须跨过的槛。

8.2 印度应对气候变化政策

印度是发展中国家的典型代表,是世界新兴经济体和第五大温室气体排放国,占据全球温室气体排放量的 5%。[①] 印度地处亚洲南部,濒临孟加拉湾和阿拉伯海,海岸线长达5560km,气候变化对于印度的经济和社会发展影响比较明显。印度具有发展中国家现代化转型的共同特征,在追求发展的过程中对自然破坏过多,较少关注发展的质量,发展与环境之间的平衡问题亟须解决。在当前气候变化这一全球公共性问题凸显之后,印度也对气候变化问题作出了一系列反应,在国内制定了应对气候变化的相关政策,在国际上对于气候变化问题积极协商合作,体现出崛起中印度的大国责任形象。

---

① http://moef.nic.in/downloads/public-information/Report_INCCA.pdf. 2011 年 5 月 5 日访问。

8.2.1 气候问题重压下的发展选择

印度是人口大国,人口众多,尤其贫穷人口多,2006 年人口已经超过 11 亿。在全国总人口中,贫困人口占有相当大比重。2000 年印度处于贫困线以下的人口占印度总人口的近30％,2004 年仍有 27.5％的印度人口生活在贫困线以下。印度计划委员会的报告显示,在过去 30 年里,印度平均每年只减少了不到 100 万的贫困人口数量,贫困现状并没有太大的改观。按这个速度,印度要想完全消除贫困,至少需要 300 年时间(张海滨等 2008)。此外,印度贫困、农村地区的医疗卫生事业也较为落后。所以,印度的总体发展、消除贫穷的任务还比较重。

印度能源结构单一,目前以煤炭、石油等一次性消耗能源为主。随着经济的发展,能源的消耗量大量增加,对环境的污染也在增大,碳排放总量急剧增长。印度石油贫乏,但煤炭储量丰富。1990 年,煤炭占印度一次能源的 33.2％,2005 年增加到 38.7％,呈现出不断上升的趋势(张海滨 2009)。石油的消耗量从 1960/1961 年的 800 万吨增加到 1979/1980 年的3000 万吨。在印度,火力发电是国内主要的发电手段,占全国总发电量的 2/3 左右。煤炭消耗的比重使得印度在经济发展过程中碳排放量增加,煤炭生产和消费活动所产生 CO_2 占印度 1989—1990 年 CO_2 总排放量的 72.8％。目前,印度温室气体排放总量居世界前列,印度的温室气体排放在 1990—2005 年间增加了 65％,并且预计到 2020 年会增加额外的 70％。[①]另外,发展过程中对自然资源的过度开采和破坏,使得森林面积也在逐年减少。

由于地球生态被破坏和全球变暖,气候变化问题对印度也产生了相当大的影响。气候变化不仅会影响到印度的人口布局和自然资源,也会较大地影响到印度的农业,甚至工业生产的发展。气候变化导致印度地表平均气温上升,热带季风变化影响降水量分布、水资源缺乏、冰川融化[②]、海平面上升,等等。自然灾害诸如干旱、洪灾和极端气候频频发生,影响人民的生活,更导致农业发展受阻,粮食减产易导致粮食危机,进而影响社会经济发展水平。

气候变化、海平面上升等将影响印度的人口布局。印度过去 40 多年的观测显示,印度沿海海平面平均每年上升 1.06～1.75mm。印度海岸线较长,沿海人口密集地区易受极端气候现象的影响,4000 万 hm^2 的土地易受洪水的影响,平均每年影响人口 3000 万(张海滨等2008)。如果海平面上升 1m,印度将有 5746km^2 的土地被淹没,大约 710 万居民将失去家园,被迫迁移成为"气候移民"。[③] IPCC 气候变化第四次评估报告显示,预计到 21 世纪 50 年代,由于来自海洋的洪水以及在某些大三角洲地区来自河流的洪水增加,在海岸带地区,特别是在南亚、东亚和东南亚人口众多的大三角洲地区将会面临最大的风险。

气候变化对印度的农业生产的危害比较大。农业在印度国民生产总值中占有相当大比

---

① "Climate Change Mitigation Measures in India",International Brief,Sep. 2008. http://www.pew-climate. org/publications/brief/climate-change-mitigation-measures-india. 2011 年 5 月 5 日访问。

② 例如,戈勒霍伊山是克什米尔冰川分裂后在印度最大的冰川山,40 年前它的面积为 13 km^2,如今缩小到 11.5 km^2。http://news.163.com/special/00013UPO/indiaclimate.html. 2011 年 5 月 5 日访问。

③ http://news.163.com/special/00013UPO/indiaclimate.html. 2011 年 5 月 5 日访问。

重,农业及其相关部门的产值占印度 GDP 的 25％左右,全国 2/3 的劳动力都在从事与农业生产相关的活动。印度的农业生产较"脆弱",近 8000 万 hm² 的农田缺少灌溉设备,主要依靠雨水灌溉发展生产。[①] 气候变化将导致降雨量的变化,如果平均气温上升 2％,降水量减少 7％,印度稻米产量就可能减少 15％～42％,小麦产量将减少 3.4％。[②] 印度农业研究理事会认为,气候变化引起的干旱和降水量的减少会使得印度到 2039 年粮食减少 4.5％～9％。由此可见,气候变化将重创印度农业。印度政府必须对农业政策进行调整,提高农业的抗气候变化能力。

总之,从印度自身的国情出发,重视能源结构单一、环境压力过大的现实,积极应对气候变化对印度的发展带来的影响和挑战。应对气候变化已经成为印度政府急需面对和解决的大问题,在应对气候变化问题上积极作为,促进社会的可持续发展,不仅为当代人谋福利,也为子孙后代谋福利。

8.2.2　发展理念优先的政策取向

2008 年 6 月 30 日,印度政府颁布了"气候变化国家行动计划"(National Action Plan on Climate Change,NAPCC)。这是印度第一个应对气候变化的国家计划,它概述了当前和将来印度减缓和适应气候变化的政策。这个计划确定了到 2017 年间实施的 8 个核心的"国家计划"。强调了印度必须维持高经济增长率以提高生活标准,并且也追求有效应对气候变化的共同利益。这 8 个核心计划包括:国家太阳能计划、提高能源效率计划、可持续生活环境计划、国家水计划、维持喜马拉雅生态系统计划、"绿色印度"国家计划、可持续农业计划、气候变化战略知识平台计划。这个行动计划基本上涵盖了印度应对气候变化的公共政策各个方面的内容,并成为印度应对气候变化的方针。

同时,在这项计划当中,印度指出了应对气候变化应遵循的几个原则:1)保护贫者和弱者原则;2)国家发展目标原则;3)战略原则;4)适宜技术原则;5)创新原则;6)全社会参与原则;7)国际合作原则。

(1)能源政策

印度将能源政策调整视为最重要的一项战略性政策。目前印度的能源消耗结构情况是:油、煤驱动的发电占 60％,潮汐能占 22％,核能占 2.5％,风能和太阳能占 8％,天然气为 6％。[③] 目前风能和潮汐能潜力比较大,太阳能也是潜力大、非常值得开发的能源。印度可以以清洁电力(如太阳能发电、生物发电和风能发电等)向更多的印度农村居民供电。印度政府充分利用气候变化框架公约《议定书》中规定的清洁发展机制(CDM)的规则,大力开发印度的 CDM 项目。

1)建立清洁能源发展机制,主要关注太阳能

---

① http://business. rediff. com/column/2010/apr/06/guest-impact-of-climate-change-on-indian-agriculture. html. 2011 年 6 月 8 日访问。

② http://news. 163. com/special/00013UPO/indiaclimate. html.

③ http://www. p5w. net/news/gjcj/201011/t3285996. htm. 2011 年 6 月 8 日访问。

印度现任总理曼莫汉·辛格宣称印度政府将会聚集科学、技术和管理方面的人才,依靠财政支持发展太阳能,并将太阳能作为一种充足的能源来拉动经济发展,改变人们的生活。

国家太阳能计划,最终目标是使太阳能成为能够与以化石燃料为基础的能源相竞争。它包括:城市地区、工业以及商业部门广泛使用太阳能热利用技术目标,计划在十一五和十二五计划期间覆盖率达到 $60\% \sim 80\%$;每年光伏发电产量增加 1000MW 太阳能发电目标;到 2010 年建设 1000MW 太阳能发电目标。其他的目标还包括建立太阳能研究中心,加强有关技术开发的国际合作,强化国内生产能力,增加政府的资助和国际支持。

印度国内投资被大量用在太阳能技术工业上。从 2006 年开始,印度投资 75 亿来发展太阳能。在印度晶圆城,海德拉巴外一个半导体制造中心,太阳能公司正大量建立起来。印度政府也为太阳能技术的开发提供有利的政策支持,为投资项目配发土地。印度还将推出一项新的能源政策,通过建立一项基金增加新能源开发的补贴。由于印度生产太阳能的成本是油气能源成本的 5 倍,现有的能源政策为生产商提供每度电 25 派士的补贴,新政策将在此基础上进一步增加补贴,鼓励印度的太阳能电池生产商(如印度模瑟巴尔公司、塔塔太阳能电池板公司)提高产能。这能减少产品成本,进而降低价格。

印度在新能源发展方面,主要有四个领域:一是太阳能,在这方面印度的投入很大;二是风能,这也是印度新能源发展的主要方面,因为靠近海洋,有很大潜力;三是利用生物质能;四是核能,核能的能源消耗结构非常多样化。风能、水能只在特定区域开发,太阳能的开发由于阳光丰富,发展前途无限。太阳能不单是可再生能源开发的子项目,也可以被扩展与其他可再生能源技术的综合利用,例如生物质能和风能。这项计划意在使印度用 $20 \sim 25$ 年时间把太阳能发展成有相当竞争力的能源产业,商业效益要足以抗衡化石燃料的影响。印度的新政策希望将该国太阳能产量从目前的 3MW 在 2020 年前提升到 2 万 MW。

2)提高能源效率国家计划

通过节能和提高能源效率,到 2012 年将节省 1000MW 来自化石能源的发电量。通过建立市场机制、制定优惠政策等措施,引导工业、制造业和消费者发展低碳经济,实施节能战略。根据 2001 年的《能源节约法案》,该计划建议:强制减少高能耗产业的具体能源消耗,为公司建立一个可以进行节能认证交易的系统;能源激励措施,包括减征节能电器的税费;通过市政、建筑和农业部门的需求管理计划,为公私合作提供资金,以减少能源消耗。另外,通过以市场机制为基础的能源存储资格交易来提高在能源集中的大工业和企业中的消费效果和提高能源效率;通过创新手段使产品成本降低增加可支付性,增加在指定部门中的能源效率适用转换;创造机制通过未来的能源储存来帮助财政决定在各个部门中的次要管理项目;通过发展财政工具来提高能源效率,这 4 个新方案也会被实施。①

(2)环境政策

1)可持续生活环境国家计划

现任印度总理曼莫汉·辛格认为,世界无法承受一些发达经济体所采取的那种高消费模式。为了全人类的福祉,我们需要寻找具有更加可持续性发展的方式。为此,印度制定的

---

① Government of India. National Action Plan on Climate Change,June 2008,P. 3.

《国家发展战略》中，把建立节约、可持续发展的经济模式放在特别重要的地位。在印度国家行动计划中，为了促使能源效率成为城市规划的核心组成部分，该计划要求：修订现有的节能建筑规范；更加强调城市废物管理和回收利用，包括利用废物发电；加强机动车燃料经济性标准的执行力度以及使用定价措施鼓励购买低能耗汽车；提倡使用公共交通工具。

印度第三大温室气体排放来源就是交通运输、商业以及住宅的温室气体排放量。因此，这项国家计划将通过在居家和商业机构推广节能、处理固体废物和鼓励城市公共交通等方法来确保人类居住环境的可持续性，降低碳排放。一方面，政府要着力进行节能公共宣传；另一方面，还要积极开发包括节能建筑、材料、设备、照明在内的各种产品。如果按照印度《节能建筑规范》的要求，建筑能效将提高 50%。对于城市固体垃圾，印度政府将进一步提高其回收利用率，这样也能达到降低碳排放的效果。发展城市公共交通是解决现代城市人口增长和经济发展而导致出行难的最好途径。此外，印度政府还打算采取扩大生物柴油、压缩天然气使用范围、报废老旧车辆、推行更严格的车辆排放标准等综合措施。

印度也采取各种措施和促进政策来改善环境条件。通过政策鼓励刺激人们安装减少污染的设备；规定空气、水、噪音、散发物和排放物的标准；规定车辆的尾气排放量，引进更清洁的燃料，等等。

2)"绿色印度"国家计划

该计划旨在改善印度生态系统，提高生态系统的碳汇功能。森林对于维持生态平衡和生物多样性具有重要的作用。该计划的目标包括 600 万 hm² 退化林地的造林计划，以及将印度国土的森林覆盖率从 23% 提高到 33%。在 2011 年 2 月 24 日通过的"绿色印度"计划中，将会继续增加 500 万 hm² 的森林覆盖面积，力求在 2020 年增加森林 5000 万～6000 万吨的 CO_2 汇量。

为保护森林和增加森林面积，印度森林政策明确规定要充分保护原始森林自然资源，当地人在没有积极参与的情况下也有权力保护森林资源。不仅规定防止进入和糟蹋林地，也可以根据特殊的地方情况联合采用一系列的设备和手段。同时，退化林区和其相邻地区的更新再生任务和生态发展计划也在由国家造林和生态发展局开展。印度政府倡导公众、非政府组织和全球组织来参与环境保护活动，得到了大量的资金支持。

（3）农业政策

印度农业发展在国民经济中占有相当比重，并且农业发展可解决大量劳动力的就业问题，可以吸收约 56.4% 的劳动人口进行耕作，支持 6 亿人口的生存。对于农业政策来说，增强农业的抗旱能力、抵御灾害能力、运用生物技术的能力都是十分必要的适应气候变化政策。

印度的可持续农业国家计划，旨在通过发展气候恢复力强的农作物，通过选育抗热和抗极端气候的作物品种；提高保护土壤和水的技术；进行工厂和农业共同体试点，加强农业—气候信息的共享和传播；通过政府财政支持农民采用相关的技术来克服气候变化带来的压力；完善气象保险机制和耕作方式，使印度农业更能适应气候变化。在印度一些地区已开始实施一些试点项目，以找到可适应这些变化的农作物种植模式和周期。同时，印度政府也鼓励实施集水区管理系统（基于分散的以社区为单位的项目）和进行城市雨水收集。

另外,适应气候变化的公共政策还有:1)国家水计划。由于气候变化的影响,印度淡水资源短缺预计会更加严重,该计划通过价格和其他措施,提高水资源管理能力,确定了使淡水资源的利用效率提高20%的目标。2)维持喜马拉雅山脉生态系统的国家计划。该计划旨在保护生物多样性、为印度提供稳定的淡水资源、森林植被以及保护喜马拉雅地区的其他生态。喜马拉雅冰川是印度淡水资源的主要来源,由于全球变暖的影响,这些冰川预计将会消退。3)气候变化战略知识平台国家计划。为了更好地理解气候科学、气候变化的影响及其挑战,加强气候变化领域的科学研究和知识积累,建立和完善印度气候数据信息库,开发气候模型,以便准确预测气候变化趋势和极端气候现象。该计划将设立一项新的气候科学研究基金,以期改进气候模型,加强国际合作。同时,也鼓励私营部门通过风险投资基金,以发展适应与减缓技术①。据相关统计数据,印度目前用于提高气候变化适应能力的开支超过GDP 的 2.6%,主要用于农业、水资源、卫生保健、海岸基础设施和极端气候现象等领域。②

在应对气候变化的机构、组织方面,印度政府成立由政府、产业界和公众等主要利益相关者构成的气候变化总理委员会,如图 8-1 所示③。从图中可以看出,印度由总理任主席。委员会的责任是贯彻国家气候变化行动方案,指导国际谈判,包括双边和多边的合作、研究和开发项目谈判。在印度的能源环境机构中还专设有气候变化部。主要的科学协会有德里科学平台、政策和研究中心。INCCA 是印度在 2009 年 10 月组建起来的一个包括 127 个研究机构在内的网络,主要研究气候变化的科学和气候变化对印度各个地区不同经济部门的影响。印度在政策制定上遵循 3M 原则——Measurement,Modelling 和 Monitoring。此外,INCCA 也会对气候变化影响到的四个关键领域——水资源、农业、森林和人类健康进行研究评估。

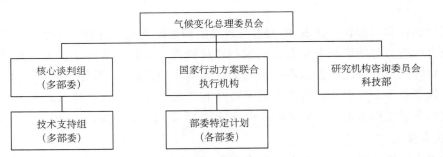

图 8-1　印度应对气候变化机构图

8.2.3　崛起中大国的国际角色

印度作为 77 国集团成员国,在应对气候变化问题上承担起了一个大国应尽的责任,在发展中国家应对气候变化行动和评估方面,印度走在了发展中国家的前边。同时,在联合国

---

①　中国科学院国家科学图书馆. 科学研究动态监测快报[J],2008(8):10-11.

②　Government of India. National Action Plan on Climate Change,June 2008,P. 4-6.

③　Government of India. National Action Plan on Climate Change,June 2008,P. 7.

框架公约下不断发展中的多边谈判中印度也已经发挥了一个积极建构者的角色。

(1)积极行动、参与协商,影响国际气候变化谈判

印度在2008年颁布第一个气候变化国家行动计划是在哥本哈根气候大会前,印度政府适时颁布这一计划,表明了其应对气候变化问题的积极态度,同时也体现出印度政府对于气候变化问题的积极参与态度。

印度从气候变化谈判初期就积极行动,并针对本国国情和发展中国家的立场,提出了不少创见。诸如在早期谈判时提出"人均温室气体排放量"的概念,由于印度人口众多,印度的人均碳排放量,仅为全球平均人均排放量的1/4,相当于美国人均排放的1/20(1990年)。印度在2009年前一直坚持人均排放量原则,认为"地球上每个公民都应该平等地享有星空的大气空间",将人均排放指标视为应对气候变化的唯一公平的基础。在1990年,印度的科学环境中心还提出了"奢侈排放"和"生存排放"的概念,指出印度发展经济的必要性。在第8次缔约国大会上,印度提出在可持续发展框架下采取应对气候变化的措施。这一提法对于日后国际气候变化谈判产生了重要的影响。

(2)立场坚定,应对国际气候变化谈判

印度作为发展中国家的代表,在应对气候变化国际谈判中展示出了大国应有的风范。对于发达国家和发展中国家之间的气候博弈,印度始终在一些问题上坚持自身的立场,在某种程度上,也体现出发展中国家在自身发展过程中面对压制不妥协的态度。

首先,坚持经济发展同应对气候变化相统一。作为发展中国家,印度自身的经济发展水平还远远落后于发达国家,在发达国家一味强调发展中国家一起履行发达国家制定的减排规定时,印度正视自身所处的环境,将摆脱贫困、发展经济作为目标,坚持自身的发展,同时兼顾可持续发展的共同目标。

其次,在碳排放问题上坚持公平原则,强调发达国家必须在气候公约框架下履行责任。对于国际谈判问题来说,对于"公平"这一词语发达国家和发展中国家有不同的界定,这正是《议定书》之后气候变化的国际谈判迟迟不前的最主要争论点。印度作为发展中国家的代表,在这一问题上坚持"区别"的公平原则,坚持发达国家在碳排放问题上应尽更多的责任。

最后,在减缓温室气体排放的问题上,印度坚持发达国家应向发展中国家进行技术转让和经济援助的立场。在2007年的巴厘岛会议上,发达国家坚持发展中国家应该采用"可测量、可报告和可确认"的方法来减缓和适应气候变化。印度则强调来自发达国家的援助也应该"可测量、可报告和可确认"。在历次的国际气候谈判会议中,印度始终坚持这两个立场,指出资金和技术援助是促成发展中国家接受透明度条款必不可少的条件,同时延长《议定书》第二承诺期也是任何协议的必要组成部分,为推动该问题的国际谈判作出努力。

(3)注重能源开发和调整,战略性应对气候变化

印度的国家行动计划一出台便引起了国际社会的关注,印度政府公布了针对全球变化的国家行动计划,强调最大的任务是脱贫和发展经济,这是印度为应对全球气候变化迈出的积极一步,不仅为国家政策、规划和利益相关者提供了清晰的方向,而且展示了实现可持续发展的长期远景。

长期以来,印度政府将可再生能源作为能源发展战略的重要组成部分。这项计划以太阳能和能源效益为核心策略。印度光照资源十分丰富,发展太阳能有得天独厚的条件。以太阳能为核心,大力发展可再生能源,使之成为具有竞争性的能源,符合印度能源发展战略需要。印度政府于 20 世纪 50 年代就开始致力于替代能源,尤其是可再生能源技术的研究。在中央政府非常规能源部的组织下,印度风能、小水电、生物质能和热电以及光伏技术的应用已经取得了显著进展,甚至在风力发电方面超越了中国,装机容量达 8696MW,风电装机容量到 2012 年将新增 6000MW,占印度全国装机总容量的 6%。[①] 按照印度政府的计划,太阳能发电装机容量到 2013 年将达到 1000MW。[②]

印度调整其能源结构有其必要性,可再生能源和核能等低碳能源对于减少 CO_2 排放意义重大。另外,由于印度资源缺乏和用电发展不平衡,进行能源结构调整,使用太阳能这一低碳型、可再生清洁能源,对于印度减少石油、煤炭等能源消耗、降低碳排放量和实现居民绿色生活模式具有十分重要的意义。尽管在 2004 年以来,印度经济增长率超过 9%,但能源消耗增长率却不到 4%,这说明印度节约能源政策已经取得了积极成果。

(4)贯穿可持续发展主线,以“适应”为重点

印度的国家气候变化行动计划,核心思想是社会和经济的可持续发展,无论是发展太阳能计划还是提高能源效率计划,无论是喜马拉雅生态保护还是绿色印度计划,核心都是保护生态环境,促进社会和经济可持续发展,增强适应气候变化的能力。

在气候变化问题上,印度政府多次指出,持续快速的经济增长对所有发展中国家至关重要,气候变化影响最大的是发展中国家的贫困人口,而实现经济增长是帮助贫困人口提高适应气候变化影响的根本途径,但这种增长必须是可持续的,不能以牺牲环境为代价。印度总理辛格在行动计划发布会上重申:解决国家贫困问题需要经济的快速增长,但是,经济增长必须和生态环境可持续发展同步进行,不能顾此失彼。

印度的行动计划明确指出:印度采取这些措施只是促进国内经济发展所采取措施的部分内容,在促进经济发展的同时,达到应对气候变化的目的。可以说,印度应对气候变化的政策贯穿着可持续发展的发展理念。

8.2.4 积极参与国际合作与竞争

在 2009 年哥本哈根会议进行期间,印度抛弃了一贯坚持的“不承诺减排原则”,让国际社会刮目相看,也使印度一跃成为影响国际气候谈判的大国。当前印度政府认为,更有建设性地参与到国内、国际的低碳政策中去才是对印度最有利的。

印度宣布 2020 年前把本国的“碳排放”在 2005 年基础上削减 20%～25%。2010 年 12 月,印度政府公布减排目标,到 2020 年,使废气排放比 2005 年少 24%,到 2030 年,减少 37%。这使得印度必须对国内的温室气体减排设定一个量化标准,同时进一步推动它的总量控制与排放交易机制的发展,允许污染单位买卖排放许可。这一转变体现了发展中国家

---

① http://www.financialexpress.com /news/carbon-market-is-worth-rs-65-000-crore/273556 /.

② http://sify.com/news/mandatory-energy-efficiency-ratings-in-the-offing-news-national-jh5sOeeidgg.html. 2011 年 6 月 8 日访问。

应对气候变化的合作姿态和责任。在 2010 年 12 月坎昆国际会议上，印度还提出了温室气体减排量的国际磋商和技术转让方案的建议。这一切足以表明，印度作为发展中国家第二大国，在国内和国际应对气候变化国际谈判方面发挥了积极作用。

总之，印度作为发展中国家的大国，在应对气候变化的政策和立场上彰显了自身的态度和立场，对国内应对气候变化政策上也有自己特色的战略考量。尤其 2009 年后印度在碳减排方面的态度转变，必将推动未来全球气候谈判的进程。

8.3　印度尼西亚、马来西亚应对气候变化政策

印度尼西亚和马来西亚地处东南亚，都是东南亚国家联盟成员国，同时，也都是 77 国联盟成员国。两国气候类型同属于热带雨林气候，其应对气候变化的公共政策具有一定的代表性。

8.3.1　热带雨林面临的危机

热带雨林是对气候变化极为敏感、生态比较脆弱的地区。近几十年来，由于气候本身的变化和人类生产生活的影响，热带雨林正在遭到大面积破坏。这表现在以下几个方面。一是雨林面积的急剧缩小。世界上每年约有 12 万 km^2 的热带雨林消失；二是现存的雨林也在碎片化，即变得条块分割、没有连贯性，尤其在亚洲雨林区，如印度尼西亚、马来西亚、菲律宾的雨林已经变得支离破碎；三是物种的灭绝。地球上最大规模的物种灭绝发生在热带森林，其中包括许多人们尚未调查和命名的物种；四是动植物类型结构的变化，例如一项调查表明亚马孙雨林最深处的树种结构发生了显著的变化；五是热带雨林作为重要的生态系统所提供的各种服务（如碳储存和封存、固定水土、流域保护等）功能在退化。

气候变化对热带雨林国家经济和社会生活产生了巨大的不利影响，主要体现在以下方面：一是动植物资源、生物物种的减少和变化，使这些国家人民生产和生活条件发生变化，不得不作出一些适应性调整；二是极端天气现象增加，旱涝灾害加剧；三是一些对热、水敏感的疾病发生的几率大大增加，从而预防和治疗这些疾病的成本也大大增加。

面对这些变化的压力，热带雨林国家作出了积极的响应，其中印度尼西亚和马来西亚的行动具有一定的代表性。

8.3.2　资源保护与绿色能源政策

印度尼西亚由太平洋和印度洋之间 17508 个大小岛屿组成，陆地面积为约 190 万 km^2，海洋面积约 316 万 km^2，人口 2.3 亿（不包括专属经济区），位居世界第四。马来西亚位于太平洋和印度洋之间，分为东马来西亚和西马来西亚两部分，面积约 33 万 km^2，人口 2733 万。这两国都在受气候变化影响最大的国家之列，同时也是工业化过程对气候变化造成了重大影响的国家，例如印度尼西亚碳排放量居世界第三位，仅次于中国和美国。因此它们减排固碳、保护森林、开发新能源等各项责任十分重大、任务艰巨。

印度尼西亚和马来西亚在应对气候变化过程中采取的首要政策措施是保护热带雨林。

印度尼西亚是全世界保有原始森林面积最大的国家之一,热带雨林是其生存和发展最大的优势资源,但该国的毁林情况非常严重,被吉尼斯世界纪录评为"全球毁林速度最快的国家"。为改变这种状况,印度尼西亚积极加强对森林的保护,设法增加树木种植,扩大森林面积。其保护森林的主要计划包括"婆罗洲之心"计划与"乌卢梅森项目"。"婆罗洲之心"计划是文莱、印度尼西亚、马来西亚三国政府为保护婆罗洲热带雨林和生物多样性而共同推出的一项重大绿色环保计划,它旨在通过跨国合作,对婆罗洲心脏地带的热带雨林进行研究、保护和永续利用,开展教育和培训,切实保护该地区森林资源和物种多样性,从而保护这一珍贵的世界自然遗产。2008 年,印度尼西亚启动了保护热带雨林的另一项重要工程——"乌卢梅森项目",该项目的计划是,通过保护乌卢梅森森林,在未来 30 年内,使 1 亿吨 CO_2 得以吸存在森林植被和土壤中。另外,印尼政府 2010 年还公布了一项保护本国天然林的"两年计划",禁止天然林资源用于商业用途。马来西亚早在 1984 年就制定了国家森林政策,1992 年进行了修改和补充,对森林的开发和利用作出了规定,对非法侵占林地和非法采伐规定了严厉的处罚措施。通过这些措施,热带雨林大面积迅速被毁的势头基本上得到遏制。

第二项重要政策措施是积极开发新的替代能源。在可持续发展的框架内,实现高效、清洁、可靠和经济上可担负的能源供应与利用。2003 年 12 月,印度尼西亚政府出台了"可再生能源与能源保护政策",简称"绿色能源政策"。该项政策的理念是建立一种可持续能源供应与利用体制,鼓励集约利用可再生能源、利用能效技术、营造节能型生活方式。其中包括乡村电力化计划和乡村能源自立计划。2005 年印度尼西亚政府减少了燃油补贴;2006 年发表的印度尼西亚国家能源战略报告提出的目标是,到 2010 年生物燃油的使用占所有能源比例的 2%,2025 年达到 5%[①]。印度尼西亚开发的非化石能源主要是蓖麻油、棕榈油和地热资源等。印度尼西亚政府积极鼓励企业生产棕榈油和蓖麻油,把这两种产业视为可再生能源产业,给予大力支持促进其发展。印度尼西亚还拥有全球 40% 的地热资源,开发潜力巨大。在 2010 年召开的第四届世界地热大会上,印度尼西亚表示要大力发展本国地热能,争取到 2014 年让印度尼西亚的地热发电装机容量从目前的 120 万 kW 增至 400 万 kW。

马来西亚降低对化石燃料依赖度的措施主要是大力开发和利用水能,将水能作为新增加能源需要的主要解决方案。马来西亚蕴藏着丰富的水资源,目前全国水资源开发仅占可开发总量的 5%(郭军 2006)。为了鼓励新型洁净能源的开发,马来西亚 2002 年签署了《议定书》,并设立了清洁发展国家委员会。马来西亚规定,开发新能源(水能、风能、太阳能)的公司,进口国内不能生产的设备可免征进口关税和销售税 5 年,并可按技术创新身份规定,免征所得税 10 年。不过印度尼西亚和马来西亚在这方面的行动和政策也遭到一些批评。有研究认为,印度尼西亚的生物能源政策,特别是发展棕榈油的计划刺激了人们去毁林种树,这不仅没有达到减排的目的,反而造成了大片热带雨林的破坏。

第三项政策措施是保护和利用海洋资源。印度尼西亚的海洋面积比陆地还大,有着丰富的海洋资源。鉴于海洋对气候变化的重要作用,印度尼西亚政府十分重视利用海洋植物的固碳能力,加大海洋对 CO_2 的吸收,以实现减排。2009 年 5 月 11—15 日,印尼政府主办了

---

① 孙天仁. 探索新能源之路.《人民日报》2009 年 6 月 3 日第 6 版。

首届世界海洋大会,会议宣言呼吁各方在哥本哈根大会上讨论海洋、海岸与气候变化之间的相互作用。紧接着,印度尼西亚、菲律宾、马来西亚、巴布亚新几内亚、所罗门群岛和东帝汶六国领导人签署了"珊瑚金三角"倡议,通过了关于保护和可持续管理海岸及海洋资源的区域行动计划,加速区域合作,共同采取措施管理海洋、海岸和小岛生态系统。"珊瑚礁金三角"区域不仅有地球上面积最大的红树林区,还拥有世界最丰富的海洋生物物种和富饶的渔业资源,全球76%的珊瑚和35%的珊瑚礁鱼类生活在这里,因此,该区域也被称为"海中亚马孙雨林"。

第四项措施是积极进行国际合作,争取外部资金、技术、知识等各方面的援助,举办各类国际会议、论坛,宣传国家的理念,改善国家的形象,提升国家的地位。2007年12月,印度尼西亚巴厘岛举办了《公约》成员国第13次会议,并制定了巴厘岛行动计划;印度尼西亚成立的气候变化中心得到美国的支持,奥巴马表示,美国要为其提供700万美元资金用于建设该中心,并另外提供1000万美元用于相关项目。该气候变化研究中心建成后,将成为世界一流的气候变化综合研究基地。既开展应对气候变化的科学和技术研究,又开展战略性的气候政策研究。澳大利亚、挪威、英国、日本、荷兰等对印度尼西亚的气候变化项目都有重要的合作和经济援助。

8.3.3　气候政策的特色与不足

印度尼西亚、马来西亚等国家积极应对气候变化,在采取一系列国际上共同的行动措施的同时,根据各国实际情况制定和实施了各有特色、各有侧重点的气候变化应对措施和相关政策,加强对特色气候变化战略、特色项目、特色措施和特色政策的研究。但是,显而易见,这些政策措施在制定和实施的过程中还存在很多问题。首先,在实施过程中,由于缺乏资金、技术和人才,许多措施和政策落实不到位,流于形式。其次,一些公共政策措施的科学性和效果有待检验,各种措施之间的衔接也不尽人意,缺乏协调性。例如前面提到的印度尼西亚和马来西亚的发展棕榈油产业以替代化石燃料的计划,加剧了热带雨林的破坏。生物和海洋资源都是高成本的资源,如何利用是一个世界性问题。碳排放的增加、能源的短缺等从根本上说是人口与资源的矛盾,不顾及人口政策的单边的资源政策往往是无效的。第三,应对气候变化需要全球共识和共同努力,热带雨林虽处于赤道两旁,但是没有全世界的一致行动,单靠热带雨林的主权国家,作用十分有限。加强国际合作、彼此协调,还有待于各国的努力。

8.3.4　综合化与国际化的政策趋势

从印度尼西亚和马来西亚应对气候变化政策的发展趋势来看,政策的综合化和国际化已经提上议事日程。

政策综合化。印度尼西亚和马来西亚在应对气候变化政策初期往往是针对某一领域、某一问题的单项措施,力度小、层次级别比较低,因而协调性不够。针对这种情况,最近几年,它们出台了一些综合性措施。例如印度尼西亚于2007年出台的应对气候变化的综合性方案——"国家行动计划"。该计划将减排作为中心,制定了从森林保护、垃圾处理、节约能源等多方面着手,实现到 2020 年在没有外援的情况下减排 26％的具体目标和措施,地方政府也为本地区制定了相应的减排计划。马来西亚在水资源开发和利用方面的情况并不理想,主要是缺乏技术、信息和意识,马来西亚有意设立水资源管理国家框架来解决这一问题。

注重政策与世界的接轨。印度尼西亚和马来西亚以往制定的有关公共政策往往具有很强的模仿性、被动型,加上自己经济实力有限以及其他原因,这些政策或者因为缺乏资金和技术支持被搁浅,或者由于公众和企业认同度低而流于形式。这些年来,它们注重改变这种政策制定和实施思路,主动与世界同步、接轨,以更加积极的姿态参与全球应对气候变化的谈判和行动中,从而获得了发达国家资金、技术和信息的支持,也更加有效地推动了公众的参与。这两个国家近几年多次承办了国际性的会议;在 2009 年哥本哈根大会上,马来西亚承诺在发达国家给予技术转让和资金支持的条件下,2020 年比 2005 年减少碳排放 45％,显示了一种十分积极的姿态。它们建立了跨国性的研究机构,实施了一系列跨国行动计划。这些都推动了两国应对气候变化政策的有效实施。

8.4　巴西应对气候变化政策

巴西位于南美洲东南部,面积 851.49 万 km^2,是拉丁美洲面积最大的国家。国土 80％位于热带地区,最南端属亚热带气候。素有"地球之肺"之称的亚马孙热带雨林总面积达 750 万 km^2,其中大部分位于巴西境内。北部亚马孙平原属赤道气候,年平均气温 27～29℃。中部高原属热带草原气候,分旱、雨季。南部地区平均气温 16～19℃。

8.4.1　宏大的减排目标

巴西在气候变化中扮演着重要角色。根据世界资源研究院的数据显示,巴西是世界上最大的 10 个经济体之一,是仅次于中国和印度的第三大发展中国家,也是世界上最大的 8 个温室气体排放国之一。

巴西政府认为气候变化的最直接动因是温室气体在大气中的历年积累,每年的排放数据显示发展中国家对于气候变化的影响最大。2007 年以前,巴西没有全国性的应对气候变化的战略。[①] 2007 年巴西政府开始重新响应气候变化问题;2008 年 12 月,"应对气候变化国家计划"制订完毕。2009 年 12 月的哥本哈根世界气候大会之后不久,巴西国会正式通过了应对气候变化的全国性政策立法,巴西政府提出了到 2020 年实现温室气体减排 36.1％～38.9％的宏大目标。[②]

8.4.2　完备的应对气候变化国家计划

巴西气候变化政策最为典型的是其《应对气候变化国家计划》(以下简称《计划》)。该《计划》建立了巴西应对气候变化的一般原则、目标、路径以及手段措施。

---

① http://ipsnews.net/news.asp? idnews＝36555. 2011 年 6 月 8 日访问。

② http://www.enn.com/ecosystems/article/40884. 2011 年 6 月 8 日访问。

巴西应对气候变化政策的基本原则是：预警、预防、公民参与、可持续发展和"共同但有区别"的原则。

巴西政府提出了如下的政策目标①：1)相比目前的水平，按照每年10％的比例提高能源利用效率，至2030年以减少电力消费。2)在电力供应中，利用可再生资源发电要保持较高的比例(2007年，巴西约77％的电力供应来自可再生资源，其中主要是水力)。总体上，要让45％的能源供应来自可再生资源。3)在交通运输部门鼓励生物燃料的使用(尽管目前生物燃料的使用比例已经很高)，并且努力建立生物燃料稳定的国际市场。4)继续降低森林采伐的比例，尤其是亚马孙区域。到2017年，森林采伐的比例比现在要降低70％。5)增加对于环境影响和最小化适应成本的研究和开发。6)通过植树造林和建立林场，到2015年，消除森林覆盖率净减少的状况。

巴西政府的《计划》，主要目标是在保护气候系统的前提下确保经济和社会发展是协调和可承受的，以及要通过鼓励清洁生产来促进温室气体排放的减少。该《计划》也为联邦、州和地方政府实施减排铺平了道路。为保证该政策的有效实施，巴西政府提出下述的政策实施路径：1)履行巴西政府对《议定书》及相关文件的承诺；采取适应性的措施以减少气候变化的副作用以及环境、社会和经济系统的脆弱性；在地方、地区、国家层面上建立一体化的减缓和适应战略；鼓励和支持联邦、州及地方政府积极参与贯彻实施应对气候变化的政策、计划、方案；加强科技研究；利用财政和经济机制去促进减缓和适应气候变化的行动；确定已有的保护气候系统的政府行动的工具；在财政、技术转化等方面积极参与双边、多边的国际合作；2)巴西政府建立了专门的财政机制以推进气候变化行动的有效实施。与此同时，在组织机构上，巴西政府分别建立了气候变化委员会等一系列组织。

8.4.3 责任与贡献相匹配的政策基调

巴西政府应对气候变化的政策出台较晚，但是在此前，巴西政府已经出台了部分相关政策以实现温室气体的减排。当然，这些政策的主要目的不是去限制温室气体排放，而是去消除其负面影响。这些政策包括：乙醇计划、电力能源保护计划、可再生能源激励计划、生物柴油计划等。

乙醇计划。乙醇计划始于1975年，当时国际糖价下跌到谷低，而石油价格增加了巴西国内的财政负担。乙醇计划是关于生物能源生产和利用的最大的商业应用。乙醇计划成功地证明了大规模乙醇生产的技术可行性。乙醇计划帮助减少了空气污染，减少了温室气体的排放。研究显示，利用甘蔗及甘蔗渣生产乙醇每年可以减少945万吨的碳排放(1990—1991年)。

电力能源保护计划。电力能源保护计划始于1985年，目的是为了在电力供应和消费上减少电力资源的浪费。在1990年代，巴西大部分的能源消费是由水力供应的，因而，来自于电力部分的排放是很少的。1997年，巴西电力部门的排放等价于1700万吨CO_2，同年，电力

---

① http://www.aph.gov.au/LIBRARY/pubs/bn/2008-09/ClimateChange.htm#_Toc222285945. 2011年6月8日访问。

能源保护计划大约避免了 1200 万吨的温室气体。

可再生能源激励计划。2002 年，巴西国会通过了一项立法，旨在建立强制性的可再生能源市场。该法为全国电网使用可再生资源发电的计划提供了必要的法律支持。可再生能源激励计划分为两个阶段。第一阶段是安装 3300MW 的发电设施，包括小型水电、风力发电。2002 年，第一阶段提供了全国总电力的 1%。第二阶段增加到 10%。

生物柴油计划。巴西已经实施了国家生物柴油计划。该计划的目标是在柴油燃料中增加生物柴油的成分，计划到 2008 年 3% 的化石燃料中要添加生物燃料，到 2012 年达到 5% 的比例。生物柴油主要是从大豆和棕榈中生产提炼出来，也可以从动物脂肪、泔水和植物油中提炼。

总体而言，巴西主张每年的排放不应该被看作一个国家责任的幻像。巴西主张，国家责任应该与该国对全球气温升高的影响相关。因此，巴西拒绝在本世纪中期之前接受排放目标。同时，巴西认为全球总排放的责任负担应该是发达国家和发展中国家等同的。

8.4.4 积极参与国际化的合作与竞争

巴西虽然建立了应对气候变化的基本法律，并且提出了全面的应对气候变化的行动方案和路径。但是，从巴西的政策执行层面上看，这样的政策由于较为宏观和抽象，在实施上具有一定的难度。为推进相关政策的实施，取得预期效果，巴西未来的政策趋势主要集中在两个方面。

首先，巴西注重广泛的国际合作。巴西的国际合作将同时面向发展中国家和发达国家。与发展中国家的合作主要以协调立场为主，通过建立双边或多边的合作平台，在国际上用一个声音说话。2009 年 7 月，发展中国家的 5 国针对 G8 发表的温室气体减排声明，曾采取一致立场。2009 年 11 月，巴西颁布《计划》，公布减排目标；同时，巴西政府强调减排将基于自愿原则，而不接受强制式的减排。在合作资金方面，巴西强调和呼吁发达国家应当在努力减少自身温室气体排放的同时，在资金和技术方面对发展中国家给予帮助。与发达国家的合作主要是和美国、欧盟的合作。与美国的合作主要表现在生物能源的合作方面。但美国不愿对巴西开放生物燃料市场，导致合作缺乏进展，从而巴西的国际合作逐步转向欧盟。

其次，应对气候变化政策主要集中于节能减排以及环境保护。巴西拥有世界上最大的热带雨林——亚马孙森林。在原有的经济发展思维下，巴西的森林退化速度加剧，这一点已经引起各界的广泛关注。为此，巴西提出了热带雨林保护的计划，减缓热带雨林的砍伐。

此外，巴西还将利用其在生物燃料方面的技术优势，通过对发展中国家和发达国家的技术出口和转让，在缓解气候变化的基础上拓展经济新的增长点。

8.5 中国应对气候变化政策

相关研究表明，中国气候变暖趋势与全球的总趋势基本一致。中国未来的气候变暖趋势将进一步加剧；极端天气气候事件发生频率可能增加；降水分布不均现象更加明显，强降水事件发生频率增加;干旱区范围可能扩大;海平面上升趋势进一步加剧。①

8.5.1 积极与务实并重的政策立场

由于中国对全球气候变化的影响日益显著,国际社会对中国在应对气候变化问题中的政策和立场越来越关注。中国经济的快速发展,导致碳排放量近年来迅速增加,已超过美国成为全球最大的排放国。为了减缓以及应对气候变化,中国政府作出了不懈的努力,并于1993年1月5日通过了《公约》,2002年9月核准了《议定书》。中国积极参与了《公约》和《议定书》的谈判工作,自《公约》于1994年生效后,中国政府以认真负责的态度,积极履行在《公约》下作出的承诺。《议定书》生效后,中国又建立了CDM领导和管理体制。2007年6月,中国发布了国家气候变化项目。该计划既减少温室气体排放又适应气候变化的潜在后果。2008年6月9日,中国央行公布的国内排放贸易计划,包括从温室气体排放到水污染的每一项,推动了国家"绿色"增长的发展进程(齐晔等2007)。

中国政府高度重视应对气候变化,并制定了相应的具体政策予以应对。中国政府于2008年发布的《中国应对气候变化的政策与行动》白皮书,系统阐述了气候变化对中国的农牧业、森林和其他自然生态系统、水资源、海岸带、社会经济等其他领域的影响,并提出了减缓气候变化的政策,这些政策包括,调整经济结构,促进产业结构优化升级、大力节约能源、提高能源利用效率、发展可再生能源,优化能源结构、发展循环经济,减少温室气体排放、减少农业、农村温室气体排放、推动植树造林,增强碳汇能力、加大研发力度,科学应对气候变化等。在学界,也有相关学者对中国应对气候变化政策进行了研究,研究主题主要包括在以下几个方面。

8.5.2 全方位的应对气候变化的国家方案

2007年,中国公布了《中国应对气候变化国家方案》,提出了从温室气体减排到适应气候变化的国家行动。在国家方案中,相关目标包括到2020年可更新能源的使用要翻番,增加核能、天然气发电、可更新能源发电的能力以取缔火力发电,关闭效率不高的工业设施,提高建筑和设施的利用效率标准,提高森林覆盖率到20%。②

中国政府提出要制定和实施相关法律法规,包括尽快制定和实施《中华人民共和国能源法》,并根据该法的原则和精神,对《中华人民共和国煤炭法》、《中华人民共和国电力法》进行修订;全面落实《中华人民共和国可再生能源法》。加强制度创新和机制建设;强化能源供应行业的相关政策措施,包括在保护生态基础上有序开发水电,积极推进核电建设,加快火力发电的技术进步,大力发展煤层气产业,推进生物质能源的发展,积极扶持风能、太阳能、地热能、海洋能等的开发和利用等;加大先进适用技术开发和推广力度等,提高能源利用效率和节约能源。在工业生产中,大力发展循环经济,走新型工业化道路。在农业生产中,强化高集约化程度地区的生态农业建设,进一步加大技术开发和推广利用力度。强化对现有森

---

① 《中国应对气候变化的政策与行动》,2008年。

② 《中国应对气候变化国家方案》,2007年。

林资源和其他自然生态系统的有效保护。强化水资源管理,加大水资源配置、综合节水和海水利用技术的研发与推广力度。加强海洋环境的监测和预警能力,强化应对海平面升高的适应性对策。对于适应气候变化,中国政府确定了农业、林业、水资源和海岸带及沿海地区作为重点领域。在该国家方案中,要求继续加强农业基础设施建设,推进农业结构和种植制度调整。此外,该国家方案还要求气候变化相关科技工作的宏观管理与协调,推进中国气候变化重点领域的科学研究与技术开发工作,加强气候变化科技领域的人才队伍建设,加大对气候变化相关科技工作的资金投入。对于气候变化的公共意识,要加强宣传、教育和培训工作,鼓励公众参与。2008 年,中国政府进一步公布了《中国应对气候变化的政策与行动》,在此文件中,中国政府围绕两个方面来制定和实施相关政策:减缓气候变化的政策与行动,适应气候变化的政策与行动。

在减缓气候变化方面,中国积极调整经济结构,促进产业结构优化升级,大力节约能源,提高能源利用效率,发展可再生能源,优化能源结构,发展循环经济,减少温室气体排放,减少农业、农村温室气体排放,推动植树造林,增强碳汇能力,加大研发力度,科学应对气候变化。

在适应气候变化方面,国家制定并实施《农业法》、《草原法》、《渔业法》、《土地管理法》、《突发重大动物疫情应急条例》、《草原防火条例》等法律法规,努力建立和完善农业领域适应气候变化的政策法规体系。加强农业基础设施建设,开展了农田水利基本建设,扩大农业灌溉面积、提高灌溉效率和农田整体排灌能力,推广旱作节水技术,增强农业防灾抗灾减灾和综合生产能力。中国通过制定并实施《森林法》、《野生动物保护法》、《水土保持法》、《防沙治沙法》、《退耕还林条例》、《森林防火条例》、《森林病虫害防治条例》等相关法律法规,努力保护森林和其他自然生态系统。加快全国水资源综合规划、流域综合规划等规划的编制工作,制订主要江河流域水量分配方案,加快实施南水北调等跨流域调水工程,优化水资源配置格局,提高特殊干旱情况下应急供水保障能力,等等。

为了保证中国应对气候变化的政策能够得到预定目标,中国政府采取了一系列的措施为政策的实施提供保证。这些政策包括如下几个方面(苏明 2010)。

(1)应对气候变化的财政政策

应对气候变化的财政政策,是指那些会影响温室气体排放的财政政策。近年来,财政部同相关部门出台了多项支持新能源和节能减排的财政政策和措施,积极应对气候变化已成为财政政策着力点的重要内容之一。财政政策主要包括财政投资、财政补助及奖励。具体的政策措施如下。

① 中央预算内投资。为落实节能中长期专项规划、实现"十一五"节能目标,中央财政以投资补助的方式实施了十大重点节能工程。

② 风力发电设备产业化专项资金。为加快中国风电装备制造业技术进步,促进风电发展,中央财政安排专项资金支持风力发电设备产业化,以大力支持风电规模化发展。在做好风能资源评价和规划基础上,启动大型风电基地开发建设,同时建立比较完善的风电产业体系。

③ 实施"金太阳"工程财政补贴。为促进光伏发电产业技术进步和规模化发展,培育战

略性新兴产业,中央财政从可再生能源专项资金中安排一定资金,支持光伏发电技术在各类领域的示范应用及关键技术产业化,加快启动国内光伏发电市场。

④ 节能与新能源汽车示范推广财政补助资金。为扩大汽车消费,加快汽车产业结构调整,推动节能与新能源汽车产业化,开展节能与新能源汽车示范推广试点,采取财政补贴方式,鼓励北京、上海等13个城市在公交、出租等领域推广使用节能与新能源汽车。其中,中央财政重点对购置节能与新能源汽车给予补助,地方财政重点对相关配套设施建设及维护保养给予补助。

⑤ "节能产品惠民工程"财政补贴。中央财政安排专项资金,支持高效节能产品的推广使用,扩大高效节能产品市场份额,提高节能产品的能源效率水平。

⑥ 国家财政支持实施"太阳能屋顶计划"。注重发挥财政资金政策杠杆的引导作用,形成政府引导、市场推进的机制和模式,加快光电商业化发展。

⑦ 秸秆能源化利用补助资金。为加快推进秸秆能源化利用,培育秸秆能源产品应用市场,中央财政安排资金支持秸秆产业化发展。支持对象为从事秸秆成型燃料、秸秆气化、秸秆干馏等秸秆能源化生产的企业。补助资金主要采取综合性补助方式,支持企业收集秸秆、生产秸秆能源产品并向市场推广。

⑧ 再生节能建筑材料生产利用财政补助。为支持推动汶川大地震建筑垃圾处理与再生利用,2008年国家财政安排资金专项用于支持再生节能建筑材料生产与推广利用。补助资金使用范围主要包括:再生节能建筑材料企业扩大产能贷款贴息;再生节能建筑材料推广利用奖励;相关技术标准、规范研究与制定;财政部批准的与再生节能建筑材料生产利用相关的支出。

⑨ 节能技术改造财政奖励资金。2007年开始,中央财政安排必要的引导资金,采取"以奖代补"方式对企业节能技术改造项目给予支持,奖励金额按项目实际节能量与规定的奖励标准确定。

⑩ 中央财政主要污染物减排专项资金。为支持国家确定的主要污染物减排工作,2007年中央财政设立了主要污染物减排专项资金。减排资金重点用于支持中央环境保护部门履行政府职能而推进的主要污染物减排指标、监测和考核体系建设,以及用于对主要污染物减排取得突出成绩的企业和地区的奖励。

(2)应对气候变化的税收政策

中央政府在所得税、消费税、增值税、资源税等方面出台了一系列政策措施,初步建立了有利于节能减排的税收政策体系。具体而言,在增值税方面,对可再生能源开发、建筑节能、资源综合利用等方面给予税收优惠;在消费税方面,扩大消费税征税范围,将部分高耗能、高污染产品列入征税范围,对使用清洁能源、小排量汽车等给予税收优惠,将耗费资源的产品纳入消费税征收范围;在企业所得税方面,对企业从事节能环保、资源综合利用、"绿色"技术转让等方面,分别给予不同程度的税收优惠;在资源税方面,完善资源税制度,对资源税计征办法、征税范围等相关政策进行合理调整,陆续提高资源税税率,以利于提高资源综合利用效率;在出口退税方面,降低甚至取消高污染、高耗能以及部分资源性产品的出口退税等。

① 燃油消费税。2008年12月18日国务院印发了《关于实施成品油价格和税费改革的

通知》,决定自 2009 年 1 月 1 日起实施成品油税费改革,取消原来在成品油价外征收的公路养路费、航道养护费、公路运输管理费、公路客货运附加费、水路运输管理费、水运客货运附加费等 6 项收费,逐步有序取消政府还贷二级公路收费;推进成品油价格和税费改革,对规范政府收费行为,减轻社会负担,促进节能减排和结构调整有着重要作用。

② 税收优惠政策。现行税制中的多个税种中,有多项税收优惠政策是根据"十一五"规划中提出的节能减排目标、为了支持《节能减排综合工作方案》等节能指导计划而制定的。节能和清洁生产技术目录通过鼓励采用清洁和节能技术、设备及过程,提高能效,从而实现产业和技术升级。

(3)应对气候变化的收费政策

收费政策主要包括矿产资源补偿费和排污费等。

① 矿产资源补偿费。矿产资源补偿费有利于保障和促进矿产资源的勘查、保护与合理开发,维护国家对矿产资源的财产权益。同时,通过建立生态补偿标准,在生态补偿试点地区推行矿产资源的生态补偿机制,可促进地区经济的可持续发展。该机制的目标是通过向采矿企业的生产成本中引入环境污染惩罚和生态恢复费用,来实现生态环境外部成本的内部化。该机制的基本原则是开采者保护,破坏者修复,获益者补偿,以及污染者赔偿。生态保护的获益者有责任向生态保护者支付一定的补偿费用。

② 排污费。中国目前对污水、废气和固体废弃物等污染物的排放征收排污费,现行的排污收费已覆盖废水、废气、废渣、噪声、放射性等五大领域和 113 个收费项目。

(4)应对气候变化的政府采购政策

2004 年 12 月,财政部、国家发展和改革委员会联合出台了《节能产品政府采购实施意见》,公布了《节能产品政府采购清单》,其中列举了轻型汽车、复印机、打印机、木地板、电视机等 14 类产品,涉及 81 家企业和 856 个型号。文件要求各级国家机关事业单位和团体组织使用财政资金进行采购时,在技术、服务等指标同等条件下,应该优先采购节能产品采购清单中的产品。同时强调今后将逐步扩大清单范围并实行动态管理,及时进行调整和更新。2006 年 11 月,原国家环保总局和财政部联合发布了《环境标志产品政府采购实施意见》和首批《环境标志产品政府采购清单》,要求 2007 年 1 月 1 日起首先在中央一级预算单位和省级(含计划单列市)预算单位实行,2008 年 1 月 1 日起全面实施。2007 年 7 月国务院颁布了《建立节能产品强制性政府采购制度的通知》,规定各级政府机构使用财政性资金进行政府采购活动时,在技术、服务等指标满足采购需求的前提下,要优先采购节能产品,对部分节能效果、性能等达到要求的产品实行强制采购,以促进节约能源、保护环境,降低政府机构能源费用开支。建立节能产品政府采购清单管理制度,明确政府优先采购的节能产品和政府强制采购的节能产品类别,指导政府机构采购节能产品,科学制定节能产品政府采购清单。同时,许多地方政府和部门也积极在政府采购方面引入节能、环保导向。

(5)应对气候变化的碳汇政策

2005 年,国家发展和改革委员会颁布了 CDM 项目运行管理办法,规定了 CDM 项目管理的相关制度和基本原则。国家林业局也在 2003 年底成立了碳汇管理办公室,具体负责林业碳汇工作的协调和管理。

国家发展和改革委员会国家气候变化对策协调小组办公室、国家林业局碳汇管理办公室及中国气象局等单位结合各自业务分别搭建了网络信息平台,包括中国清洁发展机制网、中国气候变化信息网、中国碳汇网等。《议定书》正式生效后,为了规范有序地开展碳汇项目,国家林业局开展了"造林再造林优选区域选择与评价"研究。拟根据研究结果,制定中国林业碳汇相关的政策、规则和技术标准等,指导和促进 CDM 碳汇项目的开展。推动碳汇非京都市场的发育,研究林业碳汇问题的根本目的是促进森林生态效益市场化机制的形成。考察目前国际碳交易市场以及中国的经济发展现状,引导和培育非京都碳汇市场的发育是推动中国森林生态效益价值化、实现生态效益补偿市场化的有效途径。

在以上政策作用下,中国应对气候变化取得了一定的成效:2007 年,中国单位 GDP 能耗比上年下降 3.66%,2008 年 1—9 月又下降了 3.46%;2006 和 2007 年通过节能、提高能效、调整产业结构减少约 3.35 亿吨 CO_2 的排放;2007 年关停小火电机组 14380MW,淘汰落后的钢、铁产能 8400 万吨,水泥产能 5200 万吨,关闭小煤矿 2322 处,2008 年 1—9 月份又关停小火电机组 14580MW,大大减少了温室气体排放;2008 年,中国水电装机容量 1.64 亿 kW、风电装机容量 1000 万 kW、光伏发电 12 万 kW、太阳能利用 1.3 亿 m^2,仅 2007 年可再生能源利用总量就相当于少排放约 5 亿吨 CO_2。此外,中国政府 2007 年中央财政用于节能、环保的投入为 480 亿元人民币。

8.5.3 自主减排的实效与市场机制的欠缺

中国强调在《公约》的前提下,遵循"共同但有区别"的原则来确定各个国家承担的责任和义务,发达国家应该在应对气候变化中承担更多的责任和义务,因为这些国家在历史上排放了更多的温室气体,并且应该由发达国家率先减排。尽管在应对气候变化的责任义务上中国和其他国家存在着一定的异议,中国还是自主地开始了减排工作。

中国积极推进减缓气候变化和实施适应气候变化的政策,在调整经济结构,转变发展方式,大力节约能源、提高能源利用效率、优化能源结构以及植树造林等方面采取了一系列政策措施,取得了显著成效。[①]

虽然近年来中国应对气候变化的政策在不断完善和加强,但中国现有应对气候变化政策主要体现在"节能减排"措施之中,与发达国家以市场为主的政策工具有所不同,我们可以进一步在财政政策、税收政策、政府采购政策等方面完善相关政策,形成完整的应对气候变化的政策体系,从而更好地应对全球气候变化的挑战。

8.5.4 追求公平和可持续发展的政策取向

应对气候变化需要国际社会共同努力,各自确定可持续发展战略,实施科学发展。概括起来,中国的气候变化政策主要有两个趋势,一是注重全球范围环境与发展的公平性,积极参与全球应对气候变化的国际合作,主动提出应对气候变化的政策主张;二是坚持实施可持续发展战略,积极转变经济发展方式,主动采取适合措施实施减排。

---

① 《中国应对气候变化的政策与行动》,2008 年.

第9章 发达国家与发展中国家应对
气候变化政策比较

发达国家和发展中国家处于不同的社会背景和经济发展阶段,面临着各不相同的社会经济问题。纵观上述各国应对气候变化的政策,不难看出在制定、实施各项政策时,各国有不同的出发点和落脚点,即使在政策内涵一致的情形下也必然有其不同的利益追求和表述方式。

前面介绍的美国学者德特勒夫·斯普林茨(Detlef Sprinz)和塔帕尼·瓦托伦塔(Tapani Vaahtoranta)的理论,即生态脆弱性和减缓成本是决定国家在国际环境谈判中政策立场选择的两个关键因素,据此把国家在国际环境谈判中的立场分为4类:推动者、拖后腿者、旁观者和中间摇摆者(图6-3)。应该说该理论对许多国家最初的气候政策和国际谈判政策的选择具有重要的影响,比如以发达国家为例,欧盟(含英法德)、日本的"推动者"的角色,美国的"拖后腿者"的角色、俄罗斯的"旁观者"角色,澳大利亚的"中间摇摆者"的角色(图9-1),等等,都在其初期的政策制定和国际谈判中得以突出体现。

生态脆弱性

	低		高
低	旁观者:俄罗斯		推动者:欧盟、日本
减缓成本			
高	拖后腿者:美国		中间摇摆者:澳大利亚

图 9-1 对国际环境管理(谈判)不同态度的国家分类

但是需要指出的是,随着国际政治经济的变化,生态脆弱性和减缓成本两大要素的作用在减弱,围绕气候变化政策,基于大国利益政治、外交上的角逐愈加激烈,在争夺国际话语权的利益博弈中,角色的转变与政策的多样性成为不争的事实。比如俄罗斯从"旁观者"到"中间摇摆者"再到"推动者"的转变,就是适应这种情势变化的体现。鉴于此,我们认为,在应对气候变化政策发展的现阶段,基于前述的利益博弈的气候政策分析框架(图6-4),对各国气候政策进行比较分析更具有科学性和可行性。为此,我们分析框架,对各国气候政策研究从其政策背景、政策内容、政策评价、政策趋势等4个方面加以概括(表9-1),并在此基础上从发达国家和发展中国家两个方面进行气候政策国际比较分析,并得出研究结论。

表 9-1　各国应对气候变化政策

国别		政策背景	政策内容	政策评价	政策趋势
发达国家	美国	美国作为超级大国，对化石燃料存在严重依赖，并成为温室气体排放大国。近年来饱受各种气候灾害之苦。	凭借超级大国的地位推行单边主义，在国内颁行多项能源和气候法案，在国际上寻求符合自身国家利益的合作。	始终坚持应对气候变化的政策体系，为美国经济、政治与军事需要等服务的基本立场和单边主义原则。	随着能源结构的多样化，凭借科技优势，美国政府应对气候变化的政策必将有所调整。
	欧盟	一向强烈的环保意识和经济、科技和制度方面的优势使得欧盟一直积极致力于应对气候变化的工作。	多管齐下，形成了由政策目标、基本原则和具体的手段与措施所构成的层次分明、系统完整的政策体系。	对应对气候变化问题有高屋建瓴的认识和完善的政策法律体系是欧盟气候政策的主要特点。	坚持技术减排和制度减排相结合，减排与能源问题相结合，继续寻求应对气候变化领导者地位。
	日本	特殊的地理位置和自身资源的匮乏是日本气候政策制定的主要动因。	制定了世界上以防止地球温暖化为目的的最早法律，为减少温室气体排放，早日建立低碳社会积极努力。	对策框架清晰合理，以行政机构为主导，国家、社会团体、企业和国民等主体职责明确，共同努力是日本气候政策的主要特点。	政策制定的价值取向从经济视域向伦理视域转换，目标是实现环境与经济相协调的可持续发展。制定过程中将更加重视非营利组织的作用。
	澳大利亚	受气候变化影响最严重，但"应对气候变化将以经济发展为代价"的观念使得澳大利亚的相关政策一直处于摇摆状态。	20世纪80年代以来，气候政策出现反复，现在的政策主要是以良好的科技推动减排工作的开展。	经济因素一直是制约澳大利亚气候政策发展和完善的主要因素，也是导致政策缺乏稳定性和执行力的重要原因。	成本与效益的不均衡使其难以坚定立场。但极端天气仍将会对其的生存和发展产生影响，这一对矛盾将在相当长的一段时间内困扰澳大利亚。
	俄罗斯	高纬度的地理位置和能源出口的产业利益是影响俄罗斯气候政策制定的两大核心因素。	减排对俄罗斯来说是一把双刃剑，但经济上和政治上的利益使得其最终加入了《议定书》，并于其后颁布实施了一系列能源和气候方面的法案。	气候政策的积极努力带给俄罗斯的不仅仅是环境上的改善，还有更重要的经济和政治利益。	继续将国家的政治、经济利益作为其气候政策制定或者改变的重要考量因素。

（续表）

国别		政策背景	政策内容	政策评价	政策趋势
发展中国家	南非	气候影响着南非经济特别是农业的发展，而经济的相对发达使其碳排放量高居不下。	通过水资源政策的制定和抗性作物的开发等措施积极适应气候变化的影响。积极致力于在能源、交通、旅游等领域的减排工作。	坚持发展中国家的价值观和立场，坚持控制、适应与发展并重的基本政策设计思想。将气候变化政策融入到现有的政策制度框架内。	在国际上积极参与国际合作，寻求国际援助，在国内通过提高行政效率和清理政策范围等措施来强化气候政策的效果。
	印度	人口多，能源结构不合理等原因造成印度碳排放量居高不下，另一方面气候变化对印度的发展特别是农业带来严重的影响。	以能源、环境和农业政策为主要内容的《气候变化国家行动计划》是印度气候政策的主体和发展方向。	积极参与应对气候变化的国际谈判与合作，坚持发展中国家的立场，注重可持续发展和能源开发。	以更加积极的态度参与国际合作。更加注重技术在应对气候变化中的重要作用。
	印度尼西亚、马来西亚	作为热带雨林国家的代表，印尼和马来西亚的社会生活和经济受到气候变化影响很大。	保护热带雨林，开发替代能源，保护和利用海洋，积极参与国际合作。	气候政策富于特色但问题多多，政策缺乏科学性和落实不到位是其主要表现。	出台了综合性措施，强化政策实施效果，更加积极参与国际合作，与国际接轨。
	巴西	作为重要的发展中国家之一，其受气候变化的影响很大。	以《计划》为主要内容，包括应对气候变化的原则、目标、路径以及手段措施。	政策制定从消除气候变化影响到积极应对气候变化，主张根据一个国家对全球气温升高的贡献来确立减排的目标和责任。	同时面向发展中国家和发达国家的国际合作，开发新能源、节能减排以及保护环境是巴西今后发展气候政策的主要方向。
	中国	最大的发展中国家，最大的碳排放国家，也是最重视最积极的应对气候变化的国家之一。	调整经济结构和能源结构，采用行政、财税、市场等多重手段适应和应对气候变化。	坚持发展中国家的立场，积极主动地承担减排义务，具体措施上有进一步完善的余地。	坚持实施可持续发展战略，在公平原则之下积极参与全球应对气候变化的国际合作。

在对气候变化政策进行国际比较分析时，我们还力求体现气候政策研究区别于一般公共政策研究的特征，采用前文阐述的"国家利益"的分析主线，利用气候谈判、政策协调与气候外交等基本的政策工具，注重国际组织在政策主体中的重要作用，突出"前摄适应"①的气

---

① 吉登斯在《气候变化的政治》中提出的一个基本概念，它的含义在于，认识到气候变化问题在未来不可避免地会变得更加严重，在采取措施减少气候变化的同时，还必须在政治上积极去适应将由此带来的问题。"前摄适应"要求以一种长远的思维考虑未来气候变化将给我们带来的后果，从而积极采取预防的措施。[英]吉登斯著，曹荣湘译.气候变化的政治[M].社会科学文献出版社.2009:1-30.

候政策研究理念。

9.1 发达国家与发展中国家气候政策要点

9.1.1 应对气候变化政策的共同背景

近年来,虽然全球主流观点是承认并力求解决温室效应,然而极力否定全球暖化的观念却一直存在。两种大相径庭的矛盾主张在此消彼长中共存至今。2006 年,曾落选美国总统的阿尔·戈尔拍摄了纪录片《不可忽视的真相》,采用冰冷的客观数据与感性的第一手图片论证全球暖化危机的真实性。影片中因浮冰碎裂而再无栖身之地的北极熊震撼了全世界,最终获得奥斯卡最佳纪录片奖,戈尔本人也因此获得 2007 年的诺贝尔和平奖。

2007 年 3 月,英国第 4 频道就播出了与之唱反调的纪录片《全球变暖大骗局》(The Great Global Warming Swindle),影片采访了气象学、气候学、古气候学、海洋学和生物地理学等共 9 位专家,声称全球暖化是太阳运动的结果,并非"人为"排放 CO_2 的结果。该片一经播出,引起全球范围的轩然大波。很多人开始质疑气候变暖的真实性。随后不久,英国广播公司(BBC)时事与新闻栏目监制、著名环境记者杰瑞米·布里斯在纪录片《我们能拯救地球吗?》中探讨了报道气候变化的态度和方法,直指《全球变暖大骗局》进行误导性宣传,部分所谓专家身份不实、对专家的讲话断章取义、图表数据有很多错误等。

2009 年 1 月 15 日,关注气候变化的群体博客公布了通过谷歌搜索功能分析统计数据得出的全球变暖反事实言论更为活跃的结论,如果输入"全球变暖"和"怀疑论者",从 2008 年 1 月 1 日到 2009 年 1 月 1 日共搜索到 73956 项网页结果,几乎是前一年的两倍(2007 全年仅有 38346 项搜索结果)[1]。

2009 年 11 月 17 日,"真实气候"网站[2]被入侵的黑客盗发了一篇题为"奇迹的发生"的博文,声称其解密的英美科学家 13 年来的电邮记录[3]显示,部分科学家操纵数据、伪造科学流程支持气候变暖的论调。此言一出,全球哗然,很快演变为极端的"气候门"事件,对哥本哈根气候大会产生了不良影响。会议最终达成无关痛痒的协议书与之有着微妙联系。

麻省理工学院地球、大气与行星科学系气象学教授理查德·林德森宣称:"总有一天全球变暖论将被揭露为一场骗局,我希望这发生在我的有生之年"。美国国会议员詹姆斯·桑森布雷纳指责全球暖化是"科学的法西斯",要求国会严审奥巴马政府的减排计划,"总有一天全球变暖论将被揭露为一场骗局"。

2010 年 6 月,英国前公务员罗素领导的调查报告却维护了东安格利亚大学气候研究中

---

[1] http://env.people.com.cn/GB/8701244.html. 2011 年 3 月 23 日访问。

[2] www.realclimate.org. 该著名网站由全球暖化象征指标——气温曲线图(即著名的曲棍球杆图)的提出者迈克尔·曼恩(Michael Mann)创设,现由多位气象科学家联合主笔。

[3] 这里指从全球领先的英国东安格利亚大学气候研究中心盗取的研究人员与世界各地同行之间的 1000 多份工作邮件。

心的诚信,"这些电邮并不能推翻 IPCC 有关人类造成全球变暖的结论……科学家(对数据)的严谨和诚实是不容置疑的,我们没有发现任何能够推翻 IPCC 结论的证据"①。然而,2011年 1 月 11 日,《每日邮报》刊文表示,"全球气候暖化已经停止,小冰河期正在来临,未来 30年将持续寒冷"②。全球变暖政策基金会更是大张旗鼓地发布了 900 多份同业互评论文支持对"人为"全球变暖警报的怀疑③。

这场持续数年、影响全球的"你方唱罢我登场"的大戏让平民百姓一头雾水,无所适从。如盖洛普民调查显示,相信全球暖化被夸大的美国人由 2006 年的 30% 上升为 2010 年的48%。原因在于,全球暖化不是一个非黑即白的问题。大气运动是太阳、洋流、宇宙射线合力参与的复杂过程,气候变暖是自然因素与人为因素共同作用的结果,目前的科研水平很难区分两者的作用力大小。远望万年,曾有过两次大温暖期,分别在大禹治水和 14 世纪;近看百年,20 世纪 70 年代,人类工业进入高速发展期,而温度急速增长却在 40 年代。科学理论不能预测未来,甚至在解释过去时都可能因技术能力、信息掌控等引发疏漏。以 2010 年的全球寒流为例,2009 年 12 月,《印度时报》指出"2010 年将是全球有史以来最热的一年"④。2009—2010 年的整个冬季,久未遭遇的严重寒流暴雪却侵袭了整个北半球,造成惨重的人员伤亡和巨额物质损失。气候变暖怀疑论者普遍认为,寒冬佐证了阿不都·参曼托夫的地表温度速跌理论⑤,正是进入小冰河期的标志。气候变暖支持论者则认为,寒冬证实了泰伦斯·乔伊斯(Terrence Joyce)地球暖化将导致气候变冷的说法⑥。双方各执己见,均没有足够的科学依据说服对方。

2010 年 12 月,美国参议院议员詹姆斯·英霍夫再度斥责气候变化是个骗局,"事实上,我们现在正身处冷时期的第 3 年"。短短月余后,WMO 却确认,"2010 年全球平均气温是自人类有气温记录以来最高的一年……2010 年全球平均气温较 1961—1990 年的平均气温高

---

① "'气候门'事件调查:科学家未刻意夸大气候暖化",http://news. xinhuanet. com/tech/2010-07/09/c_12316312_2. htm. 2011 年 3 月 23 日访问。

② 30 Years of Global Cooling Are Coming, Leading Scientist Says. http://www. foxnews. com/scitech/2010/01/11/years-global-cooling-coming-say-leading-scientists/. 2011 年 3 月 23 日访问。

③ 900+ Peer-Reviewed Papers Supporting Skepticism of "Man-Made" Global Warming(AGW)Alarm. http://www. thegwpf. org/science-news/2816-900-peer-reviewed-papers-supporting-skepticism-of-qman-madeq-global-warming-agw-alarm. html. 2011 年 3 月 23 日访问。

④ 2010 to be the world's warmest year. The Times of India. 2009-12-11.

⑤ 2007 年,俄罗斯圣彼得堡普尔科沃天文台太空研究主任阿不都·参曼托夫在接受《国家地理杂志》访问时提出,地球温度变化主要来自太阳照射地球的多少。根据太阳黑子长期活动的趋势,2014 年左右,地表温度将不再升高。2042 年,太阳黑子活动将降到最低,地表温度在 2055—2060 年将跌至谷底,进入类似 1650—1850 期间的小冰河期。

⑥ 2003 年,美国伍兹霍尔海洋研究中心的泰伦斯·乔伊斯等提出,全球暖化导致北极冰融,冰面的缩小使其反射太阳热减少,地面吸热增加打破北极冷空气的气墙,改变气流移动方向,冷气泄出至中纬度地区引起北半球寒流。

0.53℃,比平均气温最高的 2005 年和其次的 1998 年分别高出 0.01℃和 0.02℃"①。忧思科学家联盟的布伦达·依库泽表示,"如果观察十年以来的变化,我们会发现 2001—2010 年是自 1880 年以来最热的十年。而之前的一个十年(1991—2000 年)是第二热的十年,1981—1990 年就是第三热的十年"②。即至少近几十年的记录最终表明全球正在变暖,但"科学家普遍认为,近百年全球气候变暖,是由人类活动和自然因素共同导致的。但其中哪一个是主要原因,目前还存在较大争议"(刘毅 2003)。

虽然,只要人为因素是全球温暖化的原因,无论所起作用大小,减少温室气体排放必然有利于缓解气候变暖,这也是不论发达国家还是发展中国家几乎都倡导减排的基本理由。但是,在使用过程中新增大量 CO_2 的化石能源是目前全球消耗的最主要能源,减少此类能源的应用将大幅度地增加生产成本,阻碍经济增长,且很多国家(特别是发展中国家)根本无力承担开发新能源所需的大量资金与技术。"气候变化问题表面上是一个环境问题,其实质是政治问题和经济问题"(Mckibbin and Wilcoxen 2002,Newell and Pizer 2003,Heal and Kristrom 2002)。对于一国而言,科学上尚未完全确认人为活动是全球变暖的主因,政治上别国未有重大减排举措,贸然牺牲本国经济利益进行实质性的大规模减排显然不符合维护国家利益的基本原则。这些顾虑直接导致各国在不同时期、不同情境中依据自身利益而变换"支持论"或"怀疑论"的立场,相应的应对气候变化的具体政策亦随之摇摆不定。

9.1.2　发达国家应对气候变化政策要点

纵观发达国家应对气候变化政策的演变,不难得出以下结论:

第一,坚持国家利益至上的原则。维护和实现本国的国家利益是所有发达国家应对气候变化政策的终极目标,任一国家在全球应对气候变化的义务分担中为保护自身利益不遗余力,各自的政策体系背后的行动逻辑、内在机理及发展脉络无不贯彻着国家利益至上的原则。

第二,气候变化与政治、外交和国家地位的联系愈加紧密。当今世界,应对气候变化早已超出自然科学范畴,成为关系人类社会可持续发展的关键。随着近年来全球极端气候问题日益严峻,发达国家开始意识到气候变化国际政策的重要价值,逐渐减少立场摇摆,纷纷试图重回气候变化国际事务引领者的行列。气候政治、气候外交成为大国间利益博弈的一张王牌,成为国际地位和全球话语权的重要标志。

第三,致力于低碳社会法律政策的体系构建。面对后京都协议书时代的气候变化政策,各国以低碳社会发展为目标,从全局性、系统性着眼,对现有法律政策加以整合与完善,通过相关法律政策的体系构建,力图多方面、多层次地将气候变化政策纳入法制化轨道。

第四,通过技术支援寻求与发展中国家的对话空间。发达国家拥有一流的先进技术,为与

---

① 王昭,刘洋. 世界气象组织确认 2010 年是有记录以来最热一年. http://www.chinanews.com/gn/2011/01—21/2802207.shtml. 2011 年 3 月 23 日访问。

② 森林. 科学家称 2010"最热"气候变化怀疑论者不买账. http://www.weather.com.cn/ climate/qhbhyw/02/1269219.shtml. 2011 年 3 月 23 日访问。

发展中国家在应对气候变化问题上的合作提供了对话空间。没有发达国家的技术支援,发展中国家应对气候变化的政策实施就难有成效。这样的政策态度与合作对话,有助于缓解矛盾,寻求共赢,促进全球气候变化政策框架体系的建构与完善,从而对国际政治、经济和社会发展带来重大影响,对发展中国家的气候谈判与气候政策的制定更具有重要的现实意义。

9.1.3 发展中国家应对气候变化政策要点

全球工业化以来,人类排放的温室气体导致的气候变暖,已成为国际社会中的一个热点话题。除了发达国家外,发展中国家也纷纷依据自身的优势,出台和实施相关政策措施,避免气候变化对经济社会发展带来不利影响。总体上看,各国的应对气候变化政策各不相同,各具特色,同时也具有一定的共性。

(1)发展中国家都制定了结构庞大、系统性强、有一定的实践可能性的政策体系,这些政策在实际操作中也发挥了一定的作用。

(2)发展中国家应对气候变化政策与各个国家的历史责任、发展水平、发展阶段和能力大小紧密相关。各国都是以自身能力来确定自己承担的责任,从而制定政策措施。

(3)各国都追求独立自主实施相关政策来应对气候变化,同时也希望得到国外资金和技术的支持。离开发达国家的帮助,发展中国家应对气候变化政策达到预期目标的可能性很小。

9.2 严重分歧及利益动因

全球可持续发展与本国利益是各国制定与执行应对气候变化政策的出发点与核心目标。从《议定书》到巴厘岛路线图,从哥本哈根到墨西哥会谈、再到曼谷会议,发达国家和发展中国家一直存在严重分歧。小布什曾以缺乏科学依据为由拒签《议定书》,此后美国长期图谋另起炉灶;欧盟首先倡导"气候外交",拟借"气候牌"占据世界政治领导地位;深受气候变化威胁的马尔代夫一度因财政赤字退出气候谈判;中国和日本积极推进低碳经济,力求引领气候变化行动。

我们已分别对发达国家与发展中国家应对气候变化的长期政策依时间轴线进行了深入探讨,无需赘述。此处仅以2010年底墨西哥坎昆的联合国气候谈判第16次缔约方大会(COP16)和2011年春季泰国曼谷的气候变化会谈为例,比较分析发达国家与发展中国家应对气候变化政策的严重分歧及其利益动因。

9.2.1 "并轨"与"双轨"的分歧

《议定书》、巴厘岛路线图和《哥本哈根协议》均遗留了大量悬而未决的政治议题,坎昆会议的召开关系到多边气候谈判能否继续。如再不能达成"平衡的一揽子"成果,正如欧盟气候委员康尼·赫泽高的警告,"一些缔约方有可能对联合国谈判进程失去耐心,转而考虑其他选择"[①]。各参会国抵达墨西哥前均有此共识,但整个谈判过程显示,发达国家与发展中

---

① 坎昆期待妥协 中美交锋将再次上演. 21世纪经济报道,2010-11-30.

国家在减排义务、资金与技术提供等方面的严重分歧丝毫未变,而这些实质上就是减排责任的"并轨"与"双轨"的分歧。

(1)发达国家的"并轨"主张

欧盟作为气候变化谈判的发起者与推动者,一贯积极表达减排立场,坎昆会前曾单方承诺,到2020年将其温室气体排放量在1990年基础上至少减少20%;在成员国间达成到2020年将可再生能源在欧盟终端能源消费中比例增至20%,并将能效提高20%的约束性目标。即便如此,面对严峻的气候形势,欧盟亦不愿率先提高减排目标。2010年12月6日,欧盟代表康妮·赫泽高表示,"欧盟不会单方面承诺将2020年时的温室气体排放量在1990年的基础上减少30%"。其进一步加强减排工作的前提是"其他发达国家作出可比性努力,主要发展中国家能够承担足够责任"①,"并轨"的企图一目了然。

美国是人均温室气体排放量最大的国家,也有能力提供应对气候变化所需资金和技术。正如印度环境和林业国务部长贾伊拉姆·拉梅什所说"抛开美国无法达成气候变化协议,即便达成也没有意义"②。重要的国家地位、雄厚的政治、强大的经济与科技实力使美国在多方谈判中一向坚持强硬立场。美国代表团首席谈判代表乔纳森·潘兴表示,"尽管在11月份的选举中共和党人获得更多支持,奥巴马仍然致力于实现至2020年美国温室气体排放比目前降低17%的目标"③。美国气候变化特使托德·斯特恩在新闻发布会上表示,"美国实现17%的减排目标需要立法因素的配合"。这不仅使各国希望美国加强减排力度的期待落空,甚至暗示其可能迫于国内中期选举中反减排的共和党胜利而无法实现哥本哈根会议时的基础性承诺④。化石能源对推动美国经济发展作用显著,由金融投资者掌控的政权不会轻易放弃利益,推脱减排责任是美国的一贯作风。然而,全球气候条件的恶化、本国居高不下的排放量、世界瞩目的经济实力和百年来标榜的"自由、民主、和平与文明"的形象都使其不敢公然对抗减排(国内环保人士施加的压力亦有一定作用),转而把矛头指向"共同但有区别"的责任承担形式,大肆宣扬发达国家与发展中国家的责任"并轨"。如发达国家在《哥本哈根协议》中曾承诺,在2012年底前建立300亿美元"快速启动基金",以帮助发展中国家应对气候变化。美国以发展中国家的自愿减排没有"三可"(可衡量、可报告、可核实)作为核查系统为由,整个2010财政年度仅向基金提供了17亿美元,且其中4亿美元通过出口信贷等间接方式提供。2010年12月1日,美国自然资源保护委员会在媒体见面会上认为,"坎昆会议要取得成果的关键是至少解决一部分衡量、报告、核实以及融资的问题。如果发展中国家

---

① "欧盟官员重申将不会无条件单边承诺30%减排目标",http://news.sohu.com/20101207/n278146153.shtml. 2011年3月23日访问。

② 任海军,赵焱. 印度环境部长:美国减排承诺"令人失望". http://news.sohu.com/20101207/n278153854.shtml. 2011年3月23日访问。

③ 法国世界报:北京和华盛顿在坎昆决斗. http://green.sohu.com/20101201/n278027909.shtml. 2011年3月23日访问。

④ 美国的承诺是至2020年时的排放在2005年的基础上减少17%,与其他大部分发达国家的减排基准年份——1990年的排放相比,仅相当于减排4%。且由于缺乏国内立法支持,美国政府仅靠行政手段最多实现2020年比2005年减排14%,这相当于在1990年的基础上零减排。

在'三可'上没有任何进展,发达国家不可能同意在其他问题上更进一步——例如对于通过减少森林砍伐和破坏来降低碳排放、适应气候变化以及技术转移等问题"[1]。不顾发展中国家的实际困难,强调核查并轨是美国宣称的承担减排与协助减排责任的前提。

《议定书》的第一个承诺期将于2012年底到期,签订第二个承诺期是坎昆会议的核心问题。日本谈判代表却多次在各种公开场合表示,"不管在什么情况下,日本都绝对不会在《议定书》的第二阶段承诺任何减排目标"[2],反对延续的理由是其只覆盖了占27%的全球排放量的国家,而世界上最大的两个温室气体排放国(中国和美国)都没有承诺减排目标,"最大的问题是,就建立所有主要排放国都参与的减排方案,各国并未达成一致"[3]。这表明了日本主张建立"公正有效"的并轨减排方案的决心。

(2)发展中国家的"双轨"主张

中国在减排问题上一贯坚持"共同但有区别"的立场。虽然承诺到2020年,单位国内生产总值CO_2排放将比2005年下降40%~45%,并将其作为约束性指标纳入国民经济和社会发展中长期规划,但不接受"三可"和强制性减排目标。同时,要求发达国家作出在《议定书》第二承诺期(2013—2020年)间减排40%以上的承诺,并尽快落实在哥本哈根会议上作出的为发展中国家提供300亿美元快速启动资金的承诺。另外,提倡发展中国家团结起来,争取发达国家在资金和技术上更大力度的支持。

印度与中国的态度基本一致,不接受"三可"和强制性减排目标,强调发达国家对现今气候变化及其不利影响负有最大的历史责任,应承担更多的减排责任并为发展中国家提供资金援助和技术支持。但在自身的减排比例上低于中国,承诺到2020年CO_2排放强度将比2005年减少20%~25%。

巴西同样不接受"三可"和强制性减排目标,强调发达国家应率先大幅减排。其承诺标准为到2020年将温室气体排放量在2005年的基础上减少20%,且其中20%的减排量依赖于"减少发展中国家砍伐森林产生的温室气体排放量"(REDD)的国际援助项目的实现。

南非亦不接受"三可"和强制性减排目标,承诺到2020年在现有水平的基础上削减34%排放量的前提是达成新的全球气候协定以及国际社会在技术、资金等方面给予南非支持。

以基础四国、77国集团等为代表的发展中国家均坚持《公约》和《议定书》所确立的"共同但有区别"的责任原则,主张"双轨"减排模式,即发展中国家不接受"三可"和强制性减排目标,发达国家应强制性减排,并为发展中国家应对气候变化提供资金和转让技术。

9.2.2 "消极"与"积极"的减排政策

2011年4月3—8日,在泰国曼谷召开的会前研讨会中各国的表现与其一贯立场完全吻

---

① 欧美仍纠缠"三可"问题 美式思维再现会场. 第一财经日报,2010-12-1.

② 绿色和平:日本谈判立场被企业集团"绑架". http://green.sohu.com/20101201/n278032915.shtml. 2011年3月23日访问。

③ 日本将在COP16上反对延续京都议定书. http://green.sohu.com/20101201/n278028264.shtml. 2011年3月23日访问。

合,几乎没有进展,甚至直到会议结束当日晚上才就本年度气候变化谈判会议的具体议程安排达成一致。发达国家与发展中国家分别坚持"消极"与"积极"的减排政策,对于全球长期减排目标、发达国家减排比例、资金与技术等关键争议未达成一致意见。

(1)发达国家的消极减排

消极减排不等于反对减排,而是以各种借口推脱减排责任。例如,美国以其政体不同、立法困难和经济人口增长等因素为由,坚决不追从其他发达国家,还一再宣称原先提出在2005年基础上,2020年减排17%的目标是突出的。又如,日本在对各国在日本大地震和大海啸灾难的同情和支持表示感谢后提出,在核电泄漏的危机中,讨论日本能源的供需变化和对气候变化谈判的影响,为时尚早。日本只字不提减排25%的目标,加之此前曾表示不会对《议定书》第二承诺期进行承诺,似乎隐含建立国际新秩序框架之意图。澳大利亚和俄罗斯仍强调自然条件特殊,发展经济为首要任务,提出一组不同于他国减排为前提的减排目标。同属发达国家阵营的欧盟虽然态度积极,团长麦茨格表示,"如果前提条件合适的话,欧盟会考虑对《议定书》第二承诺期作出承诺"。但一些国际间非政府组织却一针见血地指出,欧盟2009年时的CO_2排放就在1990年水平上减少了17.3%,已接近20%;提出在2020年减少20%的目标毫无意义,至少应将减排目标上升到30%以上。对此麦茨格颇为隐晦地回应,"欧盟需要首先确定其他伙伴国已经准备好在《公约》下履行公平义务,如果有些国家不准备对第二承诺期作出承诺的话,就必须承担其他的义务,因为对抗气候变化没有他们,就是不可能完成的任务"①。由此可见,坚持低碳路径、力争气候话语权的欧盟在应对气候变化的未来政策制定上亦采取"等、看、靠"的消极原则。

(2)发展中国家的积极减排

48个发展中国家向联合国气候变化秘书处提交了发展中国家对国家适合减排行动报告,其中甚至包括不少没有责任提交方案的贫国(如孟加拉),尤以基础四国(巴西、南非、印度、中国)大规模地提高减排承诺最为引人注目。但是,发展中国家不接受"三可"和强制性减排目标,以及要求发达国家承担强制性减排及提供资金与技术支持的基本原则未变。正如中国代表团团长苏伟表示:"我们这个谈判是按照巴厘会议上确定的工作任务和授权展开的,我相信对于"巴厘路线图"的落实应该全面平衡地理解,能够就确实推动《公约》和《议定书》的有效实施,我们还要继续作出努力,把坎昆会议上没有谈成的问题,没有解决的问题,抓紧时间集中力量展开谈判磋商,只要大家有诚意,我相信一定会在落实"巴厘路线图"谈判进程中取得更大的成绩。对于最后通过的议程,我认为应该可以打90分,会议虽然花了很多时间,但是对于下一步谈判打下了非常好的基础,也作出了很好的规划。"

9.2.3 政策取向的利益动因

发达国家的消极减排与发展中国家的积极减排均有深刻的利益动因。前者目前对化石能源的依赖远超后者,减排带来的直接利润损失惊人,开发替代能源的间接耗费也是天文数

---

① 彭晓明. 曼谷气候谈判艰难落幕 年内谈判议程达成一致. http://green.sohu.com/20110411/n305595221.shtml. 2011年5月8日访问。

字,加上还必须向发展中国家提供资金援助和转让技术,在短期内必将对本国经济造成严重冲击。对于金融问题严重的美国、欧盟、俄罗斯等来说,边际成本过高。后者在与西方列强数百年的来往中深切地领悟到"落后就要挨打"的道理。若不利用当前发达国家提供资金与技术、本国高排产业尚不够成熟的大好形势,积极转向发展清洁能源,等到全球气候环境进一步恶化、发达国家和部分发展中国家的新能源开发基本完成,剩余国家可能会全部被要求进行强制性减排且未必有资金与技术支持。部分发展中国家为避免重复建设并力求掌握未来全球经济市场与政治环境的话语权,积极主动地自愿减排。他们还认识到全球环境基金现有的44亿美元资金用于支持世界150个国家的各种项目不过是杯水车薪,需要发达国家作出更多、更高的承诺。如小岛国联盟指出,加大减排力度,需要发达国家提供至少达到当年国内生产总值0.4%的资金支持;加纳表示,用于技术、能力建设、适应和减排项目上的资金需求迫切;南非代表指出,要满足和实现2050年的目标,仅国际资金需求就达到1万亿美元①。发达国家无视其存在的诸多障碍,不仅要求各项行动项目和数据的完全透明,更要求发展中国家严格执行"三可"制度。

9.3 应对气候变化的政策展望

气候变化的科学争论仍将持续,将会对各国的政策制定带来长期影响。据英国埃克塞特市哈德雷气候预测研究中心公布的调查数据显示,2010年以来,由于人为因素导致全球气候变暖的证据正在不断增加②。但是,仍不能明确自然规律与人类活动在气候变暖中的作用比例。这一未决命题正是当前各国应对气候变化政策难以达成一致的表层原因。假设太阳黑子占90%,人类的CO_2排放仅占10%,大规模、高代价的减排运动的意义就大打折扣,远不如把相应资金投入全球降温与地下生活区的开发中去。当然,全球未必真在变暖的说法更为减排活动带来不小的阴影,这意味着国际社会数十年来的努力不过是在浪费金钱和时间,因此,各国在应对气候变化的政策制定上,也面临各方面的议论和各种方向与路径的选择,增加了政策的不确定性。无论是澳大利亚从积极倡导减排到消极敷衍,还是美国从退出《议定书》到力争巴厘岛的话语权,抑或是基础四国和77国集团减排承诺的数次变更,这些调整大多基于国家安全利益与经济利益的考量,本质上是利益团体间博弈的结果。甚至连"全球是否变暖及其成因"这一看似纯科学的命题也受到利益集团的操控。例如,全球变暖政策会公布的900多份"同业互评论文支持对'人为'全球变暖警报的怀疑"的榜单文章中,前10位文章作者中就有9位在财务上和埃克森美孚有关联。不少怀疑气候变化的智囊团(如国际政策网络、马歇尔学院)等均接受了石油行业的大笔资助。《商人的怀疑》的联合作者娜奥米·奥莱斯科斯曾说,气候变化怀疑论者"正是承诺捍卫作为美国政治自由基石的

① 彭晓明.谁是应对气候变化的英雄:发展中国家减排介绍. http://green.sohu.com/20110407/n3054408 28.shtml. 2011年5月8日访问。

② 人为因素导致全球变暖的证据在2010年增加. http://green.sohu.com/20101202/ n278049211.shtml. 2011年5月8日访问。

自由市场的人们"。

　　国际气候政策谈判推动低碳经济发展模式的形成。该模式的收益在不同类型国家之间分配不均致使国际协谈中的利益博弈愈演愈烈。各国在全球气候变化政策的核心内容上存在着巨大的分歧,历次气候大会实质上均是各个国家复杂的利益博弈和激烈的政治较量。最终形成的《议定书》、巴厘岛路线图、哥本哈根协议、坎昆协议和曼谷协议均是各个国家和各大利益集团间利益竞争与妥协的结果。从京都议定书到巴厘岛路线图,从哥本哈根会议到坎昆会议,再到曼谷协议,联合国气候变化大会旨在依据"两大阵营"和"三方力量"不同的价值追求、经济主张、国家利益分配等形成历史责任、减排义务、资金与技术的分担模式。

　　气候变化问题已经成为国际上政治、经济、外交、能源等领域广泛关注的问题,在未来极有可能更加严重。我们认为,应该坚持马克思主义利益分析法,从各个国家的国家利益出发来分析气候政策,通过气候谈判、政策协调与气候外交等来处理国家关系和形成国内气候政策,注重 WMO 和 UNEP 等国际组织在政策主体中的作用,以"前摄适应"的思维考虑未来气候变化可能带来的后果。只有这样,才能在立足本国利益需要的同时,充分考虑别国的合理要求,全面、综合、系统、平衡地推进气候变化谈判并制定相应政策,这不仅是将于 2011 年年底召开的南非德班会议上实现第二承诺期、解决资金与技术问题的关键;也是通过各种多边的、多层次的国际会谈,制定更多的具有法律约束力的进步的国际气候法案的关键;更是国际社会面对气候变化这一世纪课题,超越国界,启迪和寻求人类与自然和谐共存的智慧与路径的关键! 对此,我们寄予莫大的关注与期待!

第四编

调查研究编

　　气候变化现象及其引发的后果,越来越引起人类社会的忧虑和各国政府的普遍重视,同时也引发了普通大众对于气候变化的关注。2011 年 3—4 月,我们以在校大学生、中国网民和县域居民为对象,开展了"中国公众气候变化认知状况调查",并在此基础上进行了初步研究,得到了一些有益的结论及启示。

〔主要撰稿人:陈　涛　张泓波　谢宏佐　徐常萍　吴敏杰〕

第 10 章　中国公众气候变化认知调查内容及指标体系

　　开展中国公众气候变化认知状况调查,首先需要明晰三个问题,即"调查什么内容"、"如何开展调查"、"如何运用调查数据"。关于调查内容,我们主要是依据已有的相关理论研究和实证研究成果,针对当前国际范围内大家普遍关注的问题,选择可能会影响政策制定和民众行为的内容进行调查。关于如何开展调查,我们主要是选择了三类代表性人群(在校大学生、网民和县域居民),因为他们可以代表从无学历到博士学历的各个学历层次,可以代表十几岁至高龄的各个年龄段的人群,可以反映数千万在校大学生的认知情况,应当说这三类人群的选择具有相当的广泛性和代表性。关于如何运用调查数据,我们主要进行政策内涵分析和行为导向分析,注重定性与定量分析工具的综合运用,力求能够较为全面地反映中国公众应对气候变化的认知程度。

10.1　气候变化认知调查问卷设计理论基础

　　关于气候变化问题的认知,已有的研究主要包括气候变化的科学性认知、气候变化的政治学认知、气候变化的伦理学认知。气候变化的科学认知,主要包括气候变化的规律、气候变化的因素、气候变化带来的影响等三方面。气候变化的政治学认知,主要是指随着近年来全球气候危机的不断加剧,气候问题作为一种现实存在的威胁开始对国家和国际安全产生重要影响。气候变化的伦理学认知,主要是指世界各国应如何公平地承担应对气候变化的责任和义务。

　　气候变化问题已经成为学界普遍关注的热点问题。一些研究机构和专家针对不同群体开展了相应的调查,调查的主题包括气候变化及低碳意识、各类人群对气候变化的反应、各类群体对气候变化影响的感知、政府应对气候变化的目标优选次序的变更、气候变化对国家安全的影响、人类对气候变化的关注程度、信息传播在气候变化中所起的作用等。这些实证调查得到了以下相关结论,盖洛普民意测验报告和穆伦堡学院民意研究所的调查研究认为,在美国,天气对气候变化的认识会产生较大影响[①]。"气候变化对香港民众的影响"民意调

---

　　①　Christa Marshall,Tiffany Stecker. 大气压力膨胀效应是严冬天气始作俑者[EB/OL]. 环球科学,2011-01-07. http://www.sciam.com.cn/html/wenda/2011/0107/14786.html.

查显示,气候变化首次成为港人最关注的问题,香港市民对气候变化的了解已推及至民生层面①。《气候变化公众意识调查》发现中国公众关注气候变化程度高,但对气候变化的科学认知有待加强。对政府应对气候变化的信赖程度高②。《基于问卷的企业管理人员气候变化意识调查》显示中国企业高管们的气候意识水平较低。国有企业的管理人员的认知水平要高于民营企业。企业应对气候变化、节能减排的热情也不足(许光清等 2010)。

关于气候变化认知实证研究文献极少,CNKI 检索"气候变化认知"发现,2000 年以前未发现相关文献,2000 年至今关于"气候变化认知"的论文共有 9 篇,学者们在研究中发现了一些有价值的结论:吕亚荣等(2010)发现生产活动、生活活动和观察自然现象是农民认知气候变化的主要途径。性别、受教育程度、收入因素影响农民对气候变化的认知程度。罗静等(2009)认为青年大学生在气候变化相关常识、国内外应对气候变化的政策措施、气候变化威胁的严重性等方面认识不足。青年大学生对减排义务承担与经济发展之间的约束关系认识不深(胡玉东等 2010)。高校学生对气候变化问题与国家安全关系的认识过于简单,缺乏深入的思考。在一些问题上,中国高校学生的看法是非常积极的,不仅对当前环境和气候变化问题有高度的关注,也愿意为节能减排身体力行。但对一些深层次问题,如环境问题与国家安全的关系,特别是气候变化的相关问题,看法相对简单化,缺乏深入的了解和思考(陈迎 2008)。已有的实证研究一般采用问卷调查、群体访谈、个别访谈、电话访谈等方式。主要集中在一个地区或一个城市,跨国或跨地区的研究极少。调查的对象有农民、大学生、中学生、普通城市民众、企业管理者。调查的内容包括对气候变化的认知程度、认知途径、认知影响因素。气候变化对人们消费观念、环保意识、价值观念以及行为方式的影响。

国际社会在应对气候变化方面主要做了如下工作:1988 年 11 月,由 WMO 与 UNEP 共同成立了 IPCC。1990、1995、2001、2007 年分别完成了 4 次全球气候变化科学评估报告。1989 年 11 月发表了《关于防止大气污染和气候变化的诺德韦克宣言》。1990 年 2 月第 45 届联合国大会制定了《公约》。提出了五项原则和发达国家及发展中国家承担的义务。《议定书》规定了发达国家在 2008—2010 年具有法律约束力的温室气体减排义务。2007 年 12 月 3 日《巴厘岛行动计划》提出了减缓、适应、技术、资金四项内容。2009 年 12 月 7—19 日,哥本哈根气候变化大会的对抗焦点是"发达国家和发展中国家围绕减排目标和援助资金的争议。

中国政府也在积极推动应对气候变化行动,倡导节约能源与提高能效并举,大力开发绿色低碳能源,增加森林碳汇,启动了国家低碳省和低碳城市的试点工作,努力建设以低碳排放为特征的产业体系和消费模式。在农业、水资源、海洋、卫生健康、气象等领域出台了一系列相关政策,大力推动农田水利基本建设,提升农业综合生产能力,开工建设了一批流域性防洪重点工程,加强海洋气候观测预警与生态系统保护修复,将气候变化对健康影响纳入卫

---

① 香港乐施会委托香港大学民意调查中心及香港大学嘉道理研究所. 气候变化对香港民众的影响[EB/OL]. 2010—06—15. http://www.oxfam.org.hk/filemgr/1532/report2011May_chin.pdf

② 中国零点研究咨询集团. 应对气候变化:中国公众怎么看?[N/OL]. 英国《金融时报》中文网,2009-12-21..

生工作领域。在应对气候变化的能力建设上,中国不断健全应对气候变化法规和管理体制,加强基础设施和信息系统建设,增强科技支撑能力。并大力提升公众参与意识,社会各界、各地方、各行业也都积极开展了应对气候变化的行动,推动了应对气候变化工作的全面展开。

10.2 公众气候变化认知调查问卷设计原则

(1)目标明晰原则

调查研究的目的,主要是反映民意和政策走向,希望让更多的政府官员和普通百姓关注气候变化问题,因此,在调查内容设计上,突出了"民众行为反应","政府角色定位"和"政府决策建议"。

(2)理论导引原则

以相关理论为指导设计问卷内容。根据"环境心理学理论",明确"中国公众气候变化认知状况"的具体实践意义,设计题目调查公众对气候变化总体关注程度和认知程度。根据"不确定性行为决策理论"以及"行为心理学的非理性原则"设计问卷,题目涉及被调查者的个体特征、动机、知识、空间因素、主观因素等内容。

(3)内容一致原则

问卷题目的设计与《气候变化进展报告》各章节内容保持一致,体现报告的整体一致性。问卷问题涉及气候变化规律、气候变化影响因素、气候变化带来的后果、气候变化政治学、气候变化伦理学、政策建议等。问题的选项主要基于气候变化的科学认知以及气候变化政治学、伦理学认知进行确定。

(4)全面评价原则

"公众气候变化认知度调查"能够代表中国大众的认知程度,大致能够反映全国不同区域、不同个体特征、不同收入人群对气候变化关注程度、了解程度、应对态度、责任意识的总体情况。

10.3 中国公众气候变化认知调查指标体系

根据调查目的以及前期的研究基础,我们设计了三级指标体系。一级指标是"公众关于气候变化的认知";二级指标为 6 个:对气候变化状况总体认知、对气候变化的影响因素认知、对气候变化产生的影响认知、对国际社会应对气候变化行动认知、对中国应对气候变化行动认知、对应对气候变化个人及政府行动期待认知;三级指标有 51 个:对于气候变化总体认知设计了 11 个问题,针对气候变化影响因素认知设计了 7 个问题,针对气候变化对人类的影响认知设计了 13 个问题,针对国际社会的行动认知设计了 9 个问题,针对中国采取的应对行动认知设计了 3 个问题,针对应对气候变化的个人行动及政府行动认知及期待认知设计了 8 个问题(表 10-1)。

表 10-1　气候变化认知指标体系

一级指标	二级指标	三级指标
公众关于气候变化认知	气候变化状况总体认知	您知道什么是"气候变化"吗？
		您对全球气候变化的关注度？
		您所了解的全球气候变化最突出的现象是什么？
		您相信"气候变暖"是个不争的事实吗？
		您相信"气候变暖"是个巧妙的骗局吗？
		您感觉到"气候变暖"在发生吗？
		今年的欧美严寒是否改变了您对"气候变暖"的看法？
		您相信喜马拉雅山的冰川在 2035 年前会融化吗？
		您是否相信全球变暖导致 3 亿年前的蜥蜴演变为恐龙？
		您是否相信气候寒冷导致了尼安德特人在 2 万年前消失？
	气候变化影响因素认知	您主要通过何种方式来了解气候变化的相关知识？
		您对可能引起气候变化的因素了解吗？
		您认为造成全球气候变化的主要原因是什么？
		您是否赞成"人类活动产生的温室气体排放"是造成气候变化的主要原因？
		您认为科学家真的确认全球变暖吗？
		您认为科学家对气候变化的认知是否会被国家利益左右？
		您认为学界关于气候变化的研究结论会受政府影响吗？
		在过去一年里，对 IPCC 报告"气候变暖"结论提出怀疑的一些事件，如"曲棍球门"、"气候门"、"冰川门"以及"亚马孙门"等问题您是否有所了解？
	气候变化对人类产生的影响认知	您认为气候变化会对我们的生活产生直接影响吗？
		您认为目前气候变化给人类生产生活带来的影响严重吗？
		您认为目前气候变化给人类带来的最严重的影响是什么？
		您最担心气候变化会给自己带来哪些不好的影响？
		您认为气候变化会带来哪些好处？
		您认为气候变暖会减少农作物收成吗？
		您认为气候变暖会增加农作物的收成吗？
		气候变化是否已经造成农作物收成增加了？
		您相信气候变化会引发粮食危机吗？
		您认为气候变化会造成环境恶化吗？
		您认为气候变化会对人类健康带来很大威胁吗？
		您认为气候变化会给国家安全带来影响吗？
		您相信气候变化会引发国家或地区之间的冲突和战争吗？

一级指标	二级指标	三级指标
公众关于气候变化认知	国际社会行动认知	您认为国际社会在应对气候变化中的努力程度如何？
		您了解国际社会在应对气候变化方面所做的工作吗？
		您知道国际社会有哪些应对气候变化的文献或行动？
		您知道《议定书》是联合国为了控制碳排放而制定的协议吗？
		您知道应对气候变化的"共同但有区别的责任"的内涵吗？
		您认为西方发达国家要求中国承担的减排任务合理吗？
		您认为哪些国家或地区在应对气候变化问题上努力不够？
		您相信决定国际气候政策的基础是国家的实力吗？
		您相信政治家们会制定出公平而有效的国际气候政策吗？
	中国采取的应对行动认知	您认为中国政府在应对气候变化中努力程度如何？
		您认为中国政府在应对气候变化中采取的措施与行动是否有效？
		您对中国政府在应对气候变化中采取的措施与行动了解吗？
	应对气候变化的个人及政府行动期待认知	您是否相信人类可以通过努力减缓气候变化带来的影响？
		您认为在应对气候变化过程中各种行动的重要程度如何？
		您愿意为减缓气候变化方面作出努力吗？
		您是否积极支持中国采取的主动减少排放的政策和行动？
		您认为应对气候变化自己最应当做哪些事情？
		您愿意为应对气候变化做哪些工作？
		您认为普通公民应该参与国家气候政策制定吗？
		您认为在应对气候变化过程中政府应当做什么？
		您是否相信人类可以通过努力，减缓气候变化带来的影响？

第 11 章　中国公众气候变化认知状况调查分析

　　我们主要选择了三类人群作为调查对象，一类是在校大学生，一类是网民，一类是县域居民。

　　选择大学生作为调查对象是因为大学生作为未来社会的中坚力量，他们对于气候变化这一重要问题的认知程度以及采取应对行动的态度，对于能否很好地应对气候变化，推动社会发展与进步具有十分重要的意义。大学生掌握着较多的专业知识，他们的科学素质普遍高于社会其他群体成员。因此，调查大学生对于气候变化的认知程度，具有非常突出的代表性和典型意义，也是与其他社会群体进行比较分析的非常好的代表性样本。我们选择了南京信息工程大学三年级全体本科生为对象开展了相关问卷调查，选择大学三年级全体本科生的理由是：(1)大学三年级学生是在校高年级本科生，对于事物的认知相对较为成熟，他们的认知状况具备很强的代表性；(2)对不同专业背景的大三学生进行调查，能够了解不同学科背景下学生认知状况的差异。调查采用了我们开发的专门调查软件，在学校机房组织学生集中进行网上答卷，所获得的结果更具有全面性。

　　选择中国网民群体作为调查对象，是因为网民群体的年龄、学历、知识结构、工作经历、生活背景具有非常大的差异性和广泛性，因此调查的结果更具有普遍意义。同时，作为网民通常都非常关心社会热点问题，关注国际社会的政治、经济形势，参政议政的意识较强，关注政府的执政能力，关注社会的发展与进步。因此，调查网民气候变化认知程度能够帮助我们更全面地了解中国公众对气候变化的认知情况，有利于提出针对性的建议。我们依托中国天气网开展了为期一个月的有奖调查，从 2011 年 3 月 18 日至 4 月 20 日，运用专门开发的调查软件，在中国天气网首页挂出调查问卷，得到了广大网民的积极参与。

　　选择县域居民作为调查对象的原因在于，中国县域居民人数占中国总人口比重高，是人数规模最大的社会群体。其次，县域居民由于地域分布的不同，生理特征、文化水平、收入、经济状况呈现出不同的水平，选择不同区域的县域居民为调查对象，使得调查全面且具有代表性。第三，县域居民的生活与工作，特别是从事农业生产的县域居民与气候变化关系较为密切，对气候变化的各方影响体会深刻，使得调查结果具有较好的说服力。作为中国人数最多的一类人群，县域居民对气候变化的认知程度对中国是否能够积极实施应对气候变化行动起到非常重要的影响。因此，我们需要了解这类人群对气候变化的真实的认知情况，以便进一步采取有针对性的措施。我们采用现场开展问卷调查的方式，先后选择了安徽、江苏、山东 3 省 30 县的县域居民开展了现场问卷调查。2011 年 3 月至 4 月初，我们赴安徽省的太和县、颍上县、阜南县、纵阳县、桐城县、望江县、怀宁县、繁昌县、南陵县、芜湖县；山东省的龙口市、栖霞市、海阳市、蓬莱市、临淄区、淄川区、恒台县、蒙阴县、沂南县、临沭县；江苏省的张家港市、昆山市、吴江市、常熟市、丹阳市、句容市、扬中市、邳州市、沛县、铜山县分别展开调查。调查小组分别深入到居民区、村委会、市民广场、医院、农贸市场、公园等地开展现场调研。

关于三类人群（大学生、网民、县域居民）对气候变化认知状况的调查分析，主要是运用描述性分析方法，根据不同选项所占比例进行简单的分析与判断。

11.1　中国网民关于气候变化的认知状况调查

本次对网民进行气候变化认知状况调查，共有 3599 位网民参与网上调查，其中有效问卷 3489 份，有效率为 96.97%，样本分布（表 11-1）符合调查需求。为了保证调查结果的准确可靠，我们运用 SPSS 16.0 统计软件对网民气候变化认知调查问卷进行信度分析，得到克隆巴赫系数（Cronbach's Alpha）为 0.921，信度系数较好，说明问卷设计是合理可靠的。

表 11-1　网民调查样本分布状况

统计指标	分类指标	人数	比例（%）	统计指标	分类指标	人数	比例（%）
性别	男	1981	56.82	文化程度	大专以下	467	13.37
	女	1508	43.18		大专	889	25.52
职业	农民	74	2.13		本科	1780	51.01
	公务员	269	7.71		硕士研究生	299	8.57
	教师	294	8.38		博士研究生	54	1.53
	医生	86	2.47	年龄	20 岁以下	128	3.66
	企业员工	1705	48.93		21～30 岁	2007	57.52
	个体户	154	4.37		31～40 岁	875	25.08
	学生	466	13.42		41～50 岁	284	8.13
	其他	441	12.59		51 岁以上	195	5.61
居住地	农村	252	7.22	月收入	1200 元以下	535	15.33
	县城	706	20.23		1201～2000 元	599	17.17
	地级市	983	28.16		2001～3000 元	934	26.78
	省城或直辖市	1548	44.39		3001～5000 元	754	21.62
地域	东部地区	2215	63.5		5001～6000 元	381	10.91
	中部地区	881	25.3		6001～8000 元	160	4.57
	西部地区	393	11.3		8000 元以上	126	3.62
职称	无职称	1710	49.02	专业	自然科学	547	15.67
	初级	708	20.27		农学	223	6.38
	中级	906	25.97		医学	242	6.93
	副高级	130	3.73		工程与技术科学	1308	37.52
	高级	35	1.01		人文社会科学	1169	33.50

11.1.1 网民对气候变化状况的总体认知

关于网民对气候变化的总体认知情况,我们从 5 个方面设计了 11 个问题进行考察,包括"对气候变化了解程度"、"对气候变化关注程度"、"对气候变暖的认识"、"对气候变化主要现象的认识"、"了解气候变化的路径认知"。为了保证问卷调查结果的准确性和可靠性,我们运用 SPSS16.0 对网民气候变化认知调查问卷进行信度分析①。得到克隆巴赫系数为 0.734,信度系数较好,说明问卷设计是合理可靠的。对调查结果进行统计,得到网民对气候变化总体认知情况(表 11-2)。

表 11-2　网民对气候变化的总体认知

认知维度	认知内容	认知结果(%)				
对气候变化了解程度	您知道什么是"气候变化"吗	非常了解	比较了解	一般	不太了解	根本不了解
		14.02	53.83	29.13	2.89	0.13
对气候变化关注程度	您对全球气候变化关注程度	非常关注	比较关注	一般	不太关注	根本不关注
		24.93	60.57	13.21	1.12	0.18
对气候变暖的认识	您相信"气候变暖"是个不争的事实吗	非常相信	比较相信	一般	不太相信	根本不相信
		39.03	45.72	10.94	3.89	0.42
	您相信"气候变暖"是个巧妙的骗局吗	非常相信	比较相信	一般	不太相信	根本不相信
		6.21	17.68	15.75	44.16	16.20
	您感觉到"气候变暖"在发生吗	非常强烈	比较强烈	一般	不太强烈	根本没感觉
		17.74	56.83	19.24	5.78	0.41
	今年的欧美严寒是否改变了您对"气候变暖"的看法	彻底改变	较大改变	一般	改变不大	根本没改变
		4.33	23.69	24.17	36.82	10.99
	您相信喜马拉雅山的冰川在 2035 年前会融化吗	非常相信	比较相信	一般	不太相信	根本不相信
		4.88	32.06	27.65	31.41	4.15
	您是否相信全球变暖导致 3 亿年前的蜥蜴演变为恐龙	非常相信	比较相信	一般	不太相信	根本不相信
		5.17	22.88	23.65	40.38	7.92
	您是否相信气候变冷导致了尼安德特人在 2 万年前消失	非常相信	比较相信	一般	不太相信	根本不相信
		7.03	35.58	30.42	23.67	3.30

多选题②

认知维度	认知内容				
对气候变化主要现象认知	您所了解的全球气候变化最突出的现象是什么(选择两项)	气候变暖	台风、暴雨洪涝频发	热浪、干旱明显增多	暖夜、暖昼明显增多
		26.35	23.67	17.12	13.86
了解气候变化的途径	你主要通过何种方式了解气候变化相关知识(选择两项)	网络	电视	报刊	广播
		37.15	24.42	15.93	9.68

① 因大学生的指标体系与网民相同,问卷内容一致,因此,大学生问卷的信度将不再测量。
② 本文中对于可以选择两项及以上的多选题,为了使列表清晰简洁,统计表中只列出选择比例排在前四位的选项。以下各类似统计结果同理,在表格中不再做重复说明。

从调查结果可以得到如下结论：(1)中国网民对于"气候变化"的了解程度比较高；(2)中国网民对气候变化问题非常关注；(3)中国网民认为全球气候变化最突出的现象是"气候变暖"和"台风、暴雨、洪涝频发"；(4)中国网民认为气候正在变暖并有强烈的感受，他们关于"气候变暖"的判断主要源于自身感受而不是天气变化和各种演绎；(5)网络和电视是中国网民了解气候变化的最主要途径。

11.1.2　网民对气候变化的影响因素认知

关于网民对气候变化影响因素的认知情况，我们从 3 个方面进行考察，即"对引起气候变化原因的了解程度"、"对造成全球气候变化主要原因的认知"、"气候变化影响因素受政治影响的认知"，共设计了 6 个问题。运用 SPSS16.0 对网民气候变化认知调查问卷进行信度分析，得到克隆巴赫系数为 0.724。信度系数较好，说明问卷设计是合理可靠的。对调查结果进行统计，得到网民对气候变化影响因素认知情况如表 11-3。

表 11-3　网民对气候变化的影响因素认知

认知维度	认知内容	认知结果（%）				
对引起气候变化原因的了解程度	您对可能引起"气候变化"的因素了解吗	非常了解	比较了解	一般	不太了解	根本不了解
		23.69	50.83	17.33	7.21	0.94
对造成气候变化的主要原因认知	您认为造成气候变化的主要原因是什么（选择两项）	温室气体排放	大气污染物增多	城市化	地震等地质活动	
		33.06	24.75	13.24	10.83	
	您是否赞成"人类活动产生的温室气体排放是造成气候变化的主要原因"	非常赞同	比较赞同	一般	不太赞同	根本不赞同
		24.69	55.17	13.04	5.92	1.18
对气候变化影响因素是否受政治影响的认知	您认为科学家对气候变化的认知是否会被国家利益左右	非常相信	比较相信	一般	不太相信	根本不相信
		12.33	40.68	29.05	14.87	3.07
	您认为学界关于气候变化的研究结论会受政府影响吗	影响极大	影响较大	一般	影响不大	根本没影响
		10.82	46.37	26.21	12.85	3.75
	在过去一年里，对 IPCC 报告"气候变暖"结论提出怀疑的一些事件，如"曲棍球门"、"气候门"、"冰川门"以及"亚马孙门"等问题您是否有所了解	非常了解	比较了解	一般	不太了解	根本不了解
		6.02	32.27	35.87	22.68	3.16

从调查结果可以得到如下结论：(1)中国网民对引起气候变化的因素比较了解；(2)近八成网民认为"温室气体排放"是引起气候变化的主要原因；(3)大多数网民对科学家提出的全球变暖结论是信服的；(4)一半以上的网民认为气候变化的研究结论会受到政治因素影响。

11.1.3　网民对气候变化产生影响的认知

气候变化的影响非常深远，我们通过 6 个方面 13 个问题来考察网民对气候变化的影响认知，包括"对气候变化带来的影响的整体认知"、"气候变化对农业生产影响的认知"、"气候变化引发粮食危机的认知"、"气候变化对环境影响的认知"、"气候变化对人类健康的影响的认知"、"气候变化对国家安全影响的认知"。运用 SPSS16.0 对"网民对气候变化产生影响认知"调查问卷进行信度分析。得到克隆巴赫系数为 0.749,信度系数较好,说明问卷设计是合理可靠的。对调查结果进行统计,得到网民对气候变化影响因素认知情况(表 11-4)。

表 11-4　网民对气候变化的影响认知

认知维度	认知内容	认知结果(%)				
气候变化对人类生产生活整体影响认知	您认为气候变化会对我们生活产生直接影响吗	非常大	影响较大	一般	影响不大	根本没影响
		25.58	58.39	13.24	2.63	0.16
	您认为目前气候变化给人类生产生活带来的影响严重吗	非常严重	比较严重	一般	不太严重	没有影响
		20.42	52.67	21.35	5.17	0.39
	您认为目前气候变化给人类带来的最严重的影响是什么(选择两项)	气候灾害频发	国家安全危机或引发战争	破坏生态系统	粮食减产	
		33.82	26.63	26.58	10.04	
	您最担心气候变化给自己带来哪些不好的影响(选择两项)	极端天气引发疾病	空气污染影响人类健康	旱灾缺水导致农业减产	夏天越热,冬天越短	
		37.17	22.63	21.32	17.59	
	您认为气候变化会带来哪些好处(选择两项)	冬天变暖	减少能源消耗	减少自热灾害	促进农业生产	
		37.03	26.95	15.42	13.87	
气候变化对农业生产影响的认知	您认为气候变暖会减少农作物收成吗	非常赞同	比较赞同	一般	不太赞同	根本不赞同
		24.35	50.82	16.65	7.24	0.94
	您认为气候变暖会增加农作物收成吗	非常赞同	比较赞同	一般	不太赞同	根本不赞同
		7.06	26.83	25.78	33.16	7.17
	气候变化是否已经造成农作物收成增加	非常肯定	比较肯定	一般	增加不多	没有增加
		5.98	25.54	34.37	26.28	7.83
气候变化与粮食危机的认知	您相信气候变化会引发粮食危机吗	非常相信	比较相信	一般	不太相信	根本不相信
		28.55	50.67	15.42	5.03	0.33
气候变化对环境影响的认知	您认为气候变化会造成环境恶化吗	非常相信	比较相信	一般	不太相信	根本不相信
		34.21	52.73	11.07	1.65	0.34
气候变化对人类健康的影响认知	您认为气候变化会对人类健康带来很大威胁吗	非常相信	比较相信	一般	不太相信	根本不相信
		28.17	53.42	15.58	2.62	0.42
气候变化对国家安全的影响认知	您认为气候变化会给国家安全带来影响吗	非常相信	比较相信	一般	不太相信	根本不相信
		16.34	50.28	26.65	5.71	1.02
	您相信气候变化会引发国家或地区之间的冲突和战争吗	非常相信	比较相信	一般	不太相信	根本不相信
		17.90	43.53	24.36	11.63	2.58

　　从调查结果可以得到如下结论:(1)网民认为气候变化会给人类的生产生活带来影响,

目前造成的影响比较严重;(2)网民认为气候变化带来的最严重的影响是气象灾害频发,引发疾病与死亡;(3)网民认为气候变化带来的好处首先是冬天变暖,其次是减少能源消耗;(4)网民认为气候变暖会降低农作物收成;(5)近八成网民相信气候变化会引发粮食危机;(6)超过 85％的网民相信气候变化会造成环境恶化;(7)81％的网民相信气候变化会给人类健康带来很大威胁;(8)超过六成的网民认为气候变化会给国家安全带来影响,并会引发冲突和战争。

11.1.4 网民对国际社会应对气候变化行动的认知

为了了解网民对国际社会应对气候变化情况的认知状况,我们从 4 个方面设计了 8 个问题进行考察,包括"对国际社会应对气候变化的努力程度认知"、"对国际社会所做工作的认知"、"对'共同但有区别的责任'的理解"、"国际气候政策的政治学因素认知"。运用 SPSS16.0 对"网民对国际社会应对气候变化行动认知"调查问卷进行信度分析,得到克隆巴赫系数为 0.719,信度系数较好,说明问卷设计是合理可靠的。对调查结果进行统计,得到网民对气候变化影响因素认知情况(表 11-5)。

表 11-5 网民对国际社会应对气候变化行动的认知

认知维度	认知内容	认知结果(%)				
对国际社会应对气候变化的努力程度认知	您认为国际社会在应对气候变化中的努力程度如何	非常努力	比较努力	一般	不太努力	根本没努力
		7.81	38.64	37.92	13.46	2.41
对国际社会所做工作的认知	您知道国际社会有哪些应对气候变化的文献或行动?(可多选)*	《京都议定书》	《联合国气候变化框架公约》	哥本哈根气候变化大会	《诺德韦克宣言》	《巴厘岛行动计划》
		30.57	29.24	16.73	9.65	6.12
	您知道《议定书》是联合国为了控制碳排放而制定的协议吗?	非常了解	比较了解	一般	不太了解	根本不了解
		15.84	47.63	23.31	11.05	2.17
对"共同但有区别的责任"的认知	您知道应对气候变化的"共同但有区别的责任"的内涵吗	非常了解	比较了解	一般	不太了解	根本不了解
		11.18	43.58	29.27	14.10	1.87
	您认为西方发达国家要求中国承担的减排任务合理吗	非常合理	比较合理	一般	不太合理	根本不合理
		6.63	26.07	32.41	26.75	8.14
	您认为以下哪些国家或地区在应对气候变化问题上努力不够(可多选)	美国	欧盟	印度	中国	巴西
		30.05	19.84	15.69	16.37	7.21
国际气候政策的政治学认知	您相信决定国际气候政策的基础是国家实力吗	非常相信	比较相信	一般	不太相信	根本不相信
		16.42	49.71	23.65	9.24	0.98
	您相信政治家们会制定出公平而有效的国际气候政策吗	非常相信	比较相信	一般	不太相信	根本不相信
		6.87	29.28	26.69	28.83	8.33

* 对于可以选择两项以上的多选题,为了使列表清晰简洁,统计表中只列出选择比例排在前五位的选项。以下各类似统计同理,在表格中不再做重复说明。

从调查结果可以得到如下结论:(1)网民认为国际社会应对气候变化行动不够努力;

（2）网民并未真正了解国际社会在应对气候变化方面所作的工作；（3）网民对"共同但有区别的责任"的内涵理解不足；（4）网民认为美国和欧盟在应对气候变化方面不够努力，并对发展中国家提出期待；（5）网民认为国际气候政策受政治影响，国际气候政策的基础是国家实力。

11.1.5　网民对中国应对气候变化行动的认知

为了解网民对中国政府应对气候变化行动的认知，我们从 3 个方面设计了 3 个问题来进行考察，包括"对中国政府应对气候变化努力程度及做法的认知"、"对中国政府应对气候变化行动的有效性认知"、"对中国政府应对气候变化行动支持程度的认知"。运用SPSS16.0对"网民对中国应对气候变化行动认知"调查问卷进行信度分析。得到克隆巴赫系数为0.826。信度系数较好，说明问卷设计是合理可靠的。对调查结果进行统计，得到网民对气候变化影响因素认知情况（表 11-6）。

表 11-6　网民对中国应对气候变化行动的认知

认知维度	认知内容	认知结果（%）				
对中国应对气候变化行动努力程度认知	您认为中国政府在应对气候变化中的努力程度如何	非常努力	比较努力	一般	不太努力	根本没努力
		12.87	39.96	36.26	8.54	2.37
对中国应对气候变化的措施与行动的了解	您对中国政府在应对气候变化中采取的措施与行动了解吗	非常了解	比较了解	一般	不太了解	根本不了解
		8.78	43.36	33.25	12.78	1.83
对中国应对气候变化行动的有效性认知	您认为中国政府在应对气候变化中采取的措施和行动是否有效	非常有效	比较有效	一般	不太有效	根本无效
		8.33	36.71	35.56	17.26	2.14

从调查结果可以得到如下结论：（1）网民认为中国政府在努力应对气候变化；（2）网民表示了解中国政府在应对气候变化中采取的措施与行动，但了解程度有待提高；（3）网民认为中国政府在应对气候变化中采取的措施与行动的有效程度不够高。

11.1.6　网民对应对气候变化个人及政府行动期待认知

为了了解网民在应对气候变化问题上对个人行动及政府行动有哪些定位与期待，我们从 4 个方面设计了 7 个问题进行考察，包括"应对气候变化行动总体认知"、"个人应对气候变化的意愿认知"、"个人应对气候变化的行为认知"、"政府应对气候变化的行动期待"。运用 SPSS16.0 对"网民对气候变化产生影响认知"调查问卷进行信度分析。得到克隆巴赫系数为 0.789。信度系数较好，说明问卷设计是合理可靠的。对调查结果进行统计，得到网民对气候变化影响因素认知情况（表 11-7）。

表 11-7 网民对应对气候变化个人及政府行动的期待认知

认知维度	认知内容	认知结果(%)				
应对气候变化行动总体认知	您是否相信人类可以通过努力减缓气候变化带来的影响	非常相信	比较相信	一般	不太相信	根本不相信
		27.21	47.66	17.57	5.81	1.75
	您认为普通公民应该参与国家气候政策制定吗	非常赞同	比较赞同风	一般	不太赞同	绝对不赞同
		34.66	48.03	13.57	2.32	1.42
个人应对气候变化的意愿认知	您愿意为减缓气候变化作出努力吗	非常愿意	比较愿意	一般	不太愿意	根本不愿意
		54.98	34.51	9.07	1.24	0.20
	您是否积极支持中国采取的主动减少排放的政策和行动	非常愿意	比较愿意	一般	不太愿意	根本不愿意
		38.73	43.69	14.22	1.97	1.39
个人应对气候变化的行动选择认知	您认为应对气候变化自己最应当做哪些事情(选择两项)	少开汽车,多骑自行车	减少垃圾	使用公共交通工具	使用清洁燃料	
		28.10	17.66	16.92	16.03	
	您愿意为应对气候变化做哪些工作(选择两项)	传播相关知识	适当改变自己浪费资源的行为	多注意有关信息	监督污染严重的企业	
		26.81	25.35	19.74	15.17	
对政府应对气候变化行动的期待认知	您认为在应对气候变化过程中政府应当做什么(选择三项)	加强立法严格控制温室气体排放	推行相关教育,提高公民意识	鼓励技术创新,转变经济发展方式	健全公共卫生防护机制,保障人民健康	推动植树造林,改善空气环境
		24.36	21.67	17.49	15.38	14.25

从调查结果可以得到如下结论:(1)网民相信人类可以通过努力减缓气候变化带来的影响,赞成公民参与国家气候政策制定;(2)网民愿意为减缓气候变化作出努力,并支持政府各种应对气候变化的政策和行动;(3)网民选择"少开汽车、多骑自行车"和"减少垃圾"来应对气候变化;(4)网民认为政府应该加强立法和教育、鼓励技术创新来应对气候变化。

11.2 中国大学生关于气候变化的认知状况调查

在本次调查中,参与调查的大学生为 6750 人,填写问卷 6750 份,获得有效问卷 6625 份,有效率达到 98.15%,样本分布情况参见表 11-8。因用于调查大学生气候变化认知状况的调查问卷与网民的调查问卷题目相同,所以在此不再做调查表的信度检验。

表 11-8 大学生调查样本分布情况

统计指标	分类指标	人数	比例(100%)	统计指标	分类指标	人数	比例(%)
性别	男	3366	50.78	生源	来自农村	3670	55.4
	女	3259	49.22		来自城市	2955	44.6

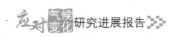

(续表)

统计指标	分类指标	人数	比例(100%)	统计指标	分类指标	人数	比例(%)
专业	大气科学	1144	17.26	专业	医药科学	38	0.57
	大气相关学科	512	7.72		人文科学	2147	32.42
	工科	2722	41.10		农业科学	62	0.93

11.2.1 大学生对气候变化的总体认知

关于大学生对气候变化的总体认知情况,我们从 5 个方面设计了 11 个问题进行考察,包括"对气候变化的了解程度"、"对气候变化的关注程度"、"对气候变化主要现象的认知"、"对气候变暖问题的认识"、"大学生了解气候变化的途径",调查结果统计如表 11-9 所示。

表 11-9　大学生对气候变化的总体认知

认知维度	认知内容	认知结果(%)				
对气候变化了解程度	您知道什么是"气候变化"吗	非常了解	比较了解	一般	不太了解	根本不了解
		8	39	47	5	1
对气候变化关注程度	您对全球气候变化关注程度	非常关注	比较关注	一般	不太关注	根本不关注
		11	46	38	4	1
对气候变暖的认识	您相信"气候变暖"是个不争的事实吗	非常相信	比较相信	一般	不太相信	根本不相信
		32	45	18	4	1
	您相信"气候变暖"是个巧妙的骗局吗	非常相信	比较相信	一般	不太相信	根本不相信
		3	12	23	48	14
	您感觉到"气候变暖"在发生吗	非常强烈	比较强烈	一般	不太强烈	根本没感觉
		10	46	35	8	1
	今年的欧美严寒是否改变了您对"气候变暖"的看法	彻底改变	较大改变	一般	改变不大	根本没改变
		2	15	35	40	8
	您相信喜马拉雅山的冰川在 2035 年前会融化吗	非常相信	比较相信	一般	不太相信	根本不相信
		3	18	33	41	5
	您是否相信全球变暖导致 3 亿年前的蜥蜴演变为恐龙	非常相信	比较相信	一般	不太相信	根本不相信
		3	13	27	45	12
	您是否相信气候变冷导致了尼安德特人在 2 万年前消失	非常相信	比较相信	一般	不太相信	根本不相信
		4	24	42	27	3
多选题						
对气候变化主要现象认知	您所了解的全球气候变化最突出的现象是什么(选择两项)	气候变暖	台风、暴雨、洪涝频发	寒潮、冷夜和冰雪霜冻明显增多	暖夜、暖昼日数明显增多	
		33	24	13	13	
了解气候变化的途径	你主要通过何种方式了解气候变化相关知识(选择两项)	网络	电视	报刊	广播	与他人交谈
		39	24	14	6	6

从调查结果可以得到如下结论：(1)近50％的大学生对"气候变化"是了解的；(2)大学生对气候变化问题比较关注；(3)大学生认为全球气候变化最突出的现象是"气候变暖"和"台风、暴雨、洪涝频发"；(4)大学生相信气候在变暖，并有强烈的感受；关于"气候变暖"的判断主要源于大学生自身感受，而不是天气变化和各种演绎；(5)网络和电视是大学生了解气候变化的最主要途径。

11.2.2　大学生对气候变化的影响因素认知

关于大学生对气候变化影响因素的认知情况，我们从3个方面进行考察，即大学生"对引起气候变化原因的了解程度"、"对造成全球气候变化的主要原因认知"、"对气候变化影响因素是否受政治影响的认知"，共设计了6个问题。调查结果统计如表11-10所示。

表 11-10　大学生对气候变化的影响因素认知

认知维度	认知内容	认知结果（％）				
对引起气候变化原因的了解程度	您对可能引起"气候变化"的因素了解吗	非常了解	比较了解	一般	不太了解	根本不了解
		5.11	37.62	48.85	7.03	1.39
对造成气候变化的主要原因认知	您认为造成气候变化的主要原因是什么（选择两项）	温室气体排放	大气污染物增多	城市化	太阳活动	
		37.92	23.67	13.26	10.01	
	您是否赞成"人类活动产生的温室气体排放"是造成气候变化的主要原因	非常赞同	比较赞同	一般	不太赞同	根本不赞同
		15.11	47.59	25.04	9.87	2.39
对气候变化影响因素是否受政治影响的认知	您认为科学家对气候变化的认知是否会被国家利益左右	非常相信	比较相信	一般	不太相信	根本不相信
		10.78	36.24	34.66	16.31	2.01
	您认为学界关于气候变化的研究结论会受政府影响吗	影响极大	影响较大	一般	影响不大	根本没影响
		9.25	38.62	36.57	14.35	1.21
	在过去一年里，对IPCC报告"气候变暖"结论提出怀疑的一些事件，如"曲棍球门"、"气候门"、"冰川门"以及"亚马孙门"等问题您是否有所了解	非常了解	比较了解	一般	不太了解	根本不了解
		7.38	34.64	39.82	14.77	3.39

从调查结果可以得到如下结论：(1)大学生对引起气候变化的原因有所了解，但了解程度不够；(2)大学生认为"温室气体排放"是引起气候变化的最主要原因；(3)大多数大学生对于科学家提出的全球变暖结论是信服的；(4)大学生认为气候变化的研究结论会受到政治因素影响。

11.2.3　大学生对气候变化带来的影响认知

我们通过6个方面13个问题来对大学生进行气候变化的影响认知考察，包括"对气候变化带来的影响的整体认知"、"气候变化对于农业生产影响的认知"、"气候变化能否引发粮食危机的认知"、"气候变化对于环境的影响认知"、"气候变化对于人类健康的影响认知"、"气候变化对国家安全影响的认知"。调查结果统计如表11-11所示。

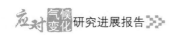

表 11-11　大学生对气候变化带来的影响认知

认知维度	认知内容	认知结果（%）				
气候变化对人类生产生活整体影响认知	您认为气候变化会对我们生活产生直接影响吗	非常大	影响较大	一般	影响不大	根本没影响
		14.59	54.43	25.60	4.72	0.66
	您认为目前气候变化给人类生产生活带来的影响严重吗	非常严重	比较严重	一般	不太严重	没有影响
		10.78	44.21	36.65	7.73	0.63
	您认为目前气候变化给人类带来的最严重的影响是什么（选择两项）	气候灾害频发	水体污染，危及人类健康		破坏生态系统	粮食减产
		35.81	26.22		28.45	7.68
	您最担心气候变化给自己带来哪些不好的影响（选择两项）	极端天气引发疾病	空气污染影响人类健康	夏天越来越热冬天越来越短		旱灾缺水导致农业减产
		35.10	24.68	21.37		17.69
	您认为气候变化会带来哪些好处（选择两项）	冬天变暖	减少能源消耗	促进农业生产		夏天凉快
		32.28	25.81	19.67		16.35
气候变化对农业生产影响的认知	您认为气候变暖会减少农作物收成吗	非常赞同	比较赞同	一般	不太赞同	根本不赞同
		14.98	43.78	30.20	9.85	1.19
	您认为气候变暖会增加农作物收成吗	非常赞同	比较赞同	一般	不太赞同	根本不赞同
		4.33	20.61	38.74	32.37	3.95
	气候变化是否已经造成农作物收成增加	非常肯定	比较肯定	一般	增加不多	没有增加
		2.89	17.41	47.68	27.52	4.50
气候变化与粮食危机的认知	您相信气候变化会引发粮食危机吗	非常相信	比较相信	一般	不太相信	根本不相信
		17.73	46.26	28.64	6.23	1.14
气候变化对环境影响的认知	您认为气候变化会造成环境恶化吗	非常相信	比较相信	一般	不太相信	根本不相信
		22.35	52.89	21.68	3.21	0.13
气候变化对人类健康的影响认知	您认为气候变化会对人类健康带来很大威胁吗	非常相信	比较相信	一般	不太相信	根本不相信
		15.77	47.04	31.58	4.26	1.35
气候变化对国家安全的影响认知	您认为气候变化会给国家安全带来影响吗	非常相信	比较相信	一般	不太相信	根本不相信
		9.85	43.78	38.31	7.03	1.03
	您相信气候变化会引发国家或地区之间的冲突和战争吗？	非常相信	比较相信	一般	不太相信	根本不相信
		11.20	38.62	35.16	13.58	1.44

从调查结果可以得到如下结论：(1)大学生认为气候变化会给人类的生产生活带来影响，目前造成的影响比较严重；(2)大学生认为气候变化带来的最严重的影响是气象灾害频发，引发疾病与死亡；(3)大学生认为气候变化带来的好处是冬天变暖，减少能源消耗；(4)近六成大学生认为气候变暖会降低农作物收成；(5)六成大学生相信气候变化会引发粮食危机；(6)大多数大学生认为气候变化会造成环境恶化，相信气候变化会给人类健康带来很大威胁；(7)半数大学生认为气候变化会给国家安全带来影响，并引发冲突和战争。

11.2.4 大学生对国际社会应对气候变化行动认知

国际社会为了应对气候变化,采取了一系列的行动,如1988年由联合国WMO和联合国环境署共同发起,成立了IPCC;1992年通过了《公约》;1997年颁布了对温室气体排放量具有法律约束力的《议定书》;2009年在哥本哈根召开了联合国气候大会并通过《哥本哈根协议》等。在应对行动中,各国作出的努力和扮演的角色有所差异。在此我们需要了解大学生们对于国际社会应对气候变化所采取的行动的了解程度,我们需要了解大学生认为哪些国家或地区努力程度不够。大学生是否认同国家的实力是国际气候政策的基础,是否相信政治家们能够制定出公平而有效的国际气候政策。西方发达国家要求中国进行减排,这些减排目标是否合理。中国坚持的"共同但有区别的责任"内涵是否为大学生所熟悉。为了了解大学生对国际社会应对气候变化情况的认知状况,我们从4个方面设计了8个问题进行考察,包括"对国际社会应对气候变化的努力程度认知"、"对国际社会应对气候变化所做工作的认知"、"对'共同但有区别的责任'的理解"、"国际气候政策的政治学因素认知",调查结果统计如表11-12所示。

表11-12 大学生对国际社会应对气候变化行动的认知

认知维度	认知内容	认知结果(%)				
对国际社会应对气候变化的努力程度认知	您认为国际社会在应对气候变化中的努力程度如何	非常努力	比较努力	一般	不太努力	根本没努力
		4.13	33.79	48.21	12.64	1.23
对国际社会所做工作的认知	您知道国际社会有哪些应对气候变化的文献或行动?(可多选)	《京都议定书》	《联合国气候变化框架公约》	哥本哈根气候变化大会	《巴厘岛行动计划》	成立IPCC
		30.21	20.57	19.45	11.33	9.76
	您知道《京都议定书》是联合国为了控制碳排放而制定的协议吗?	非常了解	比较了解	一般	不太了解	根本不了解
		12.58	37.81	33.42	12.61	3.58
对"共同但有区别的责任"的认知	您知道应对气候变化的"共同但有区别的责任"的内涵吗	非常了解	比较了解	一般	不太了解	根本不了解
		8.13	32.60	40.72	15.26	3.29
	您认为西方发达国家要求中国承担的减排任务合理吗	非常合理	比较合理	一般	不太合理	根本不合理
		5.08	21.37	43.82	24.31	5.42
	您认为以下哪些国家或地区在应对气候变化问题上努力不够(可多选)	美国	印度	中国	欧盟	南非
		28.21	16.25	14.73	12.88	10.37
国际气候政策的政治学认知	您相信决定国际气候政策的基础是国家实力吗	非常相信	比较相信	一般	不太相信	根本不相信
		11.08	38.74	36.92	12.24	1.02
	您相信政治家们会制定出公平且有效的国际气候政策吗	非常相信	比较相信	一般	不太相信	根本不相信
		2.79	23.32	39.53	26.48	7.88

从调查结果可以得到如下结论:(1)大学生认为国际社会在应对气候变化方面作出了努力,但努力程度不够;(2)大学生对国际社会在应对气候变化方面所作的工作不够了解;

（3）大学生对"共同但有区别的责任"的内涵有所了解,但尚需进一步深入理解;（4）大学生认为美国和印度在应对气候变化方面不够努力;（5）一半大学生认为国际气候政策受政治影响,国际气候政策的基础是国家实力,不太相信政治家们能制定出公平而有效的国际气候政策。

11.2.5 大学生对中国应对气候变化行动认知

在考察了大学生对国际社会应对气候变化行动的认知后,我们对大学生对中国应对气候变化行动的认知也做了调查。我们从3个方面设计了3个问题来进行考察,包括"对中国政府应对气候变化努力程度及做法的认知"、"对中国政府应对气候变化行动有效性的认知"、"对中国政府应对气候变化行动支持程度的认知",调查结果统计如表11-13所示。

表 11-13　大学生对中国应对气候变化行动的认知

认知维度	认知内容	认知结果（%）				
对中国应对气候变化行动努力程度认知	您认为中国政府在应对气候变化中的努力程度如何	非常努力	比较努力	一般	不太努力	根本没努力
		5.83	33.37	45.61	13.26	1.93
对中国应对气候变化的措施与行动的了解	您对中国政府在应对气候变化中采取的措施与行动了解吗	非常了解	比较了解	一般	不太了解	根本不了解
		2.96	22.61	48.79	23.04	2.60
对中国应对气候变化行动有效性的认知	您认为中国政府在应对气候变化中采取的措施和行动是否有效	非常有效	比较有效	一般	不太有效	根本无效
		5.16	32.01	41.84	18.73	2.26

从调查结果可以得到如下结论:（1）大学生认为中国政府在努力应对气候变化,但努力程度不够;（2）大学生对中国政府在应对气候变化中采取的措施与行动不够了解,亟待提高;（3）大学生认为中国政府在应对气候变化中采取的措施与行动收到一定效果,但有效程度需要进一步提高。

11.2.6 大学生对应对气候变化行动的期待认知

在应对气候变化问题上,无论是政府还是个人都应该积极采取行动。为了了解大学生在应对气候变化问题上对个人行动及政府行动有哪些定位与期待,我们从4个方面设计了7个问题进行考察,包括"应对气候变化行动总体认知"、"个人应对气候变化的意愿认知"、"个人应对气候变化的行为认知"、"对政府应对气候变化的行动期待",调查结果统计如表11-14所示。

表 11-14　大学生对应对气候变化个人及政府行动的期待认知

认知维度	认知内容	认知结果（%）				
应对气候变化行动总体认知	您是否相信人类可以通过努力减缓气候变化带来的影响	非常相信	比较相信	一般	不太相信	根本不相信
		17.68	45.26	29.03	6.74	1.29
	您认为普通公民应该参与国家气候政策制定吗	非常赞同	比较赞同	一般	不太赞同	绝对不赞同
		25.58	44.31	26.92	5.68	2.49

（续表）

认知维度	认知内容	认知结果（%）				
个人应对气候变化的意愿认知	您愿意为减缓气候变化作出努力吗	非常愿意	比较愿意	一般	不太愿意	根本不愿意
		46.88	33.27	17.69	1.05	1.11
	您是否积极支持中国采取的主动减少排放的政策和行动	非常愿意	比较愿意	一般	不太愿意	根本不愿意
		28.71	41.95	25.24	2.92	1.18
个人应对气候变化的行动选择认知	您认为应对气候变化自己最应当做哪些事情（选择两项）	少开汽车，多骑自行车	使用清洁燃料	减少垃圾	使用公共交通工具	
		22.69	19.75	19.03	16.82	
	您愿意为应对气候变化做哪些工作（选择两项）	适当改变自己浪费资源行为	传播相关知识	多注意有关信息	呼吁政府采取保护性行动	
		25.27	23.87	21.49	15.57	
对政府应对气候变化行动的期待认知	您认为在应对气候变化过程中政府应当做什么（选择三项）	加强立法，严格控制温室气体排放	推行相关教育，提高公民意识	鼓励技术创新，转变经济发展方式	健全公共卫生防护机制，保障人民健康	推动植树造林，改善空气环境
		23.42	20.67	17.59	15.31	15.73

从调查结果可以得到如下结论：(1)大学生相信人类可以通过努力减缓气候变化带来的影响，赞成公民参与国家气候政策制定；(2)大学生非常愿意为减缓气候变化作出努力，并支持政府各种应对气候变化的政策和行动；(3)大学生选择"少开汽车、多骑自行车"和"使用清洁燃料"来应对气候变化；(4)大学生认为政府应该加强立法、推行教育、鼓励技术创新来应对气候变化。

11.3 中国县域居民关于气候变化的认知情况调查

在对县域居民进行气候变化认知调查中，我们共发放问卷1800份，回收问卷1513份，其中有效问卷763份，有效回收率50.43%。样本分布情况参见表11-15。为了保证调查结果的准确可靠，我们用SPSS16.0统计软件分析县域居民气候变化认知状况调查问卷的信度，得到克隆巴赫系数为0.890，信度系数较好，说明问卷设计是合理可靠的。

表 11-15 县域居民调查样本分布情况

统计指标	分类指标	人数	比例（%）	统计指标	分类指标	人数	比例（%）
性别	男	455	59.63	身份	气象信息员	208	27.26
	女	308	40.37		非气象信息员	555	72.74
地域	东部	404	52.95	工作性质	从事农业劳动	132	17.30
	中部	320	41.94		从事农业技术	80	10.48
	西部	39	5.11		其他人员	551	72.21

统计指标	分类指标	人数	比例(%)	统计指标	分类指标	人数	比例(%)
年龄	35 岁以下	218	28.57	文化程度	小学	36	4.72
	35～44 岁	263	34.47		初中	177	23.20
	45～54 岁	183	23.98		高中	180	23.59
	55～60 岁	93	12.19		中专	101	13.24
	60 岁以上	6	0.79		大专及以上	269	35.26
家庭年收入	10000 元以下	128	16.78	婚姻状况	已婚	665	87.16
	10001～20000 元	168	22.02		未婚	98	12.84
	20001～30000 元	150	19.66	子女状况	有子女	655	85.83
	30001～40000 元	119	15.60		无子女	108	14.17
	40001～50000 元	80	10.48	上网情况	每天都上网	289	37.88
	50001～60000 元	43	5.64		每周一次	91	11.93
	60000 元以上	75	9.82		偶尔上网	289	33.68
					从不上网	126	16.51

11.3.1 县域居民对气候变化状况总体认知

关于县域居民对气候变化的总体认知情况调查,主要考察了 4 个方面 9 个问题,包括
"对气候变化的了解程度"、"对气候变化的关注度"、"对气候变化的自身感受"、"了解气候变
化的途径"。运用 SPSS16.0 对县域居民进行"对气候变化总体认知"调查问卷信度分析。
得到克隆巴赫系数为 0.718。信度系数较好,说明问卷设计是合理可靠的。对调查结果进行
统计,得到网民对气候变化影响因素认知情况(表 11-16)。

表 11-16　县域居民对气候变化的总体认知

认知维度	认知内容	认知结果(%)				
对气候变化了解程度	您知道什么是"气候变化"吗	非常了解	比较了解	一般	不太了解	根本不了解
		21.08	44.93	29.12	4.22	0.66
	您所了解的气候变化最突出的现象是什么(选择两项)	气候变暖	台风、暴雨、洪涝频发	热浪、干旱明显增多	寒潮、冷夜冰雪日数增多	
		35.06	22.02	16.12	11.27	
对气候变化关注程度	您对全球气候变化关注程度	非常关注	比较关注	一般	不太关注	根本不关注
		37.09	45.87	13.37	3.28	0.39
对气候变化的自身感知	您认为气候在变化吗	变化非常大	变化比较大	一般	变化不大	没有变化
		24.90	49.60	15.07	9.83	0.39
	您相信气候在变暖吗	非常相信	比较相信	一般	不太相信	根本不信
		37.48	42.99	13.63	5.24	0.66

（续表）

认知维度	认知内容	认知结果（%）				
对气候变化的自身感知	您感觉到过去一年"气候变暖"在发生吗	非常强烈	比较强烈	一般	不太强烈	没有感觉
		12.71	38.40	31.72	15.73	1.44
	您感觉目前农作物生长的规律同二十四节气吻合吗	非常吻合	比较吻合	一般	不太吻合	根本不吻合
		9.57	36.70	35.65	15.99	2.10
	您感觉到"气候变暖"在发生吗	非常强烈	比较强烈	一般	不太强烈	根本没感觉
		10	46	35	8	1
了解气候变化的途径	你主要通过何种方式了解气候变化的(选择两项)	电视	网络	报纸	广播	
		38.99	21.30	19.33	11.01	

从调查结果可以得到如下结论：(1)绝大多数县域居民表示知道气候变化；(2)县域居民对全球气候变化非常关注；(3)县域居民感到近年气候变化比较大，最突出的气候变化现象是"气候变暖"；(4)县域居民感觉目前农作物生长规律与二十四节气存在差异；(5)县域居民了解气候变化信息的最主要途径是电视，其次是网络。

11.3.2 县域居民对气候变化的影响因素认知

关于县域居民对气候变化影响因素的认知情况，我们从两个方面进行考察，即"对引起气候变化原因的了解程度"、"对造成全球气候变化主要原因的认知"，主要设计了3个问题。运用SPSS16.0对"县域居民对引起气候变化的影响因素认知"调查问卷进行信度分析。得到克隆巴赫系数为0.704，信度系数较好，说明问卷设计是合理可靠的。对调查结果进行统计，得到县域居民对气候变化影响因素认知情况（表11-17）。

表 11-17 县域居民对气候变化的影响因素认知

认知维度	认知内容	认知结果（%）				
对引起气候变化原因的了解程度	您对可能引起"气候变化"的因素了解吗	非常了解	比较了解	一般	不太了解	根本不了解
		9.96	35.26	40.76	11.66	2.36
对造成气候变化的主要原因认知	您认为全球气候变化的主要原因是什么(选择两项)	大气污染物增多	温室气体排放	地震等地质活动	城市化	
		36.24	29.95	11.53	9.11	
	您认为"人类活动产生的温室气体排放"是造成气候变化的主要原因吗	非常赞同	比较赞同	一般	不太赞同	根本不赞同
		23.72	41.94	21.76	11.14	1.44

从调查结果可以得到如下结论：(1)县域居民对气候变化的原因了解程度不够；(2)县域居民对导致气候变化的主要原因并不十分清楚。虽然66%的县域居民认为"人类活动产生的温室气体排放"是造成气候变化的主要原因，但是在回答"造成气候变化的主要原因有哪些"时，选择"大气污染物增多"的有553人次，占36.24%，"温室气体排放"的有457人次，占29.95%，"地震等地质活动"的有176人次，占11.53%。说明县域居民对导致气候变化的主

要原因并不十分清楚。

11.3.3 县域居民对气候变化产生的影响认知

气候变化之所以引起人类社会越来越多的关注,主要是由于气候变化给人类的生产、生活乃至人类生存和国家安全带来了越来越严重的影响。关于气候变化带来的影响,县域居民又有怎样的认知呢?我们通过7个方面17个问题来进行考察,7个方面包括"对气候变化带来的影响的整体认知"、"气候变化对日常生活的影响认知"、"气候变化对生产影响的认知"、"气候变化能否引发粮食危机认知"、"气候变化对环境影响的认知"、"气候变化对人类健康的影响认知"、"气候变化对国家安全影响认知"。运用SPSS16.0对"县域居民对气候变化产生影响认知"调查问卷进行信度分析,得到克隆巴赫系数为0.824,信度系数较好,说明问卷设计是合理可靠的。对调查结果进行统计,得到县域居民对气候变化影响因素认知情况(表11-18)。

表 11-18　县域居民对气候变化带来的影响认知

认知维度	认知内容	认知结果(%)				
气候变化对人类生产生活整体影响认知	您对气候变化可能带来的后果了解吗	非常了解	比较了解	一般	不太了解	根本不了解
		10.22	35.12	36.04	17.69	0.92
	您认为气候变化会带来哪些好处(选择两项)	冬天变暖	减少能源消耗	夏天凉快		促进农业生产
		32.77	23.00	16.45		15.53
	您担心气候变化会给自己带来哪些不好影响(选择两项)	影响人类健康	旱灾缺水导致减产	夏天越来越热,冬天越来越短		极端天气引发疾病和更高的死亡率
		32.18	22.35	21.82		21.56
	您认为目前气候变化给人类带来的最严重的影响是什么(选择两项)	破坏生态系统	气象灾害频发	水体污染危机人类健康		粮食减产
		32.24	30.01	27.06		9.04
气候变化对日常生活的影响认知	您的日常生活受到气候变化的影响了吗	非常大	比较大	一般	不太大	根本没影响
		11.93	31.06	32.37	22.41	2.23
	您认为气候变化是否已经提高了您的生活水平	提高非常大	提高比较大	一般	提高不太大	没有提高
		4.19	10.62	30.8	23.46	30.93
	您认为气候变化是否已经降低了您的生活水平	降低非常大	降低比较大	一般	降低不太大	没有降低
		3.93	14.02	40.24	25.43	16.38
	您认为气候变化是否已经影响到您的收入	影响非常大	影响比较大	一般	影响不太大	没有影响
		6.42	16.78	29.10	36.17	11.53
气候变化对生产的影响认知	您认为目前气候变化给您的生产带来影响了吗	影响非常大	影响比较大	一般	影响不太大	没有影响
		8.26	29.23	40.63	16.51	5.37

（续表）

认知维度	认知内容	认知结果（%）				
气候变化对生产的影响认知	您认为气候变暖会造成农作物收成减少吗	非常赞同	比较赞同	一般	不太赞同	完全不赞同
		20.05	40.89	23.33	13.89	1.83
	您认为气候变暖会造成农作物收成增加吗	非常赞同	比较赞同	一般	不太赞同	完全不赞同
		6.03	15.60	25.29	44.04	9.04
	您认为气候变化是否已经造成农作物收成减少	减产非常多	减产比较多	一般	减产不太多	完全没影响
		13.89	38.53	25.03	20.18	2.36
	您认为气候变化是否已经造成农作物收成增加	增加非常多	增加比较多	一般	增加不太多	完全没影响
		7.08	18.35	34.34	33.16	7.08
气候变化引发粮食危机的可能性认知	您相信气候变化会引发粮食危机吗	非常相信	比较相信	一般	不太相信	根本不相信
		22.02	35.52	24.90	15.07	2.49
气候变化对环境影响的认知	您认为气候变化会造成环境恶化吗	非常相信	比较相信	一般	不太相信	根本不相信
		32.90	39.06	18.48	7.47	2.10
气候变化对人类健康的影响认知	您认为气候变化会对人类健康带来很大威胁吗	非常相信	比较相信	一般	不太相信	根本不相信
		25.56	43.77	20.18	8.52	1.97
气候变化对国家安全的影响认知	您相信气候变化会引发国家或地区之间的冲突和战争吗	非常相信	比较相信	一般	不太相信	根本不相信
		10.09	26.47	21.23	32.90	9.31

　　从调查结果可以得到如下结论：（1）县域居民对气候变化可能带来的后果了解不够；（2）大多数县域居民认为气候变化没有对日常生活造成较大影响；（3）县域居民相信气候变化会影响农作物生长并会造成减产，但目前他们的生产没有受到气候变化的较大影响；（4）县域居民认为气候变化会造成粮食危机，会影响人类健康，会造成环境恶化；（5）县域居民不认为气候变化会引发国家或地区间的冲突和战争；（6）县域居民认为气候变化给人类带来最严重的影响是"对生态系统的破坏"。

11.3.4　县域居民对国际社会应对气候变化行动认知

　　国际社会为了应对气候变化，采取了一系列的行动，如数次气候变化大会的召开、《议定书》的制定与推行等。为了了解县域居民对国际社会应对气候变化情况的认知状况，本调查从两个方面进行考察，包括"对国际社会应对气候变化的努力程度认知"、"对国际社会所做工作的认知"，共设计了3个问题，运用SPSS16.0对"县域居民对国际社会应对气候变化行动认知"调查问卷进行信度分析。得到克隆巴赫系数为0.713，信度系数较好，说明问卷设计是合理可靠的。对调查结果进行统计，得到县域居民对气候变化影响因素认知情况（表11-19）。

表11-19　县域居民对国际社会应对气候变化行动的认知

认知维度	认知内容	认知结果（%）				
对国际社会应对气候变化的努力程度认知	您认为国际社会在应对气候变化中的努力程度如何	非常努力	比较努力	一般	不太努力	根本没努力
		16.51	39.84	31.59	10.48	1.57

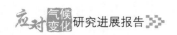

认知维度	认知内容	认知结果(%)				
对国际社会所做工作的认知	您了解国际上在应对气候变化方面所做的工作吗	非常了解	比较了解	一般	不太了解	根本不了解
		4.85	25.03	36.04	30.41	3.67
	您知道《议定书》是联合国为了控制碳排放而制定的协议吗	非常了解	比较了解	一般	不太了解	根本不了解
		9.70	26.87	23.59	34.08	5.77

从调查结果可以得到如下结论:(1)仅有三成县域居民表示了解国际社会在应对气候变化方面的工作,六成县域居民不了解"《议定书》是联合国为控制碳排放而制定的协议";(2)县域居民认为国际社会在应对气候变化方面还是作出了努力。

11.3.5 县域居民对中国应对气候变化行动认知

在考察了县域居民对国际社会应对气候变化行动的认知后,对于县域居民对中国应对气候变化行动的认知也需要进一步的了解和掌握。从3个方面3个问题来进行考察,包括"对中国政府应对气候变化努力程度的认知"、"对中国政府应对气候变化行动有效性的认知"、"对中国政府应对气候变化行动具体措施的认知"。运用SPSS16.0对"县域居民对中国应对气候变化行动的认知"调查问卷进行信度分析。得到克隆巴赫系数为0.701,信度系数较好,说明问卷设计是合理可靠的。对调查结果进行统计,得到县域居民对气候变化影响因素认知情况(表11-20)。

表 11-20 县域居民对中国应对气候变化行动的认知

认知维度	认知内容	认知结果(%)				
对中国应对气候变化行动努力程度认知	您认为中国政府在应对气候变化中的努力程度如何	非常努力	比较努力	一般	不太努力	根本没努力
		24.90	44.17	24.25	5.77	0.92
对中国应对气候变化的措施与行动的了解	您对中国政府在应对气候变化中采取的措施与行动了解吗	非常了解	比较了解	一般	不太了解	根本不了解
		7.86	32.63	33.16	24.61	1.83
对中国应对气候变化行动有效性的认知	您认为中国政府在应对气候变化中采取的措施和行动是否有效	非常有效	比较有效	一般	不太有效	根本无效
		15.07	40.89	30.28	12.84	0.92

从调查结果可以得到如下结论:(1)县域居民不太了解中国政府在应对气候变化中采取的行动与措施;(2)县域居民认为中国政府在应对气候变化方面还是努力和积极的,并取得了一定的成效,但认可度尚需提高。

11.3.6 县域居民应对气候变化行动期待认知

在应对气候变化问题上,无论是政府还是个人都应该积极采取行动。为了了解县域居民在应对气候变化问题上对个人行动及政府行动有哪些定位与期待,我们设计了4个方面8个问题进行考察,包括"应对气候变化行动总体认知"、"个人应对气候变化的意愿认知"、"个人应对气候变化的行为认知"、"政府应对气候变化的行动期待"。运用SPSS16.0对"网民对气候变化产生影响认知"调查问卷进行信度分析,得到克隆巴赫系数为 0.725,信度系数较好,说明问卷设计是合理可靠的。对调查结果进行统计,得到县域居民对气候变化影响因素认知情况(表11-21)。

表 11-21　县域居民对应对气候变化个人及政府行动的期待认知

认知维度	认知内容	认知结果(%)				
应对气候变化行动总体认知	您是否相信人类可以通过努力减缓气候变化带来的影响	非常相信	比较相信	一般	不太相信	根本不相信
		40.10	39.84	13.89	5.64	0.52
	您认为普通公民应该参与国家气候政策制定吗	非常赞同	比较赞同	一般	不太赞同	绝对不赞同
		40.63	37.61	16.25	5.24	0.26
个人应对气候变化的意愿认知	您愿意为减缓气候变化作出努力吗	非常愿意	比较愿意	一般	不太愿意	根本不愿意
		57.01	29.10	11.93	1.97	0.00
	您是否积极支持中国采取的主动减少排放的政策和行动	非常愿意	比较愿意	一般	不太愿意	根本不愿意
		53.87	29.88	13.11	2.75	0.39
个人应对气候变化的行动选择认知	您认为应对气候变化自己最应当做哪些事情(选择两项)	少开汽车,多骑自行车	减少垃圾		节水节电	使用清洁燃料
		33.86	16.32		15.99	15.73
	您愿意为应对气候变化做些工作(选择两项)	传播相关知识	改变自己浪费资源的行为		呼吁政府采取保护性行动	多注意有关信息
		25.95	22.15		18.41	16.38
对政府应对气候变化行动的期待认知	您认为在应对气候变化过程中政府应当做什么(选择三项)	加强立法,严格控制温室气体排放	推行相关教育,提高公民意识	推动植树造林,改善空气环境	健全公共卫生防护机制,保障人民健康	鼓励技术创新,转变经济发展方式
		25.21	21.41	21.41	12.63	12.63
	您在应对气候变化时是否得到了有力的帮助	帮助非常大	帮助比较大	一般	帮助不大	没有帮助
		4.85	16.91	34.99	31.72	11.53

从调查结果可以得到如下结论:(1)县域居民相信可以通过努力减缓气候变化带来的影响;(2)县域居民普遍愿意为减缓气候变化作出努力,并积极支持政府政策与行动;(3)县域居民在应对行动上选择主动传播相关知识和改变浪费资源行为;(4)县域居民认为普通公民应该参与国家气候政策的制定;(5)县域居民认为政府应该加强立法,严格控制温室气体排放来应对气候变化。他们希望在应对气候变化上得到更多的有力帮助。

11.4　中国公众气候变化认知状况比较与对策建议

在对中国网民、大学生和县域居民开展"气候变化认知状况"调查后,对调查结果进行统计分析,得到了三类人群关于气候变化认知状况的实际结论。总体来看,三类人群对气候变化认知情况比较相似,但也有所差异。

(1)对气候变化的总体认知比较

① 67%的网民表示比较了解气候变化,47%的大学生表示知道气候变化,66%的县域居民表示比较了解气候变化。

② 85%的网民比较关注全球气候变化,57%的大学生比较关注全球气候变化,83%的县域居民关注全球气候变化。

③ 三类人群均认为最突出的气候变化现象是"气候变暖",其次为"台风、暴雨、洪涝频发"。

④ 85%的网民认为气候在变暖并有强烈的感受,77%的大学生认为气候在变暖并有强烈的感受,50%的县域居民对于气候在变暖感觉强烈。

⑤ 网络、电视是大学生县城居民的了解气候变化相关知识的最主要途径,听讲座的比例最小。县域居民最常获得气候变化信息的途径是"电视",其次为"网络"和"报纸"。

从上述比较我们可知,中国公众对于气候变化的了解程度和关注程度都比较高,其中大学生的了解程度和关注度低于网民和县域居民。大家认为气候变化最突出的现象是"气候变暖",其次为"台风、暴雨、洪涝频发"。大学生和网民对于"气候变暖"的认知与自身感受强于县域居民。网络是大学生和网民获得各种气候变化信息的主要途径,县域居民最主要的获取途径则是电视。

(2)对气候变化的影响因素认知比较

① 76%的网民表示对于引起气候变化的原因比较了解,他们都认为温室气体排放是最主要的原因,43%的大学生表示对于引起气候变化的原因比较了解,45%的县域居民表示了解气候变化的原因,他们都认为"大气污染物增多"是最主要原因。

② 67%的网民相信科学家真的确认全球变暖,超过50%的网民认为气候变化的认知会受国家利益和政府的左右和影响,52%的大学生相信科学家真的确认全球变暖,48%的县域居民认为气候变化问题的研究和认知会受到政府、国家利益等政治因素影响。

从上述比较我们可知,网民对引起气候变化的原因了解程度远高于大学生和县域居民。网民和大学生认为引起气候变化的主要原因是"温室气体排放",而县域居民则认为是"大气污染物增多"。大学生和网民都认为科学家对于气候变化的研究与认知是受政治因素影响的。关于"相信气候变暖结论"与"认知的政治因素影响"的判断,大学生比网民要理智与客观。

(3)对气候变化带来的影响认知比较

① 84%的网民认为气候变化会对生活产生较严重的影响,近70%的大学生认为气候变化会给我们的生产生活带来直接影响,网民和大学生均认为气象灾害频发是最为严重的影响,42%的县域居民表示日常生活受到气候变化的较大影响,县域居民认为气候变化给人类带来最严重的影响是"对生态系统的破坏"。

② 三类人群都认为气候变化的好处是冬天变暖和减少能源消耗。

③ 76%的网民认为气候变暖会造成农作物收成减少,55%的大学生认为气候变暖会减少农作物收成,61%的县域居民认为气候变暖会造成农作物收成减少。

④ 79%的网民相信气候变化会引发粮食危机,64%的大学生认为气候变化会引发粮食危机,57%的县域居民较相信气候变化会引发粮食危机。

⑤ 86％的网民相信气候变化会造成环境恶化,75％的大学生认为气候变化会造成环境的恶化,72％的县域居民较相信气候变化会造成环境恶化。

⑥ 81％的网民相信气候变化会给人类健康带来很大威胁,63％的大学生认为气候变化会给人类健康带来很大威胁,69％的县域居民较相信气候变化对人类健康带来很大威胁。

⑦ 66％的网民认为气候变化会给国家安全带来影响,并会引发国家或地区之间的冲突和战争,50％的大学生认为气候变化会给国家安全带来较大影响,40％的县域居民相信气候变化会引发国家或地区间的冲突和战争。

从上述比较可知,公众认为气候变化会给人类生产生活带来严重影响,大学生和网民认为最严重的影响是"气象灾害频发",而县域居民认为是"对生态系统的破坏"。大家一致认为气候变暖会造成农作物减产。气候变化会造成环境恶化,威胁人类健康,引发粮食危机。网民对于气候变化带来的影响担心程度最高,其次为大学生,县域居民的危机感最轻。

(4)对国际社会应对气候变化行动认知比较

① 47％的网民认为国际社会努力应对气候变化,45％的人比较了解国际社会所做的工作。近四成的大学生认为国际社会在应对气候变化方面是比较努力的,但对国际社会所做的具体工作了解程度不高,只有25％的人表示了解。而县域居民对国际社会所做的工作了解程度更低,只有三成的人表示了解。

② 55％的网民了解"共同但有区别的责任"的内涵,41％的大学生表示了解"共同但有区别的责任"的内涵,32％的网民认为西方国家要求中国承担的减排任务比较合理。

③ 网民认为应对气候变化不够努力的是美国和欧盟,大学生认为美国和印度在应对气候变化问题上努力程度不够。

④ 66％的网民相信决定国际气候政策的基础是国家实力,不太相信政治家们会制定出公平而有效的国际气候政策。50％的大学生认为决定国际气候政策的基础是国家实力,不相信政治家们会制定出公平而有效的国际气候政策。

从上述比较可知,网民对于国际社会应对气候变化所采取的措施与行动最了解,其次是大学生,县域居民的了解程度最低。但大学生和网民的认知依然有待提高。虽然有接近一半的大学生和网民表示了解"共同但有区别的责任"的内涵,但是他们并未真正明白其中的政治学意义和伦理学意义。大学生和网民认为在应对气候变化方面美国最不努力,同时,对印度、中国等发展中国家也提出了努力期待。

(5)对中国应对气候变化行动认知比较

① 59％的网民认为中国政府在努力应对气候变化,39％的大学生认为中国政府在应对气候变化方面是比较努力的,69％的县域居民表示中国政府应对气候变化工作是努力的。

② 44％的网民认为中国政府在应对气候变化中采取的措施与行动是有效的,39％的大学生认为中国政府在应对气候变化方面的措施与行动是有效的,56％的县域居民认为中国政府应对气候变化工作有效。

③ 52％的网民表示比较了解中国政府在应对气候变化中采取的措施与行动,26％的大学生对中国政府所采取的应对气候变化措施与行动比较了解,40％的县域居民比较了解中国政府在应对气候变化中采取的行动与措施。

④ 47％的县域居民表示有办法应对气候变化,绝大多数人未受到有力的帮助。

从上述比较可知,对于中国政府在应对气候变化方面所做工作的有效性及努力,县域居民的认可度最高,大学生的认可度最低。网民对中国政府在应对气候变化方面所采取的措施与做法最为了解,大学生的了解程度最低。

(6)对应对气候变化个人行动及政府行动的期待认知比较

① 76％的网民相信人类可以通过努力减缓气候变化带来的影响,大学生相信的比例为73％,县域居民相信比例为80％。

② 90％的网民愿意为减缓气候变化作出努力,80％的大学生愿意为减缓气候变化作出努力,86％的县域居民愿意为减缓气候变化作出努力。三类人群一致表示积极支持政府采取的减排政策与行动。

③ 网民认为应对气候变化自己最应当做的事情是"少开汽车、多骑自行车"和"减少垃圾"。大学生在应对气候变化的行动中,更多的人愿意选择主动传播相关知识,改变浪费资源行为。县域居民在应对气候变化的行动中,更多的人愿意选择主动传播相关知识,改变浪费资源行为。

④ 83％的网民认为普通公民应该参与国家气候政策制定,应对气候变化政府应加强立法和教育、鼓励技术创新。69％的大学生认为普通公民应该参与国家气候政策的制定。应对气候变化政府应该加强立法和教育,提升公民意识和鼓励技术创新。78％的县域居民认为普通公民应该参与国家气候政策的制定,应对气候变化政府应该加强立法,严格控制温室气体排放。

从上述比较可知,公众对于应对气候变化充满信心,普遍相信可以通过努力,减缓气候变化的影响。八成以上公民愿意为减缓气候变化作出努力,积极支持政府采取相应的减排政策和行动,网民的行动意愿最为强烈,大学生的努力意愿最弱。个人行为上,大学生和县域居民主要选择"愿意主动传播相关知识"、"改变浪费资源行为",网民选择"少开汽车、多骑自行车"和"减少垃圾"。大家一致认为普通公民应该参与国家气候政策的制定,政府应该加强立法和教育,提升公民意识和鼓励技术创新。

(7)政策建议

调查结果表明,中国公众应对气候变化的意识较好,基本能够了解造成气候变化的原因,对于气候变化给人类带来的严重影响认知清楚,并且有主动应对气候变化的行动意愿,这些为中国下一步制定碳减排政策和开展相关工作提供了良好的认识基础。但是通过调查我们也发现了一些问题,如关于气候变化的引发原因及带来的后果,宣传教育力度不够,关于中国及国际社会应对气候变化所采取的行动和措施的宣传与说明不足,导致公众对政府的应对努力及工作有效性认同度不高。此外,虽然公众对应对气候变化的政治因素影响有所认识,但是关于"共同但有区别的责任"等涉及国家利益及国际间博弈的根本问题理解得不够深刻和准确。在应对气候变化个人行动认知上仅停留于积极参与的意愿,采取一些简单的基本的应对措施如倡导步行、宣传相关知识、改变浪费行为等,而没有上升到更为积极的层面,如积极推动技术创新层面。基于上述分析,提出如下建议。

① 要进一步加强气候变化相关知识的宣传与普及工作,提高公众对于气候变化的现象、原

因、规律以及气候变化带来的各种影响的认知度,提升应对气候变化的信心,为提高节能减排意识、自觉参与应对气候变化行动打下良好的认识基础。

②要进一步拓宽宣传的途径与手段。除了通过网络、电视等常用手段外,还可以采取多种形式,多种渠道开展相关工作,如开展科普活动,举办各类讲座,深入中学利用第二课堂和兴趣小组,将气候变化知识与中学的语文、数学、地理、政治、生物、历史等课程内容有机结合。深入社区和广大农村地区,以广场宣传、农技推广、知识讲座、文艺表演等形式开展宣传与教育活动,帮助公众掌握气候变化知识,树立节能减排意识。

③要加强对大学生群体及社会公众的形势与政策教育,帮助大学生和社会公众正确分析与判断国际竞争中的国家利益与人类发展之间的关系,保持清醒的认识与判断,增强危机意识。

④要积极引导和提升公众科学素质,将应对气候变化与专业知识学习有机结合,提升中国公众应对气候变化的能力。

⑤要积极研究出台各种应对气候变化的政策及措施,建立公共政策制定的公众参与机制,及时进行反馈与调整,提高制度的有效性。加强对相关法规、政策的宣传,提高公众应对气候变化行动的参与度、自觉性。加强对政府积极应对气候变化的具体措施的宣传,提升政府公信力。

⑥要加强与国际社会的合作,不断提升中国应对气候变化的技术水平和能力。

⑦要加强立法与监督,加大对企业生产的监管和惩治力度,减少温室气体排放,建立碳补偿机制。

第12章 不同因素下中国公众
气候变化认知和行动差异分析

不同的年龄、专业、职业、收入、地区、城乡等因素对于人们的认知与行为具有较大的影响。一些学者的研究已经证实了上述判断,严青华等(2010)研究了机动车驾驶员不安全驾驶行为流行情况及相关影响因素,发现社会经济(生活和工作压力大等)和个人因素(性别、城乡、学历等)是不安全驾驶的危险因素。朱明芬(2010)以浙江杭州为例,实证分析了农民创业行为的影响因素,结果表明,一般环境因素对农民创业行为的影响程度最大,家庭环境因素次之,个人素质因素对远郊农民创业影响较大,对近郊农民创业影响较小。陈涛(2010)通过对江苏省445份调查样本进行非参数检验,得到的分析结果表明,不同性别、年龄、学历、企业性质、区域的企业科技人员对薪酬满意度及激励效应存在显著的差异性。张怡然等(2011)对重庆市开县357位农民工问卷调查发现,农民工退出农村宅基地的意愿主要受宅基地的保障功能、经济补偿期望值、家庭经济收入状况、技能培训状况、家庭赡养人口状况等因素的影响。Kandel等(2009)研究了受教育程度对妇女吸烟行为的影响,指出受教育程度越高,妇女吸烟的概率就越小。Schooley等(2009)研究了玛雅妇女关爱自身健康行为的影响因素,结果表明,家庭成员、朋友的支持以及政府和社会的宣传对玛雅妇女寻求关爱自身健康有很大的影响。Sun和Feng(2011)对大连1376名居民展开调查,发现居民对能源的关心程度、生态观念、个人储蓄和个人因素(性别、城乡、年龄等)对其能源消费行为影响最大。

基于以上分析,我们判断中国公众因为年龄、性别、学历、职业、收入以及所在区域不同,他们对于气候变化的认知状况也会有所不同。只有了解不同人群认知上的差异,才能更有针对性地开展教育与宣传,采取更有力的应对行动,因此,我们在对中国公众关于气候变化认知进行总体分析的前提下,对不同因素下公众气候变化认知与行动差异进行分析。

根据网民、大学生以及县域居民的认知特点,我们将不同因素下三类人群认知和行动差异性分析的指标分为三级。网民和大学生的差异性分析指标是一致的(表12-1),一级指标有两个,即公众认知情况与公众行动情况。在公众认知指标下,有5个二级指标,分别是气候变化总体认知、气候变化原因认知、气候变化影响认知、国际社会应对气候变化行动认知、国内应对气候变化行动认知;三级指标有11个。在行动指标下有1个二级指标,有2个三级指标即个人行为认知和支持减排行动意愿。

表 12-1　不同因素下网民和大学生气候变化认知与行动差异性分析指标体系

一级指标	二级指标	三级指标
认知指标	总体认知	您知道什么是"气候变化"吗？
	气候变化原因认知	您对可能引起气候变化的因素了解吗？
		您认为科学家对气候变化的认知是否会被国家利益左右吗？
	气候变化影响认知	您认为目前气候变化给人类生产生活带来的影响严重吗？
		您认为气候变化会给国家安全带来影响吗？
	国际社会应对气候变化行动认知	您了解国际社会在应对气候变化方面所做的工作吗？
		您认为国际社会在应对气候变化中努力程度如何？
		您知道应对气候变化的"共同但有区别的责任"的内涵吗？
	国内应对气候变化行动认知	您认为中国政府在应对气候变化中努力程度如何？
		您对中国政府在应对气候变化中采取的措施与行动了解吗？
		您认为中国政府在应对气候变化中采取的措施与行动是否有效？
行动指标	个人行动意愿	您愿意为减缓气候变化作出努力吗？
		您是否积极支持中国所采取的主动减少排放的政策和行动？

县域居民气候变化认知和行动差异性分析的三级指标见表 12-2：一级指标有两个，即公众认知指标与公众行动指标。在公众认知指标下，有 5 个二级指标，分别是气候变化总体认知、气候变化原因认知、气候变化影响认知、国际社会应对气候变化行动认知、国内应对气候变化行动认知；三级指标有 11 个。在行动指标下有 1 个二级指标，有 2 个三级指标，即个人行为认知和支持减排行动意愿。

表 12-2　不同因素下县域居民气候变化认知与行动差异性分析指标体系

一级指标	二级指标	三级指标
认知指标	气候变化总体认知	您知道什么是"气候变化"吗？
	气候变化原因认知	您对可能引起气候变化的因素了解吗？
	气候变化影响认知	您的日常生活受到气候变化的影响了吗？
		您认为目前气候变化给您的生产带来了影响吗？
		您相信气候变化会引发国家或地区之间的冲突和战争吗？
	国际社会应对气候变化行动认知	您了解国际社会在应对气候变化方面所做的工作吗？
		您认为国际社会在应对气候变化中努力程度如何？
	国内应对气候变化行动认知	您认为中国政府在应对气候变化中努力程度如何？
		您对中国政府在应对气候变化中采取的措施与行动了解吗？
		您认为中国政府在应对气候变化中采取的措施与行动是否有效？
		您在应对气候变化时是否得到了有力的帮助？
行动指标	个人行动意愿	您愿意为减缓气候变化作出努力吗？
		您是否积极支持中国采取的主动减少排放的政策和行动？

12.1 网民对气候变化认知和行为认知差异性分析

在本次调查中,我们设计了性别、年龄、学历、区域、城乡、职业六个影响因素,考察不同影响因素下网民应对气候变化认知和行为差异。经过筛选将符合要求的调查样本 3021 份进行汇总统计。运用 SPSS 15.0 中的独立双样本 Mann-Whitney U 检验和多独立样本 Kruskal-Wallis 检验分析在不同影响因素下网民的气候变化总体认知、气候变化原因认知、气候变化影响认知、国际行动认知、国内行动认知以及个人行动意愿的差异性。独立双样本的 Mann-Whitney U 检验主要用于判别两个独立样本所属的总体是否有相同的分布。如果相伴概率 $P \leqslant 0.05$ 时,说明在此显著性水平时,样本来自两个独立总体的均值有显著差异,否则,样本来自的两个独立总体的均值无显著差异。Kruskal-Wallis 检验是用来检验 k 个独立样本是否来自不同总体,如果相伴概率 $P \leqslant 0.05$ 时,说明在此显著性水平时,来自多个独立总体的均值有显著差异,否则,样本来自的多个独立总体的均值无显著差异。具体结果如下。

(1)性别因素下网民对气候变化认知和行为认知差异性分析

我们从性别因素角度对男性和女性网民在气候变化总体认知、引起气候变化原因认知、气候变化带来影响的认知、对国际社会应对气候变化行动认知、对国内应对气候变化行动认知以及行动意愿认知六个方面进行认知差异比较,具体如表 12-3 所示。

表 12-3 性别因素下网民对气候变化认知和行动认知差异

认知内容	性别	N	秩均值	秩和	曼-惠特尼U检验	秩和检验	Z	双侧近似P值
对气候变化总体了解程度	男	1702	1587.45	2701845.50	992345.500	1862885.500	-6.085	0.000
	女	1319	1412.35	1862885.50				
对导致气候变化原因的认知	男	1702	1567.82	2668428.00	1025763.000	1896303.000	-4.504	0.000
	女	1319	1437.68	1896303.00				
对气候变化受政治影响的认知	男	1702	1573.03	2677299.50	1016891.500	1887431.500	-4.673	0.000
	女	1319	1430.96	1887431.50				
对气候变化产生影响的认知	男	1702	1518.84	2585062.50	1109128.500	1979668.500	-0.612	0.541
	女	1319	1500.89	1979668.50				
对气候变化给国家安全带来影响的认知	男	1702	1526.33	2597816.00	1096375.000	1966915.000	-1.193	0.233
	女	1319	1491.22	1966915.00				
对国际应对气候变化行动的了解	男	1702	1584.18	2696281.00	997910.000	1868450.000	-5.595	0.000
	女	1319	1416.57	1868450.00				
对国际应对行动的努力程度认知	男	1702	1508.64	2567698.00	1118445.000	2567698.000	-0.180	0.857
	女	1319	1514.05	1997033.00				
对"共同但有区别的责任"的认识	男	1702	1586.72	2700605.00	993586.000	1864126.000	-5.756	0.000
	女	1319	1413.29	1864126.00				

认知内容	性别	N	秩均值	秩和	曼-惠特尼 U 检验	秩和检验	Z	双侧近似 P 值
对中国应对行动的认识	男	1702	1592.26	2710032.00	984159.000	1854699.000	−6.224	0.000
	女	1319	1406.14	1854699.00				
对中国应对气候变化努力程度的认识	男	1702	1595.58	2715672.00	978519.000	1849059.000	−6.469	0.000
	女	1319	1401.86	1849059.00				
对中国应对行动有效性认识	男	1702	1575.94	2682257.50	1011933.500	1882473.500	−4.897	0.000
	女	1319	1427.20	1882473.50				
支持减排行动的意愿	男	1702	1495.94	2546088.50	1096835.500	2546088.500	−1.169	0.242
	女	1319	1530.43	2018642.50				
个人参与应对行动的努力意愿	男	1702	1462.16	2488604.00	1039351.000	2488604.000	−3.934	0.000
	女	1319	1574.02	2076127.00				

根据非参数检验结果，男性和女性网民在对气候变化总体了解、引发气候变化的原因、气候变化结论受政治的影响、对国际社会应对气候变化的了解、对"共同但有区别的责任"的理解、对中国应对气候变化行动、应对努力程度、应对有效性的认知以及个人参加应对行动的努力意愿方面存在显著差异。1)男性网民对气候变化的五个方面的认知程度均明显高于女性。2)女性网民参与应对气候变化的意愿却高于男性网民。

男性网民和女性网民在对气候变化产生影响的认知、对国际社会应对气候变化行动的努力程度认知以及支持减排政策的意愿方面没有差异。

（2）年龄因素下网民对气候变化认知和行动认知差异性分析

我们从性别因素角度对网民在气候变化总体认知、引起气候变化原因认知、气候变化带来影响的认知、对国际社会应对气候变化行动认知、对国内应对气候变化行动认知以及行动意愿认知六个方面进行认知差异比较，具体如表 12-4 所示。

表 12-4 年龄因素下网民对气候变化认知和行动认知差异

认知内容	年龄*	N	秩均值	P 值	认知内容	年龄	N	秩均值	P 值
对气候变化总体认知	1	101	1773.37	0.000	对国际社会应对气候变化行动认知	1	101	1805.61	0.000
	2	1780	1531.38			2	1780	1493.09	
	3	742	1411.07			3	742	1450.63	
	4	239	1558.29			4	239	1638.91	
	5	113	1568.27			5	113	1696.16	
	6	46	1371.63			6	46	1411.46	
对导致气候变化的原因认知	1	101	1866.40	0.000	对国际社会应对行动的努力程度认知	1	101	1547.63	0.001
	2	1780	1526.11			2	1780	1476.62	
	3	742	1414.02			3	742	1503.22	
	4	239	1541.60			4	239	1665.14	
	5	113	1607.74			5	113	1734.81	
	6	46	1313.51			6	46	1535.75	

（续表）

认知内容	年龄*	N	秩均值	P 值	认知内容	年龄	N	秩均值	P 值
对气候变化结论受政治影响程度的认知	1	101	1591.83	0.000	对"共同但有区别的责任"内涵认知	1	101	1726.88	0.000
	2	1780	1570.52			2	1780	1565.00	
	3	742	1420.17			3	742	1389.51	
	4	239	1417.48			4	239	1480.94	
	5	113	1404.27			5	113	1414.55	
	6	46	1243.51			6	46	1300.37	
对气候变化产生的影响认知	1	101	1552.75	0.468	对中国应对气候变化行动的认知	1	101	1609.44	0.000
	2	1780	1491.69			2	1780	1482.52	
	3	742	1530.53			3	742	1470.32	
	4	239	1563.80			4	239	1684.40	
	5	113	1582.93			5	113	1820.45	
	6	46	1400.39			6	46	1392.00	
对气候变化给国家安全带来影响的认知	1	101	1445.17	0.001	对中国应对行动努力程度的认知	1	101	1615.74	0.000
	2	1780	1545.11			2	1780	1446.51	
	3	742	1487.07			3	742	1531.86	
	4	239	1472.27			4	239	1719.23	
	5	113	1452.81			5	113	1840.73	
	6	46	1065.89			6	46	1548.14	
对中国应对行动的有效性认知	1	101	1541.30	0.000	支持减排行动意愿	1	101	1655.73	0.274
	2	1780	1459.33			2	1780	1499.95	
	3	742	1505.54			3	742	1529.79	
	4	239	1691.80			4	239	1479.79	
	5	113	1877.65			5	113	1558.99	
	6	46	1691.96			6	46	1362.18	
个人行动努力意愿	1	101	1776.66	0.000	个人行动努力意愿	4	239	1400.61	0.000
	2	1780	1524.57			5	113	1438.37	
	3	742	1508.95			6	46	1187.82	

* 1代表20岁以下；2代表21～30岁；3代表31～40岁；4代表41～50岁；5代表51～60岁；6代表61岁以上。

根据非参数检验结果，不同年龄的网民在对气候变化的总体认知、导致气候变化的原因、气候变化结论受政治的影响、气候变化给国家安全带来的影响、对国际社会应对气候变化行动的了解、对"共同但有区别的责任"的理解、对中国应对气候变化行动、应对变化的努力程度、应对行动有效性的认知以及个人参加应对行动的努力意愿方面存在显著差异。总体来看，1)20岁以下的青年网民表示对气候变化和导致原因最了解，而60岁以上的网民对气候变化的了解程度和导致原因认知度最低,31~40岁的网民认知度也较低。2)对于气候变化问题中体现的国家利益问题和国家安全问题,青年网民认知度较高,随着年龄的增长,认知度呈逐渐降低趋势。3)对国际社会和中国应对气候变化行动的了解程度,对应对气候变化行动的努力程度和有效程度的认知,青年网民认知度较低,中老年网民认知度较高。4)随着年龄的增大,参与应对气候变化的努力意愿逐渐降低。

各年龄段的网民在对气候变化产生影响的认知和支持减排政策的意愿方面没有显著差异。

(3)学历因素下网民对气候变化认知和行动认知差异性分析

我们从学历因素角度对网民在气候变化总体认知、引起气候变化原因认知、气候变化带来影响的认知、对国际社会应对气候变化行动认知、对国内应对气候变化行动认知以及行动意愿认知六个方面进行认知差异比较,具体如表 12-5 所示。

表 12-5　学历因素下网民对气候变化认知和行动认知差异

认知内容	学历*	N	秩均值	P 值	认知内容	学历	N	秩均值	P 值
对气候变化总体认知	1	355	1415.42	0.000	对国际社会应对气候变化行动认知	1	355	1590.45	0.001
	2	789	1408.52			2	789	1422.93	
	3	1569	1569.68			3	1569	1553.03	
	4	261	1573.81			4	261	1424.05	
	5	47	1645.57			5	47	1469.07	
对导致气候变化的原因认知	1	355	1537.90	0.000	对国际社会应对行动的努力程度认知	1	355	1615.81	0.002
	2	789	1402.72			2	789	1560.43	
	3	1569	1540.94			3	1569	1487.01	
	4	261	1590.71			4	261	1379.14	
	5	47	1683.50			5	47	1422.83	
对气候变化结论受政治影响程度的认知	1	355	1395.85	0.000	对"共同但有区别的责任"内涵认知	1	355	1325.61	0.000
	2	789	1399.13			2	789	1364.63	
	3	1569	1586.80			3	1569	1594.64	
	4	261	1549.73			4	261	1661.02	
	5	47	1513.35			5	47	1743.27	
对气候变化产生的影响认知	1	355	1548.86	0.397	对中国应对气候变化行动的认知	1	355	1534.88	0.210
	2	789	1497.82			2	789	1461.96	
	3	1569	1523.27			3	1569	1538.54	
	4	261	1446.58			4	261	1463.01	
	5	47	1394.38			5	47	1501.00	
对气候变化给国家安全带来影响的认知	1	355	1385.75	0.002	对中国应对行动努力程度的认知	1	355	1653.13	0.005
	2	789	1476.68			2	789	1517.81	
	3	1569	1554.32			3	1569	1488.88	
	4	261	1555.18			4	261	1426.10	
	5	47	1341.83			5	47	1532.86	

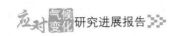

(续表)

认知内容	学历*	N	秩均值	P值	认知内容	学历	N	秩均值	P值
对中国应对行动的有效性认知	1	355	1655.53	0.001	支持减排行动意愿	1	355	1582.58	0.274
	2	789	1509.74			2	789	1519.67	
	3	1569	1503.67			3	1569	1502.27	
	4	261	1377.76			4	261	1461.59	
	5	47	1425.13			5	47	1390.59	
个人行动努力意愿	1	355	1550.85	0.105					
	2	789	1494.86						
	3	1569	1496.27						
	4	1615.35	261						
	5	1393.17	47						

*1 代表大专以下;2 代表大专;3 代表本科;4 代表硕士;5 代表博士。

　　根据非参数检验结果,不同学历的网民在对气候变化总体认知、导致气候变化的原因、气候变化结论受政治的影响、气候变化给国家安全带来的影响、对国际社会应对气候变化行动的了解、对国际社会应对气候变化的努力程度认知、对"共同但有区别的责任"的理解、对中国应对气候变化有效性的认知等方面存在显著差异。1)博士学历的网民对气候变化总体了解程度、导致气候变化的原因、气候变化的认知程度、对"共同但有区别的责任"内涵认知度最高,而大专及以下学历的网民了解程度最低。2)本科学历的网民对气候变化研究受国家利益左右的认同度最高,大专以下学历的网民认同度最低。3)本科学历网民对气候变化会给国家安全带来影响的认同度最高,而博士学历的网民的认同度最低。4)对于国际社会和中国应对气候变化行动的努力程度以及有效性的认同度方面,学历越高的网民,认同度越低。

　　不同学历的网民对气候变化产生的影响认知没有显著差异,在支持减排行动意愿和个人参与行动的意愿上,不同学历的网民也没有显著差异。

　　(4)区域因素下网民对气候变化认知和行动认知差异性分析

　　我们从区域因素角度对网民在气候变化总体认知、引起气候变化原因认知、气候变化带来影响的认知、对国际社会应对气候变化行动认知、对国内应对气候变化行动认知以及行动意愿认知六个方面进行认知差异比较,具体如表 12-6 所示。

表 12-6　区域因素下网民对气候变化认知和行动认知差异

认知内容	区域*	N	秩均值	P值	认知内容	区域	N	秩均值	P值
对气候变化总体认知	1	1911	1548.32	0.001	对国际社会应对气候变化行动认知	1	1911	1531.13	0.005
	2	766	1424.91			2	766	1521.69	
	3	344	1495.39			3	344	1375.36	

（续表）

认知内容	区域*	N	秩均值	P 值	认知内容	区域	N	秩均值	P 值
对导致气候变化的原因认知	1	1911	1545.98	0.006	对国际社会应对行动的努力程度认知	1	1911	1516.49	0.003
	2	766	1445.07			2	766	1556.91	
	3	344	1463.51			3	344	1378.30	
对气候变化结论受政治影响程度的认知	1	1911	1539.80	0.043	对"共同但有区别的责任"内涵认知	1	1911	1512.68	0.714
	2	766	1458.26			2	766	1521.43	
	3	344	1468.46			3	344	1478.42	
对气候变化产生的影响认知	1	1911	1507.68	0.506	对中国应对气候变化行动的认知	1	1911	1525.37	0.027
	2	766	1534.88			2	766	1525.06	
	3	344	1476.30			3	344	1399.87	
对气候变化给国家安全带来影响的认知	1	1911	1513.54	0.721	对中国应对行动努力程度的认知	1	1911	1509.72	0.238
	2	766	1519.15			2	766	1540.98	
	3	344	1478.75			3	344	1451.37	
对中国应对行动的有效性认知	1	1911	1518.93	0.062	支持减排行动意愿	1	1911	1499.19	0.568
	2	766	1534.93			2	766	1529.80	
	3	344	1413.66			3	344	1534.76	
个人行动努力意愿	1	1911	1493.09	0.197					
	2	766	1531.10						
	3	344	1565.73						

* 1代表东部地区；2代表中部地区；3代表西部地区

根据非参数检验结果，东、中、西部地区的网民对气候变化总体认知、导致气候变化的原因、气候变化结论受政治的影响、气候变化给国家安全带来的影响、对国际社会应对气候变化行动的认知、对国际社会应对气候变化的努力程度认知、对中国应对气候变化行动的认知等方面存在显著差异。1）东部地区的网民对气候变化的各种认知程度最高，而中部地区网民对气候变化的各种认知程度最低。2）西部地区网民对国际社会和国内应对气候变化行动及努力程度的认知度最低。

东、中、西部地区的网民对于气候变化产生的影响、气候变化对国家安全的影响、对"共同但有区别的责任"内涵认知、对中国应对气候变化行动的努力程度和有效性认知、对支持减排行动意愿和个人参与应对气候变化行动意愿方面没有显著差异。

（5）城乡因素下网民对气候变化认知和行动认知差异性分析

我们从城乡因素角度对网民在气候变化总体认知、引起气候变化原因认知、气候变化带来影响的认知、对国际社会应对气候变化行动认知、对国内应对气候变化行动认知以及行动意愿认知六个方面进行认知差异比较，具体如表12-7所示。

表 12-7 城乡因素下网民对气候变化认知和行动认知差异

认知内容	城乡*	N	秩均值	P 值	认知内容	城乡	N	秩均值	P 值
对气候变化总体认知	1	200	1420.60	0.000	对国际社会应对气候变化行动认知	1	200	1524.24	0.000
	2	602	1643.95			2	602	1612.62	
	3	857	1522.24			3	857	1545.72	
	4	1362	1458.44			4	1362	1442.29	
对导致气候变化的原因认知	1	200	1439.52	0.002	对国际社会应对行动的努力程度认知	1	200	1568.56	0.000
	2	602	1612.06			2	602	1637.39	
	3	857	1517.27			3	857	1521.59	
	4	1362	1472.88			4	1362	1440.02	
对气候变化结论受政治影响程度的认知	1	200	1355.30	0.003	对"共同但有区别的责任"内涵认知	1	200	1372.18	0.035
	2	602	1522.35			2	602	1560.82	
	3	857	1464.31			3	857	1527.66	
	4	1362	1558.23			4	1362	1498.88	
对气候变化产生的影响认知	1	200	1433.52	0.008	对中国应对气候变化行动的认知	1	200	1526.59	0.000
	2	602	1607.34			2	602	1609.97	
	3	857	1496.86			3	857	1545.46	
	4	1362	1488.69			4	1362	1443.29	
对气候变化给国家安全带来影响的认知	1	200	1310.28	0.002	对中国应对行动努力程度的认知	1	200	1662.39	0.000
	2	602	1530.30			2	602	1624.45	
	3	857	1553.19			3	857	1545.51	
	4	1362	1505.40			4	1362	1416.91	
对中国应对行动的有效性认知	1	200	1609.80	0.000	支持减排行动意愿	1	200	1700.43	0.000
	2	602	1641.94			2	602	1594.14	
	3	857	1574.56			3	857	1546.51	
	4	1362	1398.63			4	1362	1424.09	
个人行动努力意愿	1	200	1647.72	0.001	个人行动努力意愿	3	857	1486.95	0.001
	2	602	1590.65			4	1362	1470.85	

* 1代表农村；2代表县城（乡镇中心）；3代表地级市区,4代表省城或直辖市。

根据非参数检验结果,来自城市和乡村的网民对 13 个认知项的认知均存在显著差异。1)来自农村的网民对气候变化总体认知、导致气候变化的原因认知、气候变化产生影响的认知、对"共同但有区别的责任"内涵认知的认知程度最低,其次为省城或直辖市的网民,来自县城网民认知度最高。2)省城或直辖市的网民在对国际社会和中国应对气候变化行动认知和行动有效性认知方面,认知程度最低,其次为农村网民,来自县城的网民认知度最高。3)在行动意愿方面,农村网民支持减排行动意愿和个人参与应对气候变化行动意愿最强烈,省城或直辖市网民的行动意愿最弱。

（6）职业因素下网民对气候变化认知和行动认知差异性分析

我们从职业因素角度对网民在气候变化总体认知、引起气候变化原因认知、气候变化带来影响的认知、对国际社会应对气候变化行动认知、对国内应对气候变化行动认知以及行动意愿认知六个方面进行认知差异比较，具体如表 12-8 所示。

表 12-8　职业因素下网民对气候变化认知和行动认知差异

认知内容	职业*	N	秩均值	P 值	认知内容	职业	N	秩均值	P 值
对气候变化总体认知	1	46	1389.95	0.000	对国际社会应对气候变化行动认知	1	46	1658.86	0.000
	2	242	1702.84			2	242	1642.92	
	3	260	1670.22			3	260	1617.57	
	4	70	1520.71			4	70	1524.37	
	5	1484	1446.87			5	1484	1487.06	
	6	130	1528.92			6	130	1611.26	
	7	402	1628.94			7	402	1549.38	
	8	387	1414.10			8	387	1355.17	
对导致气候变化的原因认知	1	46	1533.26	0.000	对国际社会应对行动的努力程度认知	1	46	1667.93	0.002
	2	242	1669.31			2	242	1534.21	
	3	260	1640.71			3	260	1634.87	
	4	70	1633.09			4	70	1580.29	
	5	1484	1440.32			5	1484	1504.77	
	6	130	1556.56			6	130	1685.30	
	7	402	1617.47			7	402	1399.42	
	8	387	1445.28			8	387	1463.33	
对气候变化结论受政治影响程度的认知	1	46	1409.93	0.017	对"共同但有区别的责任"内涵认知	1	46	1457.49	0.000
	2	242	1513.17			2	242	1709.10	
	3	260	1538.95			3	260	1617.37	
	4	70	1359.24			4	70	1413.16	
	5	1484	1525.67			5	1484	1445.61	
	6	130	1468.31			6	130	1392.82	
	7	402	1603.49			7	402	1750.09	
	8	387	1392.35			8	387	1381.82	
对气候变化产生的影响认知	1	46	1714.99	0.000	对中国应对气候变化行动的认知	1	46	1734.65	0.000
	2	242	1609.71			2	242	1659.26	
	3	260	1645.53			3	260	1633.28	
	4	70	1450.71			4	70	1488.94	
	5	1484	1517.45			5	1484	1469.17	
	6	130	1613.69			6	130	1650.52	
	7	402	1386.98			7	402	1517.35	
	8	387	1415.17			8	387	1420.46	

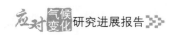

(续表)

认知内容	职业*	N	秩均值	P值	认知内容	职业	N	秩均值	P值
对气候变化给国家安全带来影响的认知	1	46	1427.28	0.045	对中国应对行动努力程度的认知	1	46	1806.21	0.000
	2	242	1612.91			2	242	1608.97	
	3	260	1638.00			3	260	1628.90	
	4	70	1411.25			4	70	1499.79	
	5	1484	1498.13			5	1484	1444.64	
	6	130	1490.83			6	130	1725.76	
	7	402	1501.43			7	402	1505.04	
	8	387	1456.02			8	387	1525.96	
对中国应对行动的有效性认知	1	46	1772.52	0.000	支持减排行动意愿	1	46	1638.42	0.001
	2	242	1673.92			2	242	1648.94	
	3	260	1655.39			3	260	1630.97	
	4	70	1637.21			4	70	1572.84	
	5	1484	1468.33			5	1484	1467.31	
	6	130	1680.90			6	130	1627.73	
	7	402	1410.54			7	402	1527.76	
	8	387	1469.12			8	387	1428.71	
个人行动努力意愿	1	46	1567.48	0.000	个人行动努力意愿	5	1484	1466.52	0.000
	2	242	1612.06			6	130	1588.28	
	3	260	1596.18			7	402	1615.63	
	4	70	1501.11			8	387	1421.59	

* 1代表农民;2代表公务员;3代表教师;4代表医生;5代表企业员工;6代表个体户;7代表学生;8代表其他人员。

根据非参数检验结果,不同职业的网民对13个认知项的认知均存在显著差异。1)公务员、教师和学生对气候变化的总体情况和导致气候变化原因更了解,而农民的了解程度最低,其次为企业员工。2)大学生、公务员对气候变化研究受国家利于左右的认同度最高,医生和农民认同度最低。3)农民对气候变化将会给生产生活带来影响认同度最高,而学生的认同度最低。而农民对气候变化将会给国家安全带来影响的认同度最低,公务员最高。4)农民对国际社会及中国应对气候变化所做的努力、取得的效果认同度最高,企业员工认同度最低。5)公务员支持减排行动的意愿最强烈,学生参与应对气候变化的意愿最强烈,企业员工支持减排行动和参与应对行动的意愿均为最低。

12.2 大学生对气候变化认知和行为认知差异性分析

在本次调查中,我们设计了性别、区域、城乡、所学专业四个影响因素,考察不同影响因素下大学生应对气候变化认知和行为差异。经过筛选将符合要求的6622份调查样本运用

SPSS15.0 中的独立双样本 Mann-Whitney U 检验和多独立样本 Kruskal-Wallis 检验进行分析,结果如下。

(1)性别因素下大学生对气候变化认知和行动认知差异性分析

我们从性别因素角度对大学生在气候变化总体认知、引起气候变化原因认知、气候变化带来影响的认知、对国际社会应对气候变化行动认知、对国内应对气候变化行动认知以及行动意愿认知六个方面进行认知差异比较,具体如表 12-9 所示。

表 12-9　性别因素下大学生对气候变化认知和行动认知差异

认知内容	性别	N	秩均值	秩和	曼-惠特尼 U 检验	Z	双侧近似 P 值
对气候变化总体了解程度	男	3361	3461.92	11635522.50	4974539.500	-7.109	0.000
	女	3261	3156.46	10293230.50			
对导致气候变化原因的认知	男	3361	3495.39	11748007.00	4862055.000	-8.756	0.000
	女	3261	3121.97	10180746.00			
对气候变化受政治影响的认知	男	3361	3538.78	11893849.50	4716212.500	-10.325	0.000
	女	3261	3077.25	10034903.50			
对气候变化产生影响的认知	男	3361	3238.68	10885215.50	5235374.500	-3.395	0.001
	女	3261	3386.55	11043537.50			
对气候变化给国家安全带来的影响认知	男	3361	3325.32	11176389.50	5433672.500	-0.644	0.519
	女	3261	3297.26	10752363.50			
对国际应对气候变化行动的了解	男	3361	3563.23	11976032.50	4634029.500	-11.683	0.000
	女	3261	3052.05	9952720.50			
对国际应对行动的努力程度认知	男	3361	3283.74	11036647.00	5386806.000	-1.301	0.000
	女	3261	3340.11	10892106.00			
对"共同但有区别的责任"的认知	男	3361	3447.30	11586391.00	5023671.000	-6.225	0.193
	女	3261	3171.53	10342362.00			
对中国应对行动的认知	男	3361	3521.06	11834277.00	4775785.000	-9.772	0.000
	女	3261	3095.52	10094476.00			
对中国应对气候变化努力程度的认知	男	3361	3385.07	11377236.50	5232825.500	-3.420	0.000
	女	3261	3235.67	10551516.50			
对中国应对行动的有效性认知	男	3361	3467.30	11653590.00	4956472.000	-7.284	0.001
	女	3261	3150.92	10275163.00			
支持减排行动的意愿	男	3361	3103.49	10430832.50	4780991.500	-9.567	.000
	女	3261	3525.89	11497920.50			
个人参与应对行动的努力意愿	男	3361	2970.82	9984937.50	4335096.500	-15.934	0.000
	女	3261	3662.62	11943815.50			

根据非参数检验结果,男大学生和女大学生在对气候变化总体了解、引发气候变化的原

因、气候变化结论受政治的影响、气候变化带来的影响、对国际社会应对气候变化的了解、对中国应对气候变化行动、应对努力程度、应对有效性的认知以及支持减排行动的意愿和个人参加应对行动的努力意愿方面存在显著差异。1）男大学生对气候变化的各项认知程度普遍高于女大学生，只是在对气候变化产生的影响认知和国际社会应对气候变化努力程度的认知上，女大学生认同度高于男大学生。2）男大学生支持减排行动意愿和参与应对气候变化的行动意愿弱于女大学生。

男大学生和女大学生对于"共同但有区别的责任"的理解和对气候变化会带来国家安全问题的认知方面没有显著差异。

（2）区域因素下大学生对气候变化认知和行动认知差异性分析

我们从区域因素角度对大学生在气候变化总体认知、引起气候变化原因认知、气候变化带来影响的认知、对国际社会应对气候变化行动认知、对国内应对气候变化行动认知以及行动意愿认知六个方面进行认知差异比较，具体如表 12-10 所示。

表 12-10　区域因素下大学生对气候变化认知和行动认知差异

认知内容	区域*	N	秩均值	P 值	认知内容	区域	N	秩均值	P 值
对气候变化总体认知	1	5147	3295.02	0.000	对国际社会应对气候变化行动认知	1	5147	3318.83	0.296
	2	919	3182.90			2	919	3234.41	
	3	556	3676.63			3	556	3371.10	
对导致气候变化的原因认知	1	5147	3314.56	0.000	对国际社会应对行动的努力程度认知	1	5147	3318.28	0.839
	2	919	3159.51			2	919	3291.36	
	3	556	3534.40			3	556	3282.05	
对气候变化结论受政治影响程度的认知	1	5147	3324.29	0.038	对"共同但有区别的责任"内涵认知	1	5147	3330.13	0.191
	2	919	3181.12			2	919	3212.97	
	3	556	3408.57			3	556	3301.89	
对气候变化产生的影响认知	1	5147	3288.92	0.003	对中国应对气候变化行动的认知	1	5147	3318.78	0.497
	2	919	3287.46			2	919	3250.09	
	3	556	3560.27			3	556	3345.57	
对气候变化给国家安全带来影响的认知	1	5147	3308.29	0.027	对中国应对行动努力程度的认知	1	5147	3328.28	0.134
	2	919	3226.71			2	919	3303.21	
	3	556	3481.39			3	556	3169.82	
对中国应对行动的有效性认知	1	5147	3320.72	0.127	支持减排行动意愿	1	5147	3284.81	0.013
	2	919	3346.24			2	919	3335.56	
	3	556	3168.71			3	556	3518.78	
个人行动努力意愿	1	5147	3275.94	0.000					
	2	919	3298.19						
	3	556	3662.72						

* 1代表东部地区；2代表中部地区；3代表西部地区。

　　根据非参数检验结果,来自东、中、西部地区的大学生对气候变化总体认知、导致气候变化的原因、气候变化结论受政治的影响、对气候变化产生的影响、气候变化给国家安全带来的影响以及支持减排行动和个人参与应对行动的努力意愿等方面存在显著差异。1)来自西部地区的大学生对气候变化总体认知、原因认知和影响认知的认知程度最高,中部最低。2)来自西部的大学生支持减排行动意愿和参与应对气候变化的行动意愿最强烈,东部最弱。

　　来自不同区域的大学生对于国际社会和中国应对气候变化行动的了解、作出努力的认同、行动有效性的看法方面没有显著差异。

(3)城乡因素下大学生对气候变化认知和行动认知差异性分析

　　我们从城乡因素角度对大学生在气候变化总体认知、引起气候变化原因认知、气候变化带来影响的认知、对国际社会应对气候变化行动认知、对国内应对气候变化行动认知以及行动意愿认知六个方面进行认知差异比较,具体如表 12-11 所示。

表 12-11　城乡因素下大学生对气候变化认知和行动认知差异

认知内容	城乡	N	秩均值	秩和	曼-惠特尼 U 检验	Z	双侧近似 P 值
对气候变化总体了解程度	城市	2972	3563.27	10590036.00	4675642.000	−10.576	0.000
	农村	3650	3106.50	11338717.00			
对导致气候变化原因的认知	城市	2972	3538.90	10517599.50	4748078.500	9.623	0.000
	农村	3650	3126.34	11411153.50			
对气候变化受政治影响的认知	城市	2972	3434.29	10206705.00	5058972.500	−4.958	0.000
	农村	3650	3211.52	11722047.50			
对气候变化产生影响的认知	城市	2972	3354.91	9970778.00	5294900.000	−1.799	0.072
	农村	3650	3276.16	11957975.00			
对气候变化给国家安全带来影响认知	城市	2972	3305.23	9823135.50	5405257.500	−0.260	0.759
	农村	3650	3316.61	12105617.50			
对国际应对气候变化行动的了解	城市	2972	3477.78	10335958.50	4929719.500	−6.859	0.000
	农村	3650	3176.11	11592794.50			
对国际应对行动的努力程度认知	城市	2972	3342.57	9934105.00	5331573.000	−1.294	0.196
	农村	3650	3286.20	11994648.00			
对"共同但有区别的责任"的认知	城市	2972	3441.75	10228887.50	5036790.500	−5.307	0.000
	农村	3650	3205.44	11699865.50			
对中国应对行动的认知	城市	2972	3439.75	10222938.50	5042739.500	−5.316	0.000
	农村	3650	3207.07	11705814.50			
对中国应对气候变化努力程度的认知	城市	2972	3330.70	9898850.00	5366828.000	−0.793	0.428
	农村	3650	3295.86	12029903.00			
对中国应对行动有效性认知	城市	2972	3323.32	9876894.50	5388783.500	−0.491	0.623
	农村	3650	3301.88	12051858.50			

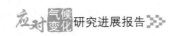

（续表）

认知内容	城乡	N	秩均值	秩和	曼-惠特尼U检验	Z	双侧近似P值
支持减排行动的意愿	城市	2972	3359.26	9983719.00	5281959.000	−1.952	0.051
	农村	3650	3272.61	11945034.00			
个人参与应对行动的努力意愿	城市	2972	3344.86	9940936.00	5324742.000	−1.387	0.165
	农村	3650	3284.33	11987817.00			

根据非参数检验结果，来自城市和农村的大学生在对气候变化总体认知、导致气候变化的原因、气候变化结论受政治的影响、对"共同但有区别的责任"的认知、对国际社会和中国应对气候变化行动的了解方面存在显著差异。来自城市的大学生认知程度均高于来自农村的大学生。

在气候变化造成的影响、对国际社会和中国应对气候变化行动有效性认知以及支持减排行动意愿和个人参与应对气候变化努力意愿方面，来自农村和城市的大学生没有显著差异。

（4）专业因素下大学生对气候变化认知和行动认知差异性分析

我们从所学专业角度对大学生在气候变化总体认知、引起气候变化原因认知、气候变化带来影响的认知、对国际社会应对气候变化行动认知、对国内应对气候变化行动认知以及行动意愿认知六个方面进行认知差异比较，具体如表 12-12 所示。

表 12-12　专业因素下大学生对气候变化认知和行动认知差异

认知内容	专业*	N	秩均值	P 值	认知内容	专业	N	秩均值	P 值
对气候变化总体认知	1	1116	4189.42	0.000	对国际社会应对气候变化行动认知	1	1116	3562.39	0.000
	2	546	3751.00			2	546	3311.69	
	3	8	2965.44			3	8	3664.06	
	4	2741	3091.20			4	2741	3319.90	
	5	2166	3032.07			5	2166	3168.12	
	6	45	3136.34			6	45	3414.46	
对导致气候变化的原因认知	1	1116	3965.51	0.000	对国际社会应对行动的努力程度认知	1	1116	3293.61	0.154
	2	546	3760.36			2	546	3145.94	
	3	8	4480.88			3	8	2591.62	
	4	2741	3163.83			4	2741	3325.84	
	5	2166	3044.50			5	2166	3350.85	
	6	45	3283.99			6	45	3124.21	
对气候变化结论受政治影响程度的认知	1	1116	3549.50	0.000	对"共同但有区别的责任"内涵认知	1	1116	3646.44	0.000
	2	546	3612.33			2	546	3556.89	
	3	8	3995.88			3	8	2911.94	
	4	2741	3282.10			4	2741	3162.74	
	5	2166	3150.99			5	2166	3273.12	
	6	45	3153.94			6	45	3007.06	

（续表）

认知内容	专业*	N	秩均值	P 值	认知内容	专业	N	秩均值	P 值
对气候变化产生的影响认知	1	1116	3543.51	0.000	对中国应对气候变化行动的认知	1	1116	3440.32	0.000
	2	546	3261.12			2	546	3157.73	
	3	8	3783.75			3	8	3670.88	
	4	2741	3193.19			4	2741	3378.30	
	5	2166	3361.30			5	2166	3199.66	
	6	45	2894.66			6	45	3232.90	
对气候变化给国家安全带来影响的认知	1	1116	3424.76	0.031	对中国应对行动努力程度的认知	1	1116	3352.00	0.112
	2	546	3426.39			2	546	3137.03	
	3	8	2253.06			3	8	2653.00	
	4	2741	3280.11			4	2741	3351.98	
	5	2166	3272.11			5	2166	3284.41	
	6	45	3105.01			6	45	3379.38	
对中国应对行动的有效性认知	1	1116	3302.63	0.025	支持减排行动意愿	1	1116	3589.27	0.000
	2	546	3134.58			2	546	3412.53	
	3	8	3438.38			3	8	2339.69	
	4	2741	3390.47			4	2741	3210.43	
	5	2166	3261.29			5	2166	3288.40	
	6	45	3261.93			6	45	2637.63	
个人行动努力意愿	1	1116	3727.95	0.000	个人行动努力意愿	4	2741	3510.84	0.000
	2	546	3487.92			5	2166	3305.19	
	3	8	2769.50			6	45	3845.19	

* 1代表大气类专业；2代表大气相关专业（地理学、遥感科学、环境科学、海洋等）；3代表医药专业；4代表电子信息专业；5代表人文社会科学专业；6代表农业科学专业

　　根据非参数检验结果，不同专业的大学生对气候变化总体认知、导致气候变化的原因、气候变化结论受政治的影响、气候变化产生的影响及对国家安全的影响、对国际社会和中国应对气候变化行动的了解程度及努力程度判断、支持减排行动意愿和个人参与应对行动努力意愿方面存在显著差异。1)大气类专业及大气相关专业的大学生对各类认知的程度高于其他专业大学生①。2)大气类专业大学生支持减排行动的意愿最强烈，农业科学专业的大学生参与应对行动的努力意愿最强烈。

---

　　① 因医药专业只有 8 个样本，在统计分析时不作为分析对象。

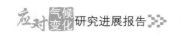
12.3 县域居民气候变化认知和行动认知差异性分析

在研究县域居民的气候变化认知和行动认知差异性时,我们设计了身份、性别、区域、学历、家庭收入五个影响因素,考察不同影响因素下县域居民应对气候变化认知和行动认知差异。经过筛选将符合要求的 763 份调查样本运用 SPSS15.0 中的独立双样本 Mann-Whitney U 检验和多独立样本 Kruskal-Wallis 检验进行分析,结果如下。

(1)身份因素下县域居民对气候变化认知和行动认知差异性分析

我们从身份角度对县域居民在气候变化总体认知、引起气候变化原因认知、气候变化带来影响的认知、对国际社会应对气候变化行动认知、对国内应对气候变化行动认知以及行动意愿认知六个方面进行认知差异比较,具体如表 12-13 所示。

表 12-13　身份因素下县域居民对气候变化认知和行动认知差异

认知内容	身份*	N	秩均值	秩和	曼-惠特尼 U 检验	Z	双侧近似 P 值
对气候变化总体了解程度	1	208	434.36	90347.00	46829.000	−4.293	0.000
	2	555	362.38	201119.00			
对导致气候变化原因的认知	1	208	422.38	87855.00	49321.000	−3.292	0.001
	2	555	366.87	203611.00			
对气候变化对生活的影响认知	1	208	396.31	82432.00	54744.000	−1.143	0.253
	2	555	376.64	209034.00			
对气候变化对生产的影响认知	1	208	398.00	82783.00	54393.000	−1.292	0.196
	2	555	376.01	208683.00			
对气候变化引发战争的认知	1	208	380.00	79039.00	57303.000	−0.159	0.874
	2	555	382.75	212427.00			
对国际应对气候变化行动的了解	1	208	372.78	77539.00	55054.500	−1.037	0.300
	2	555	385.45	213927.00			
对国际应对行动的努力程度认知	1	208	394.81	82121.50	55803.000	−0.742	0.458
	2	555	377.20	209344.50			
对中国应对行动的认识	1	208	414.74	86266.00	50910.000	−2.628	0.009
	2	555	369.73	205200.00			
对中国应对气候变化努力程度的认识	1	208	413.36	85978.50	51197.500	−2.559	0.010
	2	555	370.25	205487.50			
对中国应对行动有效性认识	1	208	408.69	85006.50	52169.500	−2.160	0.031
	2	555	372.00	206459.50			
自己应对变化时得到帮助情况	1	208	411.16	85520.50	51655.500	−2.334	0.020
	2	555	371.07	205945.50			

（续表）

认知内容	身份*	N	秩均值	秩和	曼-惠特尼 U 检验	Z	双侧近似 P 值
支持减排行动的意愿	1	208	416.16	86561.00	50615.000	−2.903	0.004
	2	555	369.20	204905.00			
个人参与应对行动的努力意愿	1	208	434.71	90419.00	46757.000	−4.554	0.000
	2	555	362.25	201047.00			

* 1 代表气象信息员，2 代表非气象信息员。

根据非参数检验结果，气象信息员与非气象信息员在气候变化总体了解程度、导致气候变化的原因、对中国应对气候变化行动的了解程度及努力程度判断、应对气候变化时得到外界帮助情况、支持减排行动意愿和个人参与应对行动努力意愿方面存在显著差异。总体来看，气象信息员对气候变化的认知程度和行动意愿均高于非气象信息员。

气象信息员和非气象信息员在对气候变化产生的影响、对国家安全的影响、对国际社会应对气候变化行动及努力程度的认知方面没有显著差异。

（2）性别因素下县域居民对气候变化认知和行动认知差异性分析

我们从性别角度对县域居民在气候变化总体认知、引起气候变化原因认知、气候变化带来影响的认知、对国际社会应对气候变化行动认知、对国内应对气候变化行动认知以及行动意愿认知六个方面进行认知差异比较，具体如表 12-14 所示。

表 12-14　性别因素下县域居民对气候变化认知和行动认知差异

认知内容	性别	N	秩均值	秩和	曼-惠特尼 U 检验	Z	双侧近似 P 值
对气候变化总体了解程度	男	455	387.25	176197.50	67682.500	−0.854	0.393
	女	308	374.25	115268.50			
对导致气候变化原因的认知	男	455	400.92	182417.50	61462.500	−3.062	0.002
	女	308	354.05	109048.50			
对气候变化对生活的影响认知	男	455	385.66	175475.00	68405.000	−0.580	0.562
	女	308	376.59	115991.00			
对气候变化对生产的影响认知	男	455	393.65	179112.00	64768.000	−1.868	0.062
	女	308	364.79	112354.00			
对气候变化引发战争的认知	男	455	407.49	185408.50	58471.500	−4.017	0.000
	女	308	344.34	106057.50			
对国际应对气候变化行动的了解	男	455	396.15	180246.50	63633.500	−2.260	0.024
	女	308	361.10	111219.50			
对国际应对行动的努力程度认知	男	455	372.19	169344.50	65604.500	−1.576	0.115
	女	308	396.50	122121.50			
对中国应对行动的认知	男	455	385.40	175357.00	68523.000	−0.542	0.588
	女	308	376.98	116109.00			

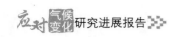

（续表）

认知内容	性别	N	秩均值	秩和	曼-惠特尼U检验	Z	双侧近似P值
对中国应对气候变化努力程度的认知	男	455	374.29	170302.50	66562.500	−1.249	0.212
	女	308	393.39	121163.50			
对中国应对行动有效性认知	男	455	378.89	172396.00	68656.000	−0.499	0.617
	女	308	386.59	119070.00			
自己应对变化时得到帮助情况	男	455	386.38	175804.50	68075.500	−0.697	0.486
	女	308	375.52	115661.50			
支持减排行动的意愿	男	455	371.84	169186.00	65446.000	−1.715	0.086
	女	308	397.01	122280.00			
个人参与应对行动的努力意愿	男	455	376.18	171163.50	67423.500	−0.998	0.318
	女	308	390.59	120302.50			

　　根据非参数检验结果，男性和女性县域居民在导致气候变化的原因认知、气候变化引发战争的可能性、国际社会应对气候变化行动的认知方面存在显著差异，总体来看，男性认知程度高于女性。

　　对于气候变化总体情况认知、对中国应对气候变化行动的了解程度及努力程度判断、应对气候变化时得到外界帮助情况、支持减排行动意愿和个人参与应对行动努力意愿等方面，男性和女性县域居民不存在显著差异。

　　（3）区域因素下县域居民对气候变化认知和行动认知差异性分析

　　我们从区域角度对县域居民在气候变化总体认知、引起气候变化原因认知、气候变化带来影响的认知、对国际社会应对气候变化行动认知、对国内应对气候变化行动认知以及行动意愿认知六个方面进行认知差异比较，具体如表12-15所示。

表 12-15　区域因素下县域居民对气候变化认知和行动认知差异

认知内容	区域*	N	秩均值	P值	认知内容	区域	N	秩均值	P值
对气候变化总体认知	1	404	394.32	0.172	对国际社会应对气候变化行动认知	1	404	394.80	0.133
	2	320	365.58			2	320	371.17	
	3	39	389.05			3	39	338.29	
对导致气候变化的原因认知	1	404	398.38	0.056	对国际社会应对行动的努力程度认知	1	404	378.86	0.399
	2	320	361.11			2	320	390.47	
	3	39	383.77			3	39	345.03	
对气候变化对生活的影响程度认知	1	404	398.43	0.031	对中国应对气候变化行动的认知	1	404	391.40	0.148
	2	320	358.30			2	320	377.07	
	3	39	406.28			3	39	325.08	

认知内容	区域*	N	秩均值	P 值	认知内容	区域	N	秩均值	P 值
对气候变化对生产的影响认知	1	404	392.42	0.221	对中国应对行动努力程度的认知	1	404	385.63	0.875
	2	320	366.62			2	320	378.16	
	3	39	400.27			3	39	375.94	
对气候变化引发战争的认知	1	404	390.68	0.452	对中国应对行动的有效性认知	5147	404	377.34	0.770
	2	320	370.64			919	320	388.44	
	3	39	385.29			556	39	377.46	
自己应对变化时得到帮助情况	1	404	389.88	0.526	支持减排行动意愿	1	404	386.54	0.506
	2	320	371.97			2	320	380.39	
	3	39	382.71			3	39	348.12	
个人行动努力意愿	1	404	398.40	0.036					
	2	320	366.35						
	3	39	340.46						

* 1代表东部地区；2代表中部地区；3代表西部地区。

根据非参数检验结果，东、中、西部县域居民在气候变化对生活的影响方面存在认知差异，西部地区的县域居民更加赞同气候变化给生活造成了影响，中部地区的县域居民认同度最低。在个人参与行动努力意愿上，东部地区的县域居民意愿最强烈，西部地区的县域居民努力意愿最弱。

（4）学历因素下县域居民对气候变化认知和行动认知差异性分析

我们从学历角度对县域居民在气候变化总体认知、引起气候变化原因认知、气候变化带来影响的认知、对国际社会应对气候变化行动认知、对国内应对气候变化行动认知以及行动意愿认知六个方面进行认知差异比较，具体如表12-16所示。

表12-16 学历因素下县域居民对气候变化认知和行动认知差异

认知内容	学历*	N	秩均值	P 值	认知内容	学历	N	秩均值	P 值
对气候变化总体认知	1	36	352.57	0.004	对国际社会应对气候变化行动认知	1	36	439.18	0.010
	2	177	356.21			2	177	355.24	
	3	180	428.63			3	180	381.40	
	4	101	342.47			4	101	347.12	
	5	150	378.44			5	150	384.25	
	6	119	396.76			6	119	432.18	
对导致气候变化的原因认知	1	36	375.47	0.011	对国际社会应对行动的努力程度认知	1	36	378.15	0.020
	2	177	344.10			2	177	406.56	
	3	180	408.11			3	180	410.84	
	4	101	349.42			4	101	382.00	
	5	150	392.19			5	150	348.24	
	6	119	415.67			6	119	345.55	

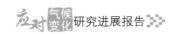

（续表）

认知内容	学历*	N	秩均值	P 值	认知内容	学历	N	秩均值	P 值
对气候变化对生活的影响认知	1	36	349.56	0.478	自己应对气候变化时得到帮助的情况	1	36	466.28	0.000
	2	177	363.14			2	177	384.90	
	3	180	388.60			3	180	388.37	
	4	101	389.85			4	101	435.19	
	5	150	377.67			5	150	324.87	
	6	119	408.68			6	119	369.42	
气候变化对生产的影响认知	1	36	377.07	0.154	对中国应对气候变化行动的认知	1	36	450.19	0.148
	2	177	356.80			2	177	359.41	
	3	180	403.04			3	180	401.85	
	4	101	356.80			4	101	381.10	
	5	150	407.12			5	150	367.24	
	6	119	378.88			6	119	384.32	
对气候变化引发战争的认知	1	36	396.21	0.005	对中国应对行动努力程度的认知	1	36	362.38	0.000
	2	177	361.75			2	177	400.86	
	3	180	368.14			3	180	433.99	
	4	101	341.64			4	101	383.58	
	5	150	397.49			5	150	321.66	
	6	119	443.52			6	119	355.95	
对中国应对行动的有效性认知	1	36	414.86	0.000	支持减排行动意愿	1	36	304.96	0.010
	2	177	428.67			2	177	369.99	
	3	180	395.43			3	180	415.58	
	4	101	415.47			4	101	371.62	
	5	150	314.51			5	150	360.96	
	6	119	339.00			6	119	407.71	
个人行动努力意愿	1	36	315.61	0.001	个人行动努力意愿	4	101	373.55	0.001
	2	177	358.16			5	150	359.78	
	3	180	406.13			6	119	436.23	

* 1代表小学；2代表初中；3代表高中；4代表中专；5代表大专；6代表大专以上。

　　根据非参数检验结果，不同文化程度的县域居民在对气候变化了解程度、导致气候变化的原因认知、气候变化引发战争的可能性、国际社会应对气候变化行动、中国应对气候变化行动的努力程度和有效性、在应对气候变化时受到外界帮助情况、支持减排行动意愿和个人参与应对变化行动意愿方面存在显著差异。1）大专以上学历的县域居民对气候变化的总体认知和导致原因的认知程度最高。2）大专以上学历的县域居民对气候变化会引发战争的认同度最高。3）大专学历的县域居民对国际社会和中国应对气候变化行动的努力程度和应对效果最不满意。4）小学文化的县域居民支持减排行动和参与应对气候变化行动的意愿最弱,大专以上学历的县域居民意愿最强。

不同学历的县域居民在对气候变化带来的影响以及中国应对气候变化行动的了解程度上没有显著差异。

(5)家庭收入因素下县域居民对气候变化认知和行动认知差异性分析

我们从家庭收入角度对县域居民在气候变化总体认知、引起气候变化原因认知、气候变化带来影响的认知、对国际社会应对气候变化行动认知、对国内应对气候变化行动认知以及行动意愿认知六个方面进行认知差异比较,具体如表 12-17 所示。

表 12-17　家庭收入因素下县域居民对气候变化认知和行动认知差异

认知内容	家庭收入 *	N	秩均值	P 值	认知内容	家庭收入	N	秩均值	P 值
对气候变化总体认知	1	128	368.07	0.004	对国际社会应对气候变化行动认知	1	128	367.29	0.083
	2	168	351.68			2	168	350.83	
	3	150	393.40			3	150	405.93	
	4	119	361.52			4	119	385.00	
	5	80	376.09			5	80	364.33	
	6	43	437.70			6	43	407.57	
	7	75	457.75			7	75	428.49	
对导致气候变化的原因认知	1	128	344.92	0.068	对国际社会应对行动的努力程度认知	1	128	366.01	0.562
	2	168	372.51			2	168	397.40	
	3	150	403.62			3	150	369.28	
	4	119	381.01			4	119	385.25	
	5	80	368.23			5	80	379.98	
	6	43	386.06			6	43	352.69	
	7	75	437.24			7	75	414.04	
对气候变化对生活的影响程度认知	1	128	392.40	0.380	自己应对气候变化时得到的帮助情况	1	128	398.01	0.512
	2	168	361.55			2	168	373.69	
	3	150	378.33			3	150	372.51	
	4	119	390.70			4	119	379.85	
	5	80	362.66			5	80	380.40	
	6	43	442.51			6	43	342.48	
	7	75	389.53			7	75	420.04	
对气候变化对生产的影响认知	1	128	388.81	0.294	对中国应对气候变化行动的认知	1	128	376.36	0.728
	2	168	350.36			2	168	369.41	
	3	150	397.36			3	150	379.10	
	4	119	395.13			4	119	403.89	
	5	80	380.71			5	80	384.84	
	6	43	423.45			6	43	353.72	
	7	75	367.29			7	75	404.07	

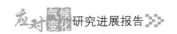

（续表）

认知内容	家庭收入*	N	秩均值	P值	认知内容	家庭收入	N	秩均值	P值
气候变化引发战争的认知	1	128	392.89	0.565	对中国应对行动努力程度的认知	1	128	360.41	0.230
	2	168	357.66			2	168	402.01	
	3	150	398.61			3	150	366.05	
	4	119	387.65			4	119	402.46	
	5	80	371.39			5	80	409.78	
	6	43	412.27			6	43	351.79	
	7	75	369.71			7	75	361.15	
对中国应对行动的有效性认知	1	128	407.42	0.020	支持减排行动意愿	1	128	323.72	0.006
	2	168	387.01			2	168	405.30	
	3	150	381.33			3	150	377.28	
	4	119	417.17			4	119	386.55	
	5	80	364.68			5	80	422.11	
	6	43	315.03			6	43	412.81	
	7	75	329.80			7	75	371.03	
个人行动努力意愿	1	128	313.01	0.000	个人行动努力意愿	5	420.31	80	0.000
	2	168	387.11			6	420.49	43	
	3	150	371.52			7	400.41	75	
	4	119	410.94						

* 1代表10000元以下；2代表10001～20000元；3代表20001～30000元；4代表30001～40000元；5代表40001～50000元；6代表50001～60000元；7代表60000元以上。

　　根据非参数检验结果，不同家庭收入的县域居民在对气候变化的认知方面几乎没有差异。而在支持减排行动意愿和个人参与应对气候变化意愿上存在显著差异，中高收入家庭的县域居民支持减排行动和参与应对气候变化行动的意愿最强烈，低收入家庭的县域居民支持减排行动和参与应对气候变化行动的意愿最弱。

12.4　三类人群气候变化认知和行动认知特点及政策建议

　　根据非参数检验结果，比较不同因素下中国网民、大学生和县域居民对气候变化的认知和应对气候变化的行动认知，可以看到如下特点：

　　（1）对于网民来说，各类人群对气候变化产生的影响认知和参与支持应对气候变化行动意愿之间没有明显差异，说明网民普遍认为气候变化会对我们的生产生活造成影响，并愿意为应对气候变化作出自己的努力。但调查分析结果证实，不同群体的网民在认知和行动意愿上也存在一定的差异性：1）从性别角度来看，男性网民在气候变化总体认知、导致原因、国际国内应对行动的认知度均高于女性网民。但男性网民参与应对气候变化行动的意愿和对碳减排行动的支持意愿却低于女性网民。2）从年龄角度来看，31～40岁的网民对气候变化的总体认知程度最低。对于气候变化问题中体现的国家利益问题和国家安全问题，青年网民认知度较高，随着年龄的增长，认知度呈逐渐降低趋势。青年网民对中国应对气候变化行动及效果认可度不高。高龄网民参与应对气候变化的努力意愿不强。3）从学历角度来看，博士学历的网民对气候变化总体了解程度、导致气候变化的原因、气候变化的认知程度、对"共同但有区别的责任"内涵认知度最高，但他们对气候变化会给国家安全带来影响的认识不足。学历越低的网民对于气候变化的各类认知程度越低。4）从区域角度来看，东部地区的网民对气候变化的各类认知程度最高，中部最低。而西部地区网民对于国际社会和中国应对气候变化行动的有效性和努力程度认可度最低。5）从城乡角度来看，来自农村和省城或直辖市的网民认知程度最低，来自县城的网民认知程度最高。在行动意愿方面，农村网民支持减排行动意愿和个人参与应对气候变化行动意愿最强烈，省城或直辖市网民的行动意愿最弱。6）从职业角度来看，公务员在各类认知中的认知度最高。农民对气候变化将会给生产生活带来影响认同度最高，而学生的认同度最低。企业员工对中国应对气候变化所做的努力、取得的效果认同度最低。公务员支持减排行动的意愿最强烈，学生参与应对气候变化的意愿最强烈，而企业员工支持减排行动和参与应对行动的意愿均为最低。

根据调查结果，今后我们应该对社会公众特别是年轻人加强气候变化相关知识的宣传，提高青年人对气候变化问题的理解，加强青年人对国际社会及中国应对气候变化所做工作的了解，从而提高他们特别是男性公众积极应对气候变化的主动性与自觉性。要加大对中部地区公众宣传力度，大力宣传气候变化成因和带来的负面影响，提高中部地区人们对气候变化严重后果的了解与感知。要切实加强对西部地区应对气候变化具体措施的落实，并加强宣传国家的相关应对行动与具体措施，提高西部地区公众对中国应对气候变化的感知度和认可度。加大对农村地区的宣传力度，加强节能减排意识，倡导低碳生活方式。要重视对低学历人群加强应对气候变化行动与措施的宣传，并积极引导这一群体参与到应对气候变化的行动中。要加强对农民和企业员工的宣传教育，提高他们对气候变化的了解程度，提升他们参与应对气候变化的自觉性，并成为宣传各种应对气候变化知识、倡导节能减排、低碳生活的中坚力量。

（2）对于大学生群体来说，有关气候变化的认知及应对行动的意愿主要有以下特点：1）从性别角度来看，男大学生在气候变化总体认知、气候变化的原因、国际国内行动认知上都高于女生，只是对气候变化可能带来的负面影响的认知程度低于女生。男大学生应对气候变化的行动意愿以及支持国内碳减排政策的意愿低于女生。2）从城乡角度来看，来自城市的大学生在气候变化总体认知、气候变化的原因、国际国内行动认知均高于农村学生。在支持减排行动意愿和个人参与应对气候变化努力意愿方面，来自农村和来自城市的大学生没有显著差异。3）从区域角度来看，来自西部地区的大学生对气候变化总体认知、原因认知和影响认知的认知程度最高，来自中部的大学生认知度最低。来自西部的大学生支持减排行动意愿和参与应对气候变化的行动意愿最强烈，东部大学生意愿最弱。4）从专业角度来看，大气类专业及大气相关专业的大学生对于气候变化各类认知的程度均高于其他专业大学生。同时，大气类专业大学生支持减排行动的意愿最强烈，农业科学专业的大学生参与应对行动的努力意愿最强烈。

根据调查结果,我们在今后应该进一步对农村地区和中部地区加强气候变化相关知识的宣传与普及,提高公众对气候变化产生的危害性及影响的认识程度,提高大学生特别是男大学生和非气象专业大学生应对气候变化的自觉性。要进一步加大对国际社会及中国政府应对气候变化行动与措施的宣传力度,积极采取措施有效应对气候变化,提高大学生特别是东部区域大学生对国际社会及政府应对气候变化的认知程度和认同度,进一步激发他们主动参与和支持政府各项节能减排措施的自觉性。

(3)对县域居民来说,有关气候变化的认知及应对行动的意愿主要有以下特点:1)从身份角度来看,气象信息员在气候变化总体认知、气候变化的原因及影响、国际国内行动认知均高于其他非气象信息员,他们的行动意愿和对碳减排行动的支持意愿也强于非气象信息员。2)从性别角度来看,男性县域居民在导致气候变化的原因认知、气候变化引发战争的可能性、国际社会应对气候变化行动的认知方面均高于女性。男性和女性县域居民在行动意愿上没有差异。3)从区域角度来看,西部地区的县域居民更加认同气候变化给生活造成了影响,中部地区的县域居民认同度最低。在个人参与行动努力意愿上,东部地区的县域居民意愿最强烈,西部地区的县域居民努力意愿最弱。4)从文化程度角度来看,学历越高的县域居民,对气候变化的总体认知和导致原因、气候变化会引发战争的可能性的认知程度最高,参与应对气候变化行动的意愿和支持减排行动的意愿越强烈。大专学历的县域居民对国际社会和中国应对气候变化行动的努力程度和应对效果最不满意。5)从收入角度来看,不同家庭收入的县域居民在对气候变化的认知方面几乎没有差异。中高收入家庭的县域居民支持减排行动和参与应对气候变化行动的意愿最强烈,低收入家庭的县域居民支持减排行动和参与应对气候变化行动的意愿最弱。

根据调查结果,对县域居民还需要进一步宣传、普及有关气候变化的相关知识,大力宣传国际社会和中国应对气候变化的具体举措和所取得的成效,以提高县域居民对国际社会和中国应对行动的了解,提高他们对政府的满意度,进而进一步提高参与应对气候变化行动的自觉性。对于西部地区以及低收入人群,他们应对气候变化的能力相对较弱,因此政府在应对气候变化方面应该给政策和物质与技术的重点支持,让西部地区的老百姓以及低收入人群能够感受到来自外界的有力帮助,从而提升他们积极参与应对气候变化、支持政府减排行动的自觉性。

第13章 公众气候变化认知
对行为影响因子分析

13.1 网民气候变化认知对行为影响因子分析

对网民的调查中，我们设因变量 Y_1 为网民应对气候变化的努力，Y_2 为网民支持政府减排行动的意愿，结果有愿意和不愿意两种：令愿意参加应对气候变化行动的为1，不愿意的为0。自变量则包含涉及网民对气候变化行动意愿的影响因素，共有对气候变化的总体认知、对引起气候变化原因的认知、对气候变化产生影响的认知、对国际社会应对行动的认知以及对国内应对行动的认知五个部分。对气候变化的总体认知因素集包括对气候变化的了解程度 V_1、对气候变化的关注程度 V_2、对气候变暖相信程度 V_3。对引起气候变化原因的认知因素集包括对气候变化引起原因了解程度认知 V_4，对科学判断的信任程度认知 V_5。对气候变化产生影响认知因素集包括气候变化对人类生活产生影响的认知 V_6，气候变化带来粮食危机的可能性认知 V_7，气候变化造成环境恶化可能性的认知 V_8，气候变化影响人类健康认知 V_9，气候变化对国家安全带来的影响认知 V_{10}。对国际社会应对行动的认知因素集包括对国际社会努力程度认知 V_{11}，对应对行动的了解程度认知 V_{12}，对《议定书》内容的了解程度认知 V_{13}，对国际气候政策公平性认知 V_{14}。对国内应对行动的认知因素集包括对中国政府努力程度认知 V_{15}，国内行动的了解程度认知 V_{16}，对国内应对行动效果的认知 V_{17}。各解释变量的详细定义及描述如表 13-1 所示。

表 13-1　网民认知对行动影响的指标体系

一级指标	二级指标	三级指标	
认知指标	总体认知	V_1	您知道什么是"气候变化"吗？
		V_2	您对全球气候变化的关注度？
		V_3	您相信"气候变暖"是个巧妙的骗局吗？
	引起因素认知	V_4	您对可能引起气候变化的因素了解吗？
		V_5	您认为科学家对气候变化的认知是否会被国家利益左右？
	影响认知	V_6	您认为目前气候变化给人类生产生活带来的影响严重吗？
		V_7	您相信气候变化会引发粮食危机吗？
		V_8	您认为气候变化会造成环境恶化吗？
		V_9	您认为气候变化会对人类健康带来很大威胁吗？
		V_{10}	您认为气候变化会给国家安全带来影响吗？

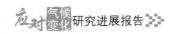
（续表）

一级指标	二级指标	三级指标	
认知指标	国际行动认知	V_{11}	您认为国际社会在应对气候变化中努力程度如何？
		V_{12}	您了解国际社会在应对气候变化方面所做的工作吗？
		V_{13}	您知道《京都议定书》是联合国为了控制碳排放而制定的协议吗？
		V_{14}	您相信政治家们会制定出公平而有效的国际气候政策吗？
	国内行动认知	V_{15}	您认为中国政府在应对气候变化中努力程度如何？
		V_{16}	您对中国政府在应对气候变化中采取的措施与行动了解吗？
		V_{17}	您认为中国政府在应对气候变化中采取的措施与行动是否有效？
行动指标	个人行为和政府行动期待	Y_1	您愿意为减缓气候变化作出努力吗？
		Y_2	您是否积极支持中国采取的主动减少排放的政策和行动？

（1）网民认知对行动影响因子分析

① KMO 和 Bartlett's 检验

表 13-2　网民 KMO 和 Bartlett's 检验结果

KMO 样本充足度测量值		0.878
Bartlett's 球形检验	卡方值	20930
	自由度	136
	显著性	0.000

KMO 和 Bartlett's 检验结果显示，KMO 值达到 0.878＞0.5 时，表明数据适合因子分析；而 Bartlett's 球形检验值为 20930，自由度为 136，达到显著，代表母群体的相关矩阵之间有共同因素存在，适合因子分析。

② 旋转后的因子载荷矩阵

表 13-3　网民旋转后的因子载荷矩阵[a]

	主成分			
	1	2	3	4
V_8	0.846	−0.002	0.086	−0.053
V_9	0.836	0.078	0.093	0.041
V_7	0.787	0.045	0.066	0.117
V_6	0.705	0.134	0.190	0.072
V_{10}	0.562	0.179	0.131	0.392
V_3	0.526	0.082	0.202	−0.378
V_{17}	0.069	0.829	0.149	−0.011
V_{15}	0.081	0.773	0.186	−0.093
V_{11}	0.069	0.744	0.143	−0.010

（续表）

	主成分			
	1	2	3	4
V_{14}	0.059	0.707	0.024	0.078
V_{16}	0.098	0.664	0.415	0.126
V_{12}	0.125	0.534	0.516	0.218
V_1	0.082	0.208	0.810	0.061
V_4	0.117	0.215	0.799	0.041
V_2	0.290	0.054	0.718	−0.146
V_{13}	0.112	0.244	0.545	0.328
V_5	0.098	0.000	0.115	0.836

提取方法：主成分分析。

旋转方法：Kaiser 正规化最大方差。

a. 5 次迭代收敛旋转。

③ 因子得分系数矩阵

表 13-4 网民因子得分系数矩阵

	主成分			
	1	2	3	4
V_1	−0.078	−0.093	0.382	−0.031
V_2	0.017	−0.135	0.358	−0.202
V_3	0.171	−0.009	0.062	−0.363
V_4	−0.064	−0.088	0.372	−0.049
V_5	−0.008	−0.054	−0.026	0.703
V_6	0.220	−0.003	−0.019	0.017
V_7	0.264	−0.016	−0.082	0.066
V_8	0.289	−0.036	−0.053	−0.082
V_9	0.280	−0.007	−0.074	−0.004
V_{10}	0.165	0.021	−0.073	0.299
V_{11}	−0.009	0.276	−0.091	−0.048
V_{12}	−0.039	0.099	0.131	0.118
V_{13}	−0.044	−0.030	0.201	0.220
V_{14}	0.000	0.284	−0.155	0.040
V_{15}	−0.008	0.281	−0.067	−0.125
V_{16}	−0.035	0.179	0.059	0.045
V_{17}	−0.011	0.310	−0.106	−0.052

提取方法：主成分分析。

旋转方法：Kaiser 正规化最大方差。

从表 13-3 可见,第一个公因子主要反映了"您认为目前气候变化给人类生产生活带来的影响严重吗?"、"您相信气候变化会引发粮食危机吗?"、"您认为气候变化会造成环境恶化吗?"、"您认为气候变化会给人类健康带来很大威胁吗?"、"您认为气候变化会给国家安全带来影响吗?"这 5 个指标有较大的载荷,说明第一个公因子综合反映了这几方面问题的变动情况,可以将其命名为影响网民应对气候变化行动的认知因子 1,即气候变化产生影响认知因子。

第二个公因子主要反映了"您认为国际社会在应对气候变化中努力程度如何?"、"您了解国际社会在应对气候变化方面所做的工作吗?"、"您相信政治家们会制定出公平而有效的国际气候政策吗?"、"您认为中国政府在应对气候变化中努力程度如何?"、"您对中国政府在应对气候变化中采取的措施与行动了解吗?"、"您认为中国政府在应对气候变化中采取的措施与行动是否有效?"这 6 个指标有较大的载荷,说明第一个公因子综合反映了这几方面问题的变动情况,可以将其命名为影响网民应对气候变化行动的认知因子 2,即政府应对行动认知因子。

第三个公因子主要反映了"您知道什么是气候变化吗?"、"您对全球气候变化的关注度"、"您对可能引起气候变化的因素了解吗?"、"您知道《京都议定书》是联合国为了控制碳排放而制定的协议吗?"这 4 个指标有较大的载荷,说明第三个公因子综合反映了这几方面问题的变动情况,可以将其命名为影响网民应对气候变化行动的认知因子 3,即气候变化关注度和了解程度认知因子。

第四个公因子主要反映了"您认为科学家对气候变化的认知是否会被国家利益左右?"这 1 个指标有较大的载荷,说明第四个公因子综合反映了这方面问题的变动情况,可以将其命名为影响网民应对气候变化行动的认知因子 4,即气候变化结论科学性认知因子。

根据因子得分系数矩阵,得出影响网民行为最大的几个变量为:V_1、V_5、V_8、V_{17},即"对气候变化了解程度"、"对气候变化结论科学性判断"、"气候变化造成环境恶化"、"中国政府应对气候变化行动有效性"。

(2)网民认知对行动影响因子排序

设定网民行动意愿为因变量 Y_1、对政府碳减排支持态度为 Y_2,认知为自变量,则可以建立两个回归方程:

$$Y_1 = 0.699 + 0.138V_1 - 0.064V_5 + 0.382V_8 + 0.013V_{17}$$
$$Y_2 = 0.640 + 0.068V_1 - 0.052V_5 + 0.366V_8 + 0.182V_{17}$$

得出结论:

① 对网民应对气候变化行动意愿影响最大的认知排序从大到小依次为:

对造成环境恶化的程度认知>对气候变化了解程度>气候变化结论科学性判断>中国政府应对行动效果

② 对网民支持政府碳减排政策支持态度意愿影响最大的认知排序从大到小依次为:

对造成环境恶化的程度认知>中国政府应对行动效果>对气候变化了解程度>气候变化结论科学性判断

影响网民应对气候变化行动的最大认知因素是气候变化造成环境恶化程度的认知,表明网民对气候变化是否影响人类赖以生存的环境非常关心,并且直接影响到网民是否对气候变化采取行动以及行动的积极性。

其次,网民对气候变化了解程度以及中国政府应对气候变化行动效果对他们的行动意愿也有影响,网民对气候变化越了解,认为政府行动越有效,则行动意愿越强烈。而对气候变化结论科学性的判断越肯定,则他们的行动意愿越强烈。

13.2 大学生气候变化认知对行为影响因子分析

在进行大学生气候变化认知对行为的影响因子分析时,由于大学生所用的指标体系与网民指标体系一致,所以此处不再赘述,各变量参见表 13-1 所示。

(1)大学生认知对行为的影响因子分析

① KMO 和 Bartlett's 检验

表 13-5 大学生 KMO 和 Bartlett's 检验结果

KMO 样本充足度测量值		0.859
Bartlett's 球形检验	卡方值	37960
	自由度	136
	显著性	0.000

KMO 和 Bartlett's 检验结果显示,KMO 值达到 0.859>0.5 时,适合进行因子分析;而 Bartlett's 球形检验值为 37960,自由度为 136,达到显著,代表母群体的相关矩阵之间有共同因素存在,也表明适合因子分析。

② 旋转后的因子载荷矩阵

表 13-6 旋转后的因子载荷矩阵[a]

	主成分			
	1	2	3	4
V_{17}	0.807	0.050	0.111	0.019
V_{15}	0.780	0.080	0.122	−0.091
V_{14}	0.722	0.044	−0.042	0.039
V_{16}	0.670	0.040	0.323	0.187
V_{11}	0.657	0.169	0.109	−0.037
V_{12}	0.483	0.116	0.421	0.289
V_9	0.078	0.830	0.084	−0.033
V_8	0.027	0.801	0.124	−0.145
V_7	0.050	0.763	0.100	0.025
V_6	0.126	0.709	0.135	0.080
V_{10}	0.142	0.644	0.119	0.212

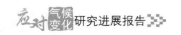

（续表）

	主成分			
	1	2	3	4
V_1	0.108	0.069	0.835	0.040
V_4	0.140	0.096	0.821	0.077
V_2	0.094	0.200	0.776	−0.032
V_{13}	0.109	0.128	0.548	0.139
V_3	0.184	−0.150	0.078	0.764
V_5	−0.148	0.241	0.125	0.719

提取方法：主成分分析。

旋转方法：Kaiser 正规化最大方差。

a. 5 次迭代收敛旋转。

③ 因子得分系数矩阵

表 13-7　因子得分系数矩阵

	主成分			
	1	2	3	4
V_1	−0.069	−0.068	0.375	−0.080
V_2	−0.069	−0.013	0.344	−0.131
V_3	0.038	−0.072	−0.069	0.600
V_4	−0.057	−0.058	0.357	−0.050
V_5	−0.109	0.080	−0.041	0.569
V_6	0.000	0.242	−0.038	0.041
V_7	−0.025	0.269	−0.044	0.004
V_8	−0.031	0.281	−0.011	−0.135
V_9	−0.012	0.294	−0.054	−0.042
V_{10}	0.006	0.219	−0.058	0.149
V_{11}	0.233	0.025	−0.044	−0.069
V_{12}	0.116	−0.022	0.091	0.160
V_{13}	−0.038	−0.016	0.218	0.036
V_{14}	0.278	−0.007	−0.122	0.010
V_{15}	0.283	−0.014	−0.037	−0.118
V_{16}	0.207	−0.046	0.042	0.083
V_{17}	0.292	−0.025	−0.057	−0.029

提取方法：主成分分析。

旋转方法：Kaiser 正规化最大方差。

从表 13-6 可以看出，第一个公因子主要反映了"您认为国际社会在应对气候变化中努力程度如何？"、"您相信政治家们会制定出公平而有效的国际气候政策吗？"、"您认为中国政府在应对气候变化中努力程度如何？"、"您对中国政府在应对气候变化中采取的措施与行动了解吗？"、"您认为中国政府在应对气候变化中采取的措施与行动是否有效？"这5个指标有较大的载荷,说明第一个公因子综合反映了这几方面问题的变动情况,可以将其命名为影响大学生应对气候变化行动的认知因子1,即政府应对行动认知因子。

第二个公因子主要反映了"您认为目前气候变化给人类生产生活带来的影响严重吗？"、"您相信气候变化会引发粮食危机吗？"、"您认为气候变化会造成环境恶化吗？"、"您认为气候变化会对人类健康带来很大威胁吗？"、"您认为气候变化会给国家安全带来影响吗？"这5个指标有较大的载荷,说明第二个公因子综合反映了这几方面问题的变动情况,可以将其命名为影响大学生应对气候变化行动的认知因子2,即气候变化产生影响认知因子。

第三个公因子主要反映了"您知道什么是气候变化吗？"、"您对全球气候变化的关注度？"、"您对可能引起气候变化的因素了解吗？"这3个指标有较大的载荷,说明第三个公因子综合反映了这几方面问题的变动情况,可以将其命名为影响大学生应对气候变化行动的认知因子3,即对气候变化了解程度和关注度认知因子。

第四个公因子主要反映了"您相信气候变暖是个巧妙的骗局吗？"、"您认为科学家对气候变化的认知是否会被国家利益左右？"这2个指标有较大的载荷,说明第四个公因子综合反映了这两方面问题的变动情况,可以将其命名为影响大学生应对气候变化行动的认知因子4,即气候变化结论科学性认知因子。

根据因子得分系数矩阵,得出影响大学生行为的最大的几个认知变量为：V_1、V_3、V_9、V_{17},即"对气候变化了解程度"、"对气候变化结论科学性判断"、"气候变化危害人类健康"、"中国政府应对气候变化行动有效性"。

（2）大学生认知对行为影响因子排序

设定行动意愿为因变量Y_1、对政府碳减排支持态度为Y_2,认知为自变量,则可以建立两个回归方程：

$$Y_1 = 1.019 + 0.195V_1 - 0.187V_3 + 0.325V_9 + 0.046V_{17}$$
$$Y_2 = 1.196 + 0.139V_1 - 0.15V_3 + 0.287V_9 + 0.132V_{17}$$

根据回归方程结果得出结论：

① 对大学生应对气候变化行动意愿影响最大的认知排序从大到小依次为：

危害人类健康认知＞气候变化了解程度＞对气候变化结论科学性判断＞中国政府行动效果认知

② 对大学生支持政府碳减排行动意愿影响最大的认知排序从大到小依次为：

危害人类健康认知＞对气候变化结论科学性判断＞气候变化了解程度＞中国政府行动效果认知

根据因子分析结果,我们知道影响大学生应对气候变化行动和支持政府减排政策的认知因素有四个,即政府应对行动认知因子、气候变化产生影响认知因子、对气候变化了解程度和关注度认知因子、气候变化结论科学性认知因子。其中,影响最大的四个认知因子分别是"对气候变化了解程度"、"对气候变化结论科学性判断"、"气候变化危害人类健康"、"中国政府应对气候变化行动有效性"。回归分析的结果表明,对大学生参与应对气候变化行动的影响最大的认知因素是气候变化对人类健康的影响认知,即大学生对气候变化给人类健康带来危害的严重性认识得越清楚,他们参与应对气候变化行动意愿越强烈。其次,大学生对气候变化相关情况越了解,认为中国政府应对气候变化行动越有效,他们的行动意愿也越强烈。而大学生对气候变化结论科学性持怀疑态度时,他们的行动意愿越弱。

13.3 县域居民气候变化认知对行动影响因子分析

对县域居民的调查,我们设因变量 Y_1 为县域居民应对气候变化的努力,Y_2 为县域居民支持政府减排行动的意愿,结果有愿意和不愿意两种:令愿意参加应对气候变化行动的为1,不愿意的为0。自变量则包含涉及网民应对气候变化行动意愿的影响因素,共有对气候变化的总体认知、对引起气候变化原因的认知、对气候变化产生影响的认知、对国际社会应对行动的认知以及对国内应对行动的认知五个部分。对气候变化的总体认知因素集包括对气候变化的了解程度 V_1、对气候变化的关注程度 V_2。对引起气候变化原因的认知因素集包括对气候变化引起原因了解程度认知 V_3。对气候变化产生影响认知因素集包括气候变化带来粮食危机的可能性认知 V_4,气候变化造成环境恶化可能性的认知 V_5,气候变化影响人类健康认知 V_6。对国际社会应对行动的认知因素集包括对国际社会努力程度认知 V_7,对应对行动的了解程度认知 V_8,对《京都议定书》内容的了解程度认知 V_9。对国内应对行动的认知因素集包括对中国政府努力程度认知 V_{10},国内行动的了解程度认知 V_{11},对国内应对行动效果的认知 V_{12}。各解释变量的详细定义及描述如表13-8所示。

表 13-8 网民认知和行动研究指标体系

一级指标	二级指标		三级指标
认知指标	总体认知	V_1	您知道什么是气候变化吗?
		V_2	您对全球气候变化的关注度?
	引起因素认知	V_3	您对可能引起气候变化的因素了解吗?
	影响认知	V_4	您相信气候变化会引发粮食危机吗?
		V_5	您认为气候变化会造成环境恶化吗?
		V_6	您认为气候变化会对人类健康带来很大威胁吗?
	国际行动认知	V_7	您认为国际社会在应对气候变化中努力程度如何?
		V_8	您了解国际社会在应对气候变化方面所做的工作吗?
		V_9	您知道《京都议定书》是联合国为了控制碳排放而制定的协议吗?
	国内行动认知	V_{10}	您认为中国政府在应对气候变化中努力程度如何?
		V_{11}	您对中国政府在应对气候变化中采取的措施与行动了解吗?
		V_{12}	您认为中国政府在应对气候变化中采取的措施与行动是否有效?
行动指标	个人行为和政府行动期待	Y_1	您愿意为减缓气候变化方面作出努力吗?
		Y_2	您是否积极支持中国所采取的主动减少排放的政策和行动?

（1）县域居民认知对行为影响因子分析

① KMO 和 Bartlett's 检验

表 13-9　县域居民 KMO 和 Bartlett's 检验结果

KMO 样本充足度测量值		0.806
Bartlett's 球形检验	卡方值	2740
	自由度	66
	显著性	0.000

KMO 和 Bartlett's 检验结果显示，KMO 达到 0.806＞0.5 时，适合因子分析；而 Bartlett's 球形检验值为 2740，自由度为 66，达到显著，代表母群体的相关矩阵之间有共同因素存在，适合因子分析。

② 旋转后的因子载荷矩阵

表 13-10　县域居民旋转后的因子载荷矩阵[a]

	主成分			
	1	2	3	4
V_9	0.812	0.092	0.053	0.162
V_{11}	0.762	0.312	0.112	0.140
V_8	0.756	0.135	0.195	0.163
V_{10}	0.186	0.814	0.097	0.133
V_{12}	0.212	0.788	−0.026	0.066
V_7	0.060	0.733	0.109	0.151
V_6	0.035	0.076	0.853	0.017
V_5	0.063	0.123	0.811	0.150
V_4	0.204	−0.012	0.669	0.031
V_1	0.209	0.086	−0.004	0.839
V_2	−0.023	0.317	0.175	0.733
V_3	0.401	0.036	0.075	0.724

提取方法：主成分分析。

旋转方法：Kaiser 正规化最大方差。

a. 5 次迭代收敛旋转。

③ 因子得分系数矩阵

表 13-11　县域居民因子得分系数矩阵

	主成分			
	1	2	3	4
V_1	−0.059	−0.095	−0.078	0.519

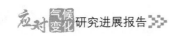
（续表）

	主成分			
	1	2	3	4
V_2	−0.237	0.084	0.039	0.453
V_3	0.088	−0.145	−0.041	.0.401
V_4	0.061	−0.081	0.358	−0.061
V_5	−0.089	−0.002	0.437	0.024
V_6	−0.075	−0.011	0.474	−0.057
V_7	−0.119	0.404	0.005	−0.016
V_8	0.406	−0.071	0.021	−0.079
V_9	0.462	−0.097	−0.063	−0.077
V_{10}	−0.047	0.436	−0.017	−0.065
V_{11}	0.395	0.042	−0.036	−0.115
V_{12}	0.000	0.433	−0.084	−0.106

提取方法：主成分分析。

旋转方法：Kaiser 正规化最大方差。

从表 13-10 可以看出，第一个公因子主要反映了"您了解国际社会在应对气候变化方面所做的工作吗？"、"您知道《京都议定书》是联合国为了控制碳排放而制定的协议吗？"、"您对中国政府在应对气候变化中采取的措施与行动了解吗？"这 3 个指标有较大的载荷，说明第一个公因子综合反映了这几方面问题的变动情况，可以将其命名为影响县域居民应对气候变化行动的认知因子 1，即政府应对行动了解程度认知因子。

第二个公因子主要反映了"您认为国际社会在应对气候变化中努力程度如何？"、"您认为中国政府在应对气候变化中努力程度如何？"、"您认为中国政府在应对气候变化中采取的措施与行动是否有效？"这 3 个指标有较大的载荷，说明第二个公因子综合反映了这几方面问题的变动情况，可以将其命名为影响县域居民应对气候变化行动的认知因子 2，即政府行动努力程度认知因子。

第三个公因子主要反映了"您认为气候变化会对人类健康带来很大威胁吗？"、"您认为气候变化会造成环境恶化吗？"、"您相信气候变化会引发粮食危机吗？"这 3 个指标有较大的载荷，说明第三个公因子综合反映了这几方面问题的变动情况，可以将其命名为影响县域居民应对气候变化行动的认知因子 3，即气候变化产生影响认知因子。

第四个公因子主要反映了"您知道什么是气候变化吗？"、"您对全球气候变化的关注度？"、"您对可能引起气候变化的因素了解吗？"这 3 个指标有较大的载荷，说明第四个公因子综合反映了这两方面问题的变动情况，可以将其命名为影响县域居民应对气候变化行动的认知因子 4，即对气候变化了解和关注程度认知因子。

根据因子得分系数矩阵，得出影响县域居民行为最大的几个变量为：V_1、V_6、V_9、V_{10}，即"对气候变化了解程度"、"气候变化危害人类健康"、"对国际社会应对行动的了解"、"中国政府应对气候变化努力程度"。

（2）县域居民认知对行动影响因子排序

设定行动意愿为因变量 Y_1、支持政府碳减排政策态度为 Y_2，认知为自变量，则可以建立两个回归方程：

$$Y_1 = 0.457 + 0.124V_1 + 0.155V_6 - 0.004V_9 + 0.251V_{10}$$

$$Y_2 = 0.481 + 0.147V_1 + 0.138V_6 - 0.061V_9 + 0.345V_{10}$$

根据调查结果得出结论：

① 对县域居民应对气候变化行动意愿影响最大的认知排序从大到小依次为：

对中国政府应对行动的努力程度认知＞对气候变化危害人类健康程度认知＞对气候变化了解程度认知＞对国际社会应对气候变化了解程度认知

② 对县域居民国内碳减排支持态度意愿影响最大的认知排序从大到小依次为：

对中国政府应对行动的努力程度认知＞对气候变化了解程度认知＞对气候变化危害人类健康程度认知＞对国际社会应对气候变化了解程度认知

与以上两类群体不同，影响县域居民应对气候变化行动的最大认知因素是对中国政府应对气候变化努力程度认知，县域居民认为政府应对气候变化的努力程度越高，他们参与应对气候变化行动意愿越强烈。

其次，县域居民对气候变化的总体了解程度越高，认为气候变化对人类健康危害越大，则他们参与行动的意愿越强烈。

13.4 中国公众气候变化认知与行为因子分析的启示

在对中国网民、大学生、县域居民三类人群进行调查后，我们分析了影响他们参与应对气候变化行动意愿和支持政府减排行动意愿的认知因素，得到如下启示：（1）提高中国公众参与应对气候变化行动的意愿，获得更多人支持应对气候变化行动与政策，且必须以各种方式多途径、多角度、多层面地宣传气候变化相关知识，让中国公众对气候变化的发展趋势、产生原因、面临的现状、产生的后果有更加清晰的了解，除了发挥报纸、网络、广播、电视等常用的传媒手段外，还可以利用橱窗、传单、科普宣传图册、广场活动、专题讲座、社区宣传等方式，拓宽宣传途径；（2）积极宣传中国政府和国际社会在应对气候变化方面所做的努力，开展的具体工作，取得了怎样的效果，还有哪些工作尚待完成，需要在哪些方面进一步努力，从而让中国公众知晓政府的作为，认可政府的作为，提高公众对政府的信任，增强应对气候变化的信心；（3）政府积极参与国际社会应对气候变化、积极承担相应义务的同时，应当积极引导中国公众正确分析应对气候变化过程中所面临的国际关系问题，从而理解和支持政府的行为方针，在国际社会应对行动中发挥重要的影响作用。

第五编
历史考证编

　　人类文明的进程总是充满着神奇：一种文明在某个时代非常兴盛，而进入另一个时代则开始衰败，出现历史中断甚至完全消失。引起文明变迁的历史原因非常复杂，有些历史文明消失原因至今还是未解之谜。尽管如此，众多研究成果表明，在人类发展史上许多文明变迁与气候变化有着非常密切的关系。

　　在人类历史的形成与发展过程中，气候对社会政治的影响比较复杂，气象因素总是与政治、经济等因素交织在一起共同作用于社会。但传统的历史研究，考虑自然气候因素较少。历史事实证明，气候变化对人类社会发展和国家政治的稳定，有着极为重要的影响，有的时候甚至是影响朝代更替的决定性因素。

　　中国是一个农业文明古国，农业问题就是中国古代最大的政治。恩格斯说："农业是整个古代世界的决定性的生产部门。"而农业又受制于气候变化，因此气象一直受到古代政治家的重视。对气象灾害与国家政权兴亡之间的关系，中国古代也早有研究。如《国语·周语》"西周三川皆震，伯阳父曰周将亡"篇曰："昔伊、洛竭而夏亡，河竭而商亡。今周德若二代之季矣，其川源又塞，塞又竭"，"山崩川竭，亡之征也"。其意为"从前，伊水、洛水干竭后夏朝灭亡了，黄河干竭后商朝灭亡了。现在周朝的德行与夏、商两代末期一样，国都附近的河流源头都堵塞枯竭了，山崩川竭，这就是灭亡前的征兆。"果然不久西周就灭亡了。

　　从古人对自然气象灾害分析来看，中国古代政治家特别重视天灾与人祸的关系，已经认识到气象灾害对一个朝代更迭产生的影响。其实，任何一个朝代的兴衰与更替，都有其深刻的政治经济原因，气象因素可能使这种危机得到强化或放大，促进社会矛盾进一步激化。当然，气象灾害是一种自然发生的现象，社会矛盾激化是社会利益关系相互冲突的产物，二者之间的联系并不直接。但在一定社会条件下，它可能起到加剧或强化社会矛盾的作用。中国封建社会各朝代，当处在朝代末期时，一方面统治集团内部的矛盾比较激化，另一方面又加深了对人民的压迫和剥削，一旦遇到发生大范围的气象灾害，就可能加剧社会矛盾激化，由此引发农民起义，甚至可能发展成为一个王朝统治的终点。在我国历史上，有许多因为天灾和人祸相交织，最后引起国家政治动荡，造成统治政权被摧毁的事件。

（主要撰稿人：李忠明　沈春蕾　张昳丽　焦俊霞）

第14章 秦汉时期政权更替与气候变化

秦汉时期,是中国古代非常独特的历史阶段。秦王朝在战国七雄逐鹿中原的竞争中,脱颖而出,征服六国,南取百越,北击匈奴,独霸天下,真可谓建立了子孙帝王万世之基业。但是,一场偶然的大雨改变了它的命运。陈胜、吴广登高一呼,天下云集响应,强大的秦朝瞬间土崩瓦解。于是,就有了楚汉相争、霸王别姬、高祖还乡、文景之治等一系列重大历史事件。气候因素在政权更替中,究竟起了多大的作用?

14.1 秦汉时期的气候现象

秦代自公元前221年秦王嬴政称始皇帝开始,到公元前206年秦二世灭亡,只有15年时间。因此本节所涉及的内容多为汉代(包括西汉、东汉)。

温克刚主编的《中国气象史》一书中称:"秦汉时代426年间,中国古代气象科学体系臻于完善,以致在其后近2000年的时间里再很少有重大变化,并在近代气象科学产生之前处于世界领先的地位。"(温克刚 2004)

秦汉时期的天文气象的典籍十分繁杂,各类经史子集当中多有涉及。如《史记》的《天官书》、《律书》、《历书》、《汉书》和《后汉书》等。在《史记·天官书》就有记载:"汉,星多,多水,少则旱"。这是夜间观测银河(汉)的经验,根据银河系里可见星星的多少,来预测有雨无雨,是旱是涝。

竺可桢(1972)根据大量考古资料和历史文献,研究了中国近5000年来的气候变化,得出了中国气候曾发生过无数次寒暖交替变迁的初步结论:以温暖为主的四个时期:即从公元前3000—前1000年左右,大约仰韶文化时代和安阳殷墟时代为第一个温暖时期;公元前770—公元初,大约秦汉时代为第二个温暖期;公元600—1000年,隋唐时代为第三个温暖期;公元1200—1300年,元朝初期为第四个温暖期。以寒冷为主的四个时期:即从公元前1000—前850年,周代初期为第一个寒冷期;公元初—600年,东汉、三国及六朝时代为第二个寒冷时期;公元1000—1200年,南宋成为第三个寒冷期;公元1400—1900年,明末到清代成为第四个寒冷期。近5000年中的前2000年,大部分年间平均气温比现在高2℃左右,冬季1月比现在大约高3~5℃;后3000年,气温有一系列的上下摆动,摆动范围为1~2℃。

《汉书·地理志》说,秦地"有鄠、杜竹林,南山檀柘,号称陆海,为九州膏腴","竹林"成为资源富足的首要条件。据《汉书·东方朔传》,当时人曾以关中有"竹箭之饶",称之为"天下陆海之地"。《史记·货殖列传》分析全国经济结构时说到各地出产,"竹"居于山西物产前列却不名于江南物产中,可见当时黄河流域饶产之竹,对于社会经济的意义甚至远远超过江南。《史记·河渠书》记载，汉武帝曾发卒数万人塞黄河瓠子决口，"自临决河"，"薪柴少，而下淇园之竹以为楗"。武帝为之作歌曰："骞长茭兮沈美玉，河伯许兮薪不属。""颓林竹兮楗石菑，宣房塞兮万福来"（茭，是竹苇编制的维索）。据《后汉书·寇恂传》，东汉光武帝北征燕代，寇恂曾"伐淇园之竹，为矢百余万"，"转以给军"。《后汉书·郭伋传》载，东汉初，郭伋为并州牧，"始至行部，到西河美稷，有童儿数百，各骑竹马，道次迎拜"。美稷地在今内蒙古准格尔旗西北。现今华中亚热带混生竹林区的北界，在长江中下游地区，大致位于长沙、南昌、宁波一线。而华中亚热带散生竹林区的北界，则大致与北纬 35 度线重合。而当时竹类生长区的北界，已几近北河今天沙漠地区的边缘。竹林的生境特点要求温暖湿润的气候。秦汉竹林分布范围的变化，可以反映气候的历史变迁。

14.2 秦汉时期的气候变化

许多资料可以表明，秦汉气候确实曾经发生过相当显著的变迁。大致在两汉之际，经历了由暖变寒的历史转变。

自汉武帝时代起，已逐渐多见关于气候严寒的历史记录。如《汉书·武帝纪》：前 131 年（元光四年）"夏四月，陨霜杀草"；前 122 年（元狩元年）"十二月，大雨雪，民冻死"。《汉书·五行志》载，前 115 年（元鼎二年）"三月，大雨雪"；元鼎三年三月水冰，四月雨雪，关东十余郡人相食"。《西京杂记》卷二：前 109 年（元封二年），"大寒，雪深五尺，野鸟兽皆死，牛马皆蜷蹄如猬，三辅人民冻死者十有二三"。《北堂书钞》卷一五二引《古今注》："武帝征和四月，大雪，松柏拆斯"。公元前 50 年至公元 70 年这 120 年间，有关严寒致灾的记载更为集中。《汉书·元帝纪》：（前 43 年 9 永光元年）三月"雨雪，陨霜伤麦稼"。《五行志中之下》："元帝永光元年三月，陨霜杀桑；九月二日，陨霜杀稼，天下大饥"。又《五行志下之下》："元帝永光元年四月，日色青白，亡景，正中时有景亡光。是夏寒，至九月，日乃有光"。《元帝纪》：前 37 年（建昭二年）"冬十一月，齐楚地震，大雨雪"。《五行志中之下》："元帝建昭二年十一月，齐楚地大雪，深五尺"。《成帝纪》：前 29 年（建始四年）"夏四月，雨雪"。王莽时代严重低温的气候反常记录更为频繁。《汉书·王莽传》：14 年（天凤元年）"四月，陨霜，杀草木"。"三年二月乙酉，地震，大雨雪，关东尤甚，深者一丈，竹柏或枯"。17 年（天凤四年）"是年八月"，"大寒，百官人马有冻死者"。21 年（地皇二年）"秋，陨霜杀菽，关东大饥"。22 年（地皇三年）四月，"枯旱霜蝗"，"亡有平岁"。《太平御览》卷八七八引《汉书·五行志》："王莽天凤六年四月，霜杀草木"。"地皇四年，秋，霜，关东人相食"。

这样，在公元前 50 年至公元 70 年这 120 年之间，有关气候异常寒冷所致灾异的历史记录多达 20 余起。汉元帝、汉成帝时代较为集中的 23 年中计 6 起。王莽专政时最为集中的 10 年中，大约 7 年都曾发生严寒导致的灾害。除王莽末年至建武四年间所谓"天下旱霜连年"外，东汉光武帝及明帝在位时关于严寒的记载亦可见 6 起。

历史时期，气候变冷期与中国各政权的衰落和分裂期的基本重合并不是偶然的：气候变化是一个循环过程，战争数目以及朝代更替也是一个循环，气候的恶化通过对农业的影响，间接地影响着王朝的统治基础。气温和中国战争数目总体成负相关关系。寒冷期，温度降低对应于战争数目增加；而暖期适宜的气候使得大部分地区农业生产得到发展，战争数目相对比冷期战争数目少。温暖期，降温只要达到一定程度也会造成战争的爆发，如中世纪暖期，虽然处于温度距平之上时期，但两次降温仍然对应大规模的战争爆发。事实上，暖期中的突然降温，在某种程度上对社会的压力更大，暖期激增的人口遭遇突然的灾害，往往缺乏应对措施。在农业社会，在其早期，人类已经发展到可以有限地利用气候和地理条件优越的自然资源，提高了人与自然的和谐能力，极大地提高了社会生产力，但无论从整体或局部，人类社会活动还不足以影响其气象环境，在农业社会进入发达阶段，人类已经不满足对气象和地理由此产生了"人定胜天"思想，人类开始向易于开发的林地、草荒地和平原湿地进军发展农业，人与自然的关系开始出现阶段性和局部性的不和谐的时间，气象灾害经常危害着农业社会生产和国家政治安全。

气候的频繁波动往往与各种灾异的出现相对应，由于气候极端不稳定，气温和降水量变率增大，旱涝等各种灾害出现的频率远高于其他时期。中国古代自然灾害的发生，究其原因，往往与气候变迁（变冷或恶化）有直接关系。大量研究表明，在气候的异常期（寒冷期）和严重恶化期，各种气候灾害和其他自然灾害往往有集中发生的现象，呈现出灾害的群发性。中国是个自然灾害发生特别频繁的国家，其中气象灾害是重要的灾害类型之一。根据《中国三千年气象记录总集》对所记载的灾异进行统计，发现成灾年数高达 91.68%，其中水灾成灾年率为 67.39%，旱灾成灾年率达到 59.28%，其他气象灾害（包括寒冻、冰雹、雪灾等）成灾率为 69.39%。"民以食为天"，气象灾害（主要是旱涝、暴雨、冰雹和风害等）对农业生产的打击巨大。中国是个多民族国家，一定的地区生活方式不同，北方游牧民族以畜牧业为主，中原以农业为主，南方渔业和农业并存，但无一例外都是"靠天吃饭"，气候状况以及灾害是影响生存的最主要因素。气候变迁时期气象灾害频率高，高频的气象灾害导致农业、畜牧业的歉收，人民难以维持生计，生命受到威胁，同时气象灾害将通过灾害链扩大影响，最终可能成为战争爆发、政权更迭的主因。

14.3　气候变化与秦汉政权更替

14.3.1　气候变化与战争、移民

中国古代文明从整体上看，虽然保持了延续性，但在不同阶段出现了时兴时衰的现象，特别是在一个王朝统治处于衰亡阶段，气象灾害经常造成人们流离失所，哀鸿遍野。《史记·殷本纪》记载，殷都"乃五迁，无定处"。据《尚书·盘庚》记载："殷降大虐"，先王"视民利用迁"。这说明气象灾害是当时迁都的重要原因之一。从秦代开始，秦始皇为修建宫殿，大兴土木，毁伐森林；到汉代，毁林开垦成为解决粮食问题的重要途径，出现规模空前的大开垦，现在的乌兰布和沙漠在西汉之前还是植被很好的地区，经过历代砍伐开荒，这里到北宋已经是沙深三尺，马不能行的茫茫沙漠。

当气象出现异常，发生大范围气象灾害，如果气象灾害破坏了人们维持生产、生活的起码条件，就会造成大量饥民、灾民生存受到威胁，为了生计大家不得不离家出走，四处逃荒。

灾民人口大量增加,无秩序流动,对社会秩序和政治秩序会造成严重干扰。

秦汉时期气候由暖而寒的转变,正与移民运动的方向由西北而东南的转变表现出大体一致的趋势。

自战国至于秦时,多有向西北方向移民的记载。《汉书·地理志下》:"定襄、云中、五原,本戎狄地,颇有赵、齐、卫、楚之徙。"据《史记·秦始皇本纪》,秦始皇时代曾组织大规模的向西北边地的政治移民。前 214 年"西北斥逐匈奴,自榆中并河以东,属之阴山,以为三十四县","徙谪,实之初县。""迁北河榆中三万家"。《汉书·景帝纪》记载,汉景帝元年春正月,诏曰:"间者岁比不登,民多乏食,夭绝天年","其议欲徙宽大地者,听之。"所谓"宽大地",不排除西北边地新经济区。据《史记·平准书》,汉初,"匈奴数侵盗北边,屯戍者多",又长期推行郡国被灾害时贫民"募徙广饶之地"的政策。汉武帝时代,这种以西北为主要方向的大规模的移民运动更进入高潮。《汉书·武帝纪》:前 127 年(元朔二年)"夏,募民徙朔方十万口。"《史记·平准书》:"徙贫民于关以西,及充朔方以南新秦中,七十余万口"。《汉书·武帝纪》又记载,前 118 年"徙天下奸猾吏民于边。"元鼎六年秋"分武威、酒泉地置张掖、敦煌郡,徙民以实之。"前 108 年"武都氏人反,分徙酒泉郡。"又据《史记·万石张叔列传》,"元封四年中,关东流民二百万口,无名数者四十万,公卿议欲请徙流民于边以适之。"汉武帝以为此议将致"摇荡不安",予以否决,然而由此仍然可以看到当时政府组织移民的基本方向。向西北地区大规模移民的基本条件之一,是移民在新区可以继续传统的农耕生活。这一要求,必然有气候条件作为保证。

不同地区,气温变化对战争的影响不同。西北地区战争与气温的相关性最好,战争的爆发在时间上几乎没有滞后,温度的短暂降低即会带来冲突和战争;华北及东北地区主要是民族间的战争,少数民族在暖期得到发展壮大,基于对领土的觊觎,各族间战争相对较多;华中及东部地区表现出反叛战争在暖期有所增加,推测华中及东部地区频繁的水旱灾害使得社会矛盾激化,并最终导致战争爆发;而西南和华南地区,气候对战争的影响是一个缓慢累积的过程,旱灾在战争的爆发上起到了至关重要的作用。

各种社会政治活动,总是在一定的气象条件中进行和发生的。气象条件虽然不可能从根本上决定各种政治活动的成功与失败,但对政治活动的正常进行或能否取得预期效果,在一定程度上会产生影响,有时可能产生很大影响。或可能增加政治活动开展的难度,或可能造成军事政治活动局部战争优势或劣势,当然也可能影响战争成败。因此,整治活动同样需要认识和掌握气象活动规律,以利于安排政治活动趋利避害,更好地达到政治活动的预期效果,或者避开不利气象条件,以免造成危害或损失。

14.3.2　气候变化与秦汉政权更迭

民生是国家政治之本,气象和土地是国计民生之源。气象灾害不仅直接危害到人们生命财产安全,而且还直接关系到人们正常的食物保障,关系到民众的基本生计。风调雨顺的气象条件预示丰产丰收,人民基本生活会有保障,也预示着社会安宁。如果风雨失调,或者久旱,或者久雨,都会造成减产减收,人民的基本生活就会发生困难。安定民生是国家政治稳定的重要基础,频发气象灾害就会影响民众生计,如果这种影响的范围广、时间长,就可能引发严重的政治问题,甚至可能动摇政治统治基础。

政治现象中的政权更迭是一种极其复杂的社会现象,不仅社会力,而且诸多自然力都可能对其造成影响,与其他自然力对社会政治可能造成的影响比较,气象灾害对政治的影响具有经常性、重复性、多变性和不确定性的特征。因此,政治对气象也必然会做出相应的能动反应。

政治是社会活动范畴,气象是一种自然现象。气象与政治之间联系的发生,是社会力和自然力互相结合的过程。气象现象被人类政治生活所反应,这种反应是人类社会发展到一定阶段的产物,是人类为了利用政治力量抗御气象灾害、利用气象资源和保护气象环境的自觉行为。

人类在处理自身与自然气象的关系中,逐步认识到既要依靠个体力量,更需要依靠集体力量。特别是国家出现以后,人类学会了运用政治力量开展与自然灾害作斗争。一个国家的发展历程,从一定意义上理解就是这个国家社会内部矛盾运动,和国家处理社会与自然矛盾结合的过程。运用国家权力处理社会与自然之间的联系。自然气象现象是地球大气运行活动的反应,其本身并不具有政治属性。但自然气象是构成人类社会生活和政治生活最密切的自然环境与自然资源,当这种自然环境和资源将会严重影响人们正常的社会生活和政治生活时,或当人们为争取利用气象资源而发生重大冲突时,气象环境、气象资源就会上升为政治问题。由此,气象与政治的关系就这样联系起来了,特别是防御气象灾害,实施气象灾害救助就成为经常性的国家政治任务。

正常气象年景,人们通过利用土地、气象资源进行食物生产,一般正常生活食物会有基本保障。如果出现气候异常,就可能造成食物生产中断,从而给人们正常生产、生活造成困难。中国是一个以小农户为基本单元构成的社会,对于短暂的食物生产中断,一家一户有短暂的食物自救能力,国家也有一定的救灾储备。但是,气象灾害持续时间过长,范围过大,就会超过家庭食物自救能力和国家储备救济能力,民众生计缺乏必要的食物保障,就可能引起社会广泛恐慌,社会就会出现危机。

公元前 209 年(秦二世元年)七月,一支 900 人的戍卒在开赴渔阳(今北京密云)途中,遇雨停留在大泽乡(今安徽宿县境),不能如期赶到戍地。按秦法"失期当斩",这 900 名戍卒为了死里求生,在屯长陈胜、吴广的领导下,举行反秦起义,喊出了"伐无道,诛暴秦"(《史记·陈涉世家》)的口号。受到秦王朝严酷暴力的统治和压迫的群众纷纷响应起义。一场暴雨最终成为淹没和埋葬秦王朝的巨大洪水。

公元 184 年(东汉末期)爆发的农民大起义,就是由于在残酷的阶级压迫和严重的自然灾害情况下,农民不得不进行的起义反抗以求生存。东汉自安帝永初以后,自然灾害不断,水旱饥馑交相煎迫,百姓穷困。在公元 153 年(永兴元年),全国有三分之一的郡县遭受水灾、蝗灾,有几十万户倾家荡产,流亡在外,冀州出现人相食的惨状;166 年(延熙九年),豫州发生了大饥荒,饥饿而死者十有四五。到灵帝时,"河内(今河南武陟)人妇食夫,河南(今河南洛阳)人夫食妇"(《后汉书·孝灵帝纪》)。加上残酷的阶级压迫,人民在毫无生活出路的情况下,只有起来反抗,争取生存。《五行志三》列举史例二则:"灵帝光和六年冬,大寒,北海、东莱、琅琊井中冰厚尺余。"193 年(献帝初平四年)"六月,寒风如冬时。"初平四年夏寒,刘昭注补引养奋对策曰："当温而寒，刑罚惨也。"光和六年大寒，刘昭注补引袁山松书："寒者，小人暴虐，专权居位，无道有位，适罚无法，又杀无罪，其寒必暴杀。"严寒"惨"而"暴杀"。据《后汉书·献帝纪》载，194年（兴平元年），三辅大旱，"是时谷一斛五十万，豆麦一斛二十万，人相食啖，白骨委积。帝使侍御史侯汶出太仓米豆，为饥人作糜粥"。袁宏《后汉纪》卷二七记述："于是谷贵，大豆一斛至二十万。长安中人相食，饿死甚众。帝遣侍御史侯汶出太仓米豆，为贫人做糜，米豆各半，大小各有差。"在中国历史上，因特大气象灾害而造成社会精神崩溃引起社会政治动荡事件屡有发生，历史上多次农民起义，尽管根本原因在于残酷黑暗的统治制度，但气象灾害叠加，无疑在一定程度上激化了社会矛盾，加剧了社会矛盾的对立进程。有人在总结清代历次叛乱时称，尽管原因很多，但参加叛乱之群众，则莫不由于饥饿所驱使。

《史记·匈奴列传》载，汉武帝太初元年"其冬，匈奴大雨雪，畜多饥寒死"，"国人多不安"，执政贵族遂有"降汉"之意。《汉书·匈奴传上》载，汉宣帝本始三年"会天大雨雪，一日深丈余，人民畜产冻死，还者不能什一。"于是"匈奴大虚弱"，"兹欲乡和亲"。《后汉书·南匈奴列传》载，光武帝建武二十二年"匈奴中连年旱蝗，赤地数千里，草木尽枯，人畜饥疫，死耗太半，单于畏汉乘其敝，乃遣使诣渔阳求和亲。"《史记·匈奴列传》说，匈奴"秋，马肥"时则校阅兵力，有"攻战"之志。《后汉书·南匈奴列传》又说，汉军"卫护"内附之南匈奴单于，亦"冬屯夏罢"。这些历史事实告诉我们，考察机动性甚强的草原游牧族的活动与政权变化，不能忽视气候因素的作用。

自然现象是人类进行自然农业生产的资源和条件，恩格斯指出："政治经济学家说：其实劳动和自然界一起才是一切财富的源泉，自然界为劳动提供材料，劳动把材料变为财富。"气象就是构成农耕经济社会创造财富的材料，在社会生产力极其低下的奴隶社会和封建农耕经济社会，人类面临的气象问题往往直接涉及政治的稳定与维护，涉及社会经济的发展和社会各阶级的利益实现。及时到现代社会，人类要战胜和减轻气象灾害，确保人民生命财产安全和气象相关社会经济领域的效益实现，仍然需要依靠国家政治力量，为人们提供社会公共气象服务。人类社会处在不同的历史阶段，由于各个阶级的生产力发展程度不同，气象与社会政治之间的联系会有很大差异。

秩序是一个社会健康发展的表征，是社会和与社会相关自然要素的综合反映，这是包括气象要素。一个政治稳定的社会，在常态下的政治和社会运行总是会保持一种正常的秩序。这种秩序是由社会正常生活秩序、生产秩序等最基本的社会秩序元素组成的，是社会保持稳定的基础，当这个基础秩序受到影响或被打破时，就可能影响或冲击社会经济秩序、法律秩序和政治秩序。气象灾害具有多发性和不确定性的特征，经常可能冲击人们的正常的生产、生活秩序，自然也可能影响社会政治、生活秩序。

第 15 章　唐朝衰亡与气候变化

　　Yancheva 及其领导的德国研究小组 2007 年在《Nature》上发表了题为"Influence of the Intertropical Convergence Zone on the East-Asian Monsoon"(热带辐合带对东亚季风的影响)的论文(Yancheva et al. 2007),以雷州半岛湖光岩钻取的湖泊沉积岩心的磁化率和钛含量测量数据为代用资料,探讨了 16000 年以来东亚季风的变化机制,指出公元 700 年后冬季风增强、夏季风减弱所造成的干旱气候导致了唐朝的衰亡。

　　我国历史气候学家张德二根据古文献气候记载对中国历史上的寒冬记录进行分析,确认在公元 700—900 年间异常的寒冷、冰冻和大雪记录 22 例,其中只有 2 例对应于夏季少雨,这表明 90％的严寒冬季(强冬季风年)对应多雨的夏季,这意味着寒冬—湿夏的对应关系才是唐朝后半期的气候特点。同时文章引用了公认的史学观点:发生于公元 755 年的持续七年之久的安史之乱及其随后相继发生的藩镇割据、国内战争和社会动乱极大地消耗了国力,是导致唐朝衰亡的重要原因(从玉华 2008)。

　　历史上朝代的兴衰更替被公认为是其政治、经济、文化等多种因素共同作用的结果。德国研究小组在探讨唐王朝衰亡原因时,破天荒地将气候变化列为第一要素,这项研究不仅拓宽了史学研究的新视野,让人们认识到气候变化可以成为直接诱发社会发展和演化的因素,也促使我们进一步论证唐代末年灾荒频繁,饿殍遍野,农民起义频发,是否与这个时期气候反常有明确的因果关系。

15.1　唐代前期气候状况

　　人类社会的发展进程,在相当长的历史时期内受到地理气候的影响。纵观中国历史,兴盛的封建王朝往往和气候温暖期相对应。公元 618—907 年延续近三百年的唐代,是中国封建大一统国家全面发展,经济强盛、文化繁荣的巅峰时期。竺可桢先生通过对唐代主要农作物及其种植区域的对比,得出公元七世纪是一个温暖湿润的时代的结论。始于隋朝的温暖趋势在公元 7 世纪表现得尤其突出。历史文献记录表明,位于现今西安附近的唐都长安,公元 650 年、669 年和 678 年无冰雪。朱士光等(1998)学者对唐代关中地区的相关气候资料做了统计,其中 16 个年份冬无冰雪,"这在我国历史上各王朝中是绝无仅有的"。刘昭民(1992)研究中国气候变迁中也有类似描述,"在唐代的三百年中,大雪奇寒和夏霜夏雪的年数都比较少,而冬无雪的年份竟达十九次之多,居中国历史上各朝代之冠。"陈家其等(1998)建立的 2000 年以来江苏温度变化指数曲线也显示,在相对较温暖时期持续最久的是 7、8 世纪,即唐代中期以前,其间很少有冷冬记载。

对比唐代物候及生长期和现今状况,可以进一步证实唐代温暖说。柑橘大面积出现在长安对于唐代气候温暖的判定具有重要意义。目前,西安地区冬季气温低于-13℃,柑橘在低于-8℃的气温下无法生存,这说明唐代气候比现在温暖。唐代黄河流域普遍开发了水稻田,水稻种植西起河西走廊,北抵河套、燕山南麓,南至秦岭、淮河,东至于海,分布北线比前后时期都靠北,面积也更广阔。"南国佳果"荔枝也频现唐代诗词中,张籍的《成都曲》云"锦江近西烟水绿,新雨山头荔枝熟"。唐初长江上游地区曾广泛种植荔枝,主要分布在从成都而下的川江两岸,即成都、乐山、宜宾、泸州、重庆、合川、涪陵、忠县、万县等地,其最北界达北纬31°。当时涪州荔枝"颗肥肉脆",是呈献杨贵妃的特贡。为让贵妃吃上新鲜的荔枝,还特别开通了从长安经子午道至涪陵郡乐温县(今长寿)的邮驿古道。到了南宋时期由于气温下降,原本五月成熟的荔枝到六月还未能采摘,更遑论特贡品质了,逐渐荔枝作为经济作物退出了这一种植区域。柑橘、水稻、荔枝、蚕桑等农业经济作物种植线在唐代前期明显北移,荔枝分布比现在北移2个纬度,柑橘分布也比现在高2个纬度。

此外,唐代还是一个比较湿润的朝代。竺可桢的《中国历史上气候之变迁》一文统计了中国历代旱灾和雨灾,统计显示唐代是一个旱灾相对较少的时期。陈高庸在《中国历代天灾人祸表》(下册)记载,隋唐五代是中国历史上水灾比例最高的时期,这主要与当时降水丰沛有关。进一步研究也表明,公元630年到834年的200多年间是近3000年来历时最长的多雨期。统计显示唐代最暖的30年(691—720年)较今高0.5℃。在温暖湿润的气候背景下,唐代农业得到迅猛发展,中原地区相继出现了"开皇之治"、"贞观之治"和"开元盛世"等鼎盛时期。

15.2 唐代衰亡前的气候突变

近2000年来的中国历史上出现过三次大的气候突变,分别位于公元280年、880年左右和1230—1260年。王铮等(1996)指出在公元880—1230年的气候阶段,中国气候出现明显的混沌特征,进入了一个冷暖相间的、具有混沌性波动的阶段。公元570—770年经历了一个小温暖期;很快气候发生突变,进入公元780—920年的小冷期;不久气温上升,气候转暖,公元930—1310年气候变得温暖。由于气候变化的幅度随纬度的不同而不同,纬度越高,其变化幅度也越大,因而北方气候的变迁幅度大于南方,降雨量的变化趋势和温度变化保持一致。

唐宋时期气候经历了一个明显的由暖转寒的过程,唐后期公元756—907年的寒冬数大约是唐前期公元618—755年寒冬数的2倍。从8世纪中叶至10世纪中叶,各类寒冷事件频繁发生,秋季冷空气南进的时间提早,开春时间推迟,相应霜冻与降雪出现的最早、最晚时间都有提早或推迟。比较河湖海冰冻现象,唐代气候带要比现今南退一个纬度。从600—900年间每10年寒冷事件分布来看,8世纪50年代以前的150年间,每10年平均1.2次,而8世纪60年代以后的150年间则达到2.6次,增加一倍以上。陈家其等研究表明在近两千年气候变化中,最温暖气候是在7、8世纪,即唐代中叶以前,但唐代后期和北宋气候寒冷,向寒冷转折的时间约在8世纪中叶,寒冷顶峰时的程度可与明清小冰期相比较(陈家其等

1998)。

　　从降水情况看唐末气候呈现出干湿交替的特点。唐中期的温暖伴随着日渐增强的干燥，到公元 925 年，降雨达到自公元前 1 世纪以来的最低点。咸通二年（公元 861 年），"淮南、河南不雨，至于明年六月。"（《新唐书·五行志》）乾符二年（公元 875 年），山东、河南水旱交替，颗粒无收。中和四年（公元 884 年），"江南大旱，饥人相食"（《新唐书·五行志》）。气候持续干旱而导致严重的饥荒加剧并恶化了政府所面临的其他政治经济困难，声势浩大的农民起义首先在旱灾最严重的地区——河南爆发，且一发不可收拾。这说明唐代衰落于一个特别干旱的时期，由此看来，气候变化是促进唐王朝衰落的一个重要因素。

　　唐代是一个自然灾害高发时期，自然灾害具有频次高、灾种多、受灾面积广的特点，且常常引发民生危机。陈国生对这一时期自然灾害做了详细统计。在唐代史料中，有关洪涝灾害的记载始于武德六年（623），终于天复元年（901），总共 279 年，其中发生水灾记录的有 214 次，占唐代自然灾害总数 36.4%。从史料来看，唐代水灾发生的机会几乎是旱灾的三倍，而且曾经出现大范围连续性水灾。值得指出的是无论是旱灾还是水害，唐代关内道都是重灾区，在天宝九年以后的 80 年里，自然灾害的次数急剧增加，而此时关中森林的破坏已超出了环境所能承受的限度，导致了该地区河流水量减少、水土流失加剧和水旱灾害频繁。德宗皇帝曾抱怨说开元、天宝年间关中已无巨木，这说明关中森林的破坏在开元末年即达到极点。

　　唐代旱灾记载始于武德三年（620），终于光化三年（900），计 281 年，其中有旱灾记载的共 77 次。据《新唐书·五行志》及相关文献记载的统计，唐代 290 年间前后发生的 70 多次大旱造成 40 余次大饥荒，几乎是两年一小旱，三年一大旱，且具有干旱间歇短、受灾面积广和持续时间长的特点。

　　唐代雹灾资料始于贞观四年（630），止于广明元年（880），共 251 年，雹灾记录共 37 次。唐代还有一种灾害性天气现象是发生在秋冬季节经常出现霜灾。关于霜灾的记载始于贞观元年（627），终于中和元年（881），共 255 年，霜灾记载达 15 次。唐代地震灾害的资料始于武德二年（619），终于乾宁二年（895），共 277 年，发生过 62 次地震。地震地区分布很广，以关内、河东等北方地区发生最多。在各种自然灾害中，唐代多发性地震也是历史上罕见的现象，仅京畿就先后发生过 33 次。从建中元年到开成四年（公元 780—831 年）的 51 年中，长安地震竟达 24 次，有时连续 3 年不断。

　　唐代是我国历史上灾害类型最多，发生频次最高的朝代，拥有历史上几乎所有的灾害类型。唐代自然灾害的另一个特点是灾害的群发现象，即多种灾害同时发生或相继频繁发生，形成一个灾害群。前期已出现了灾害频发的情况，唐太宗贞观年间（公元 627—649 年，共 23 年），遭遇 8 次大旱，其中贞观元年、二年、三年、四年连年大旱。公元 828—838 年是唐代典型的灾害群发期，十年间，各种自然灾害接踵而至，频繁发生，多达 46 次。首先是气候严寒，冻害严重，为唐代近 300 年最低温时段之一，几乎没有一个冬暖年。其次是旱涝严重，这 10 年中有旱年 5 个，涝年 9 个，没有一个正常年份。其中太和四年（公元 830 年）、六年、七年、八年、九年连续 5 年大旱，旱情蔓延至现今的陕西、山西、河南、安徽、江苏、河北和宁夏，饥民漫道，饿莩遍野。再次，这期间蝗、疫、饥灾严重，十年三蝗，且多是特大蝗灾，加之不断出现瘟疫，十死八九。

唐代前期 140 年共计受灾 258 次,后期 150 年受灾 336 次,灾害发生的频次逐渐呈上升之势。而且每类灾害大多都集中在京畿道、河南道及唐后期的江南道等地。以旱灾为例,多集中在唐代重要的大河流域附近,即传统的北方农耕区,同时也是人口密集、文化发达、经济繁荣的地方,因此这时期的自然灾害造成了更为严重和明显的影响。

15.3 气候变化与唐末改朝换代

15.3.1 气候变化与农业

隋唐时期的农耕区域广大,西起陇山,北起燕山,东南远至海滨都适宜耕耘播种,其中尤以关中地区为典型,沃野千里且灌溉网密布,不仅是富庶农耕之地,而且成为都城的不二之选。根据史念海的研究,由于气候温润,前朝农牧业界线变成了唐代农耕区与半农半牧业的界线,且有所北移,如东段北移到燕山山脉,西南端向南延伸,达陇山之西,东北端也伸向辽水下游;而半农半牧区与牧区也形成一条界线,即由阴山山脉西达居延海,东达燕山山脉;形成一些富庶发达的农业经济区,如泾渭河下游、汾水下游、涑水流域、伊洛两水下游和黄河下游。和现今比较,唐代的亚热带作物种植北界摆动了 2 个纬度,其中双季稻北界摆动 1 个纬度,柑橘北界摆动 1 个纬度。

由于有限的生产技术和抗灾能力,气候的冷暖变化总是直接影响着我国古代农业生产,突出地体现在严重影响粮食经济作物的产量上。张家诚总结气候对我国古代农业生产影响程度时指出:在我国,气温每变化 1℃,产量的变化约为 10%;年温普遍升高或下降 1℃,冷害的频数会随之大量减少或显著提高,这对产量也有重大影响。此外如果减少 10 毫米的降水,我国东部农业区就会向东南退缩 100 千米以上,在山西和河北则达到 500 千米。在气温降低和雨量减少的双重打击下,北方单位面积产量明显下降(张家诚 1982)。

气候变化还影响着农作物的生长期。气候变冷使生长期缩短,北方地区的复种指数因而处于较低水平,即便改进了品种技术,仍只能维持一年一熟或两年三熟。黄河流域水稻种植范围明显缩小,至唐末五代黄淮平原的稻作农业已然荒废,这从北宋年间极力恢复黄河流域的水稻种植可见一斑。据记载温暖期滇池以西一年可以收获两季作物,九月收稻,四月收小麦或大麦,现今曲靖一带的农民很难照样耕种,因为生长季节太短,不得不种豌豆和胡豆来代替小麦和大麦。

气候变化还影响到粮食经济作物的种植区域。唐初温暖期北方农业区向周边扩展,水稻得以广泛种植,关中、伊洛河流域、河内、黄淮平原、幽蓟等地都大面积种植水稻。自唐前期至南宋,气候变化还导致蚕桑业中心逐渐从河南、河北移至江南的太湖地区。桑树生长的最适温度为 25~30℃,如果李白所写"燕草如碧丝,秦桑低绿枝"(《春思》)是真实写照,桑树也曾在燕秦之地普遍生长,而到了南宋期间年由于同期平均温度比唐代低 2~4℃,要使种桑养蚕温度保持与唐代相同水平,蚕桑地区必须向南推移 2.2~8 个纬度。

15.3.2　气候变化与人口

　　根据对中国人口发展过程的分析,大致可以认为中国土地供养人口的极限在封建社会初期为 6000 万～7000 万人。李伯重的研究指出自秦始皇统一中国以来到清朝灭亡以前,中国人口出现过的 8 次剧烈波动,其中中晚唐、五代(北宋建立时人口不足盛唐时的一半)是人口"大落"最严重的时期。8 个中国人口"大落"时期都处于我国气候变冷的时期,这种对应不可能完全是巧合。中国历史上人口的"大起大落"与气候变化有密切关系,这一点应是无可置疑的(李伯重 1999)。

　　温暖湿润的唐前期气候为当时经济文化的繁荣奠定了物质基础。公元 900 之前,气候温暖,农业兴旺,大大增加了北方各省的粮食供给能力,人口迁出较缓慢。贞观十三年,全国有县 1408 个,户 3041871,口 12351681。唐玄宗开元年间是大唐繁荣的鼎盛时期,全国有"管户总八百九十一万四千七百九(8914790),管口总五千二百九十一万九千三百九(52919390),此国家之极盛也"(《通典·食货典》)。应该也是唐代人口增长的顶峰期。但天宝十四载(755 年)爆发的安史之乱成为转折点,其后国力迅速衰落。代宗宝应元年(762)敕称:"百姓逃散,至于户口,十不存半。"(《唐会要·逃户》)唐武宗会昌五年(公元 845 年),全国户口虽然回升到 4955151 户,但较之天宝十四载的户口,还是减少了近一半。

　　尽管唐代各个时期都出现了由于自然灾害而导致的人口流迁现象,但前期流民和后期流民在规模、数量以及境况方面都存在较大差异。唐前期统治者尚能勤政廉明,励精图治,采取多种赈灾措施,官员也不遗余力安抚流民,在很大程度上缓解了灾荒,使得这一时期的社会生活较唐代其他时期安定许多。韩愈记载"元和初,婺州大旱,人饿死,户口亡十七八。公居五年,完富如初"(《故江南西道观察使赠左散骑常侍太原王公墓志铭》)。吴静在进行分析比对后指出历史上我国南方人口总数超过北方人口总数的时间大约在公元 918 年,这个人口分布格局形成的主要动力在于安史之乱导致的战祸和社会动荡。战乱(安史之乱)是人口大量死亡或迁移的主要原因。杜甫描写这场浩劫云"积尸草木腥,流血川原丹"(《垂老别》)。平定叛乱的唐将郭子仪述云:"夫以东周之地,久陷贼中,宫室焚烧,十不存一。百曹荒废,曾无尺椽,中间畿内,不满千户。井邑榛棘,豺狼所嗥,既乏军储,又鲜人力。东至郑、汴,达于徐方,北自覃怀,经于相土,人烟断绝,千里萧条。"(《旧唐书·郭子仪传》)安史之乱结束了唐朝前期繁荣稳定的社会状态,导致了自西汉末年以来中国人口地理分布的一次大突破,北方与南方的人口比率由 6∶4 倒转为 4∶6。此后长期维持在这一水平上。

　　与兵灾相伴,天灾使唐末人口雪上加霜。寒冷的气候导致黄河上中游的农耕区作物歉收,粮价飞涨,光启年间(公元 885～887 年)连续出现荆襄"斗米钱三千,人相食"(《文献通考·物异考》),"扬州大饥,米斗万钱"(《新唐书·五行志》),与"至贞观三年,关中丰熟……米斗三四钱"(《贞观政要·政体》)、开元盛世"米斗之价钱十三"(《新唐书·食货志》)相比,粮价达到正常年份的十倍、数十倍甚至上百倍,导致灾荒过程中人口锐减。从唐末人口的数量变化和地理配置可以看出,人口问题与社会和自然因素息息相关。

15.3.3　气候变化与经济

唐代行政区划分为南北两半,各设五道。北方经济区主要包括京畿、都畿、河南道、河北道。由于土质肥沃,雨量充沛,自然条件优越,北方五道成为当时最发达的农业生产和政治经济中心。唐前期这一地区社会相对安定,生产力迅速发展,封建经济呈现出高度繁荣局面,手工业发展为仅次于农业的经济生产部门,拥有纺织、制盐、铸币等重要门类。技术的改进和分工机制的加强使官营和私营手工业都得到显著发展,陶瓷制品、丝织品、铸造品集中体现了唐代手工业的成就。同时随着交通日益发展,商业繁荣,出现了夜市、储蓄和支付钱币的"柜坊"等商业组织。彼时南方还处于"地广人稀,饭稻羹鱼,或火耕而水耨"的状态。

与唐前期相比,唐末五代的社会经济发生了多方面的变化,其中尤以经济重心南移和工商型城市经济的出现为主要特点。前文已提到唐代自然灾害严重,高发区位于今山西、河北、山东、河南、甘肃、陕西、内蒙古等地区,《新唐书·食货志》云:"唐都长安,而关中号称沃野,然其土地狭,所出不足以给京师、备水旱,故常转槽东南之粟。"另一方面安史之乱的爆发加快了南北经济势力的消长,随着江南经济的日渐开发,社会财富的不断积累,自唐中叶起朝廷财政的收入便主要来自江南地区,"天宝以后,戎事方殷,两河宿兵,户赋不加,军国费用,取资江淮"(《全唐文·元和十四年七月二十三日上尊号赦》)。国家朝廷的各种需要加快了南方经济发展的步伐,使经济重心逐步南移。

南方经济迅速发展得益于南方平稳的气候、安定的社会状况和大量流迁自北方的移民。灾荒战乱造成北方人口大量南迁,"天下衣冠士庶,避地东吴,永嘉南迁,未盛于此。"(李白《为宋中丞请都金陵表》)流民中不乏具有文化技艺的农人工匠,这直接增强了南方地区的开发动力,促进了区域经济的迅猛发展。加之唐末南方经济已具备一定发展基础,南方地区特别是江淮地区的垦田和人口都有大幅度的增加,两税法应运而生并首先在南方推行。天宝年间南方垦田数约在二百万顷左右,江南道垦田数约在一百万顷左右,约占当时全国垦田数的八分之一左右。南方以水稻为主要粮食作物,从唐中叶起,由于北人南迁、水稻品种多样化以及耕作技术的进步,水稻在全国粮食生产中开始占据首位,长江下游一带成了"赋出于天下,江南居十九"(韩愈《送陆歙州诗序》)的余粮区。

唐以前中国传统城市的发展动力来自于政治,唐末出现了工商业结合的城市经济。大运河开通后,扬州是南来北往的必经之地,逐渐成为"江、淮之间,广陵大镇,富甲天下"(《旧唐书·秦彦传》)的江淮著名城市,与益州并称为"扬一益二"。《平山堂记》记载:"扬州常节制淮南十一郡之地,自淮南之西,大江之东,南至五岭、蜀汉,十一路百州之迁徙贸易之人,往还皆出其下。舟车南北,日夜灌输京师者,居天下之七。"此时的扬州不仅是唐朝的大都会,已然成为当时的国际贸易中心,商业活动十分繁忙。同一时期广州成为中国的第一大港,由广州经南海、印度洋,到达波斯湾各国的航线,是当时世界上最长的远洋航线。其他如杭州、明州、鄂州、洪州等都已跃居全国较大城市行列,城市的经济功能增强,消费水平不断提高。众多城市的出现和非农业人口的增加带来了消费市场,为各地区贸易的展开提供了市场基础。

气候突变、生态环境的破坏以及战乱等综合因素相互作用首先造成唐代北方地区农业生产环境的恶化,反映到经济上就是北方经济停滞甚至衰退,直至经济政治重心逐渐南移。我国历史上的经济重心经历了由西向东,由北向南的历程,最终在东南地区结聚成一个新的经济重心,并取代了黄河中下游地区经济重心地位。

　　历史时期气候变化给社会发展及朝代更替带来深刻的影响,总体特征表现为:当气候温暖湿润时,如秦汉、隋唐时期,农作物种植界线北移,农耕区扩大,同时农作物生长期增长,粮食产量提高;而当气候寒冷干旱时,如魏晋南北朝、唐末五代时期,农作物种植界线南退,农耕土地减少,农作物生长期缩短,粮食产量下降。张德二认为,气候因素与人类文明进程有着重要的关联(从玉华 2008)。

　　我国是不仅拥有悠久的文明史,还拥有较为翔实的历史文献资料,这为深入研究古代气候变化与社会发展乃至朝代更替的关系提供了得天独厚的条件,是我国气象史可为当今全球气候变化及其影响研究提供历史借鉴的重要领域。

第 16 章　明清易代与气候变化

关于明清易代的缘由,很多人从历史学、政治学、社会学等不同的角度进行了阐释,而其中的气候变化因素却常常被人们所忽视,很多人只看到了气候变化所产生的现象,而不能更深入地探究这些现象所产生的原因。明末清初的史学家计六奇在《明季北略》中论及"明末致乱之由"时云:"明之所以失天下者,其故有四。而君之失德不与焉。一曰外有强邻:自辽左失陷以来,边事日急矣,边事急不得不增戍,戍增则饷多,而加派之事起。民由是乎贫矣。且频年动众,而兵之逃溃者,俱啸聚于山林,此乱之所由始也。二曰内有大寇:张、李之徒,起于秦、豫,斯时欲以内地戍兵御贼,则畏懦不能战,欲使边兵剿贼,则关镇要冲,又未可遽撤。所以左支右吾,而剧贼益横而不可制。三曰天灾流行:假流寇扰攘之际,百姓无饥馑之虞,犹或贪生畏死,固守城池,贼势稍孤耳。奈秦、豫屡岁大饥,齐、楚比年蝗旱,则穷民无生计,止有从贼劫掠,冀缓须臾死亡矣,故贼之所至,争先启门,揖之以入,虽守令亦不能禁。而贼徒益盛,势益张大,乱由是成矣。四曰将相无人:当此天人交困之日,必相如李泌、李纲,将如汾阳、武穆,或可救乱于万一,而当时又何如也? 始以温体仁之忌功,而为首辅;继以杨嗣昌之庸懦,而为总制;终以张缙彦之无谋,而为本兵;可谓相有人乎? 至如所用诸将,不过如唐通、姜瓖、刘泽清、白广恩之辈,皆爱生恶死,望风逃降者。将相如此,何以御外侮、除内贼邪?""边警者腰背之患也,张、李者腹心之患也,水旱蟊虫者伤寒失热之患也,一身而有三患,势已难支,更令庸医调治之,其亡可立而待耳? 明季之世,何以异此?"

这段分析比较全面中肯,不过细究之,上面所谈到的"外有强邻"、"内有大寇"、"天灾流行"这三个方面都与气候变化有关,是气候变化所导致的直接或间接原因所形成的。

气候变化既有自然属性,又有其社会属性。气候的变化,尤其是对人类的生存环境产生不利影响的变化,会对人类社会的政治、经济和文化等方面产生种种影响,甚而是一种毁灭性的打击,造成历史不可挽回的更改。

16.1　小冰期的极盛

1939 年,弗朗索瓦·埃米尔·马泰提出了"小冰期"(Little Ice Age)的概念,泛指全新世气候最宜期之后的冷期。20 世纪 60 年代之后,随着研究的深入,众多学者将这一广泛的冷期称为"新冰期",而"小冰期"则专指从中世纪到 20 世纪上半叶暖期之间的几个世界的冷期。小冰期开始于 13 世纪,之后又经历了相对温暖的时期,在 16 世纪中叶到 19 世纪中叶达到鼎盛(Grove 1988)。竺可桢、王绍武等学者通过研究,将华北地区的小冰期划分为三个冷期:即 1470—1520 年,1620—1720 年,1840—1890 年。而后来学者又通过进一步研究发现,第一个冷期在华北为弱冷期,而"华北地区近 500 年只有 1500—1690 年和 1800—1860 年两个寒冷期"(张振克等 1999)。其中,1500—1690 年的寒冷期的时间较长,而这一时期正是明清更迭之时,气候的变化与政治的更替有着某种一致性。很多学者都认为气候变化能改变社会、经济和文化。如 Cowie(1998)就指出人类文明化的过程与气候变化之间的关系是非常重要的,气候的变化能够导致一种人类文化的发展或消灭。有学者统计发现,从公元 850 年起,七次国家大动乱都发生在冷期中。85% 以上中国改朝换代和所有全国动乱都是在冷期发生的(章典等 2004)。可见气候变化对国家政治的影响之大。

16.1.1 气温的明显变化

在小冰期的气候条件下,我国的气温普遍降低,关于南方冬天结冰很厚的记载很多。有学者研究发现,各地极端初霜期的出现明显提早,内蒙古和东北大约比现代早 30 天以上。从刘昭民《中国历史上气候之变迁》所绘"明代气温变迁表",可以发现,明代中后期的气温与现在相比低了 1.5~2℃,达到了小冰河期的气温极致,参见表 16-1(鞠明库 2008)。

表 16-1　明代气温变迁表

时期	气候特征	年均温度与现在相比
1368—1457 年	寒冷	−1℃
1458—1552 年	第四个小冰河期	−1.5℃
1553—1599 年	夏寒冬暖	−0.5℃
1600—1644 年	第五个小冰河期	−1.5℃~−2℃

16.1.2 小冰期影响下的农业生产

中国是传统的农业社会,气候变化对农业生产的影响非常大。气候的波动,在湿度方面也会引起变化,大体说来,暖期与湿期,冷期与干期相互对应。暖期较有利于农业的发展,研究发现,在秦汉、隋唐等暖期时,北方的农业种植界限较为靠北,适宜的气温和湿度有利于农作物的生长,因此农耕区的面积得以扩大,农作物的成熟周期减少,产量增加。而在气候寒冷的时期,湿度减小,适宜耕种的土地面积减少,农业的种植界限明显南退,同时,农作物的生长周期变长,产量下降。"从我国古代稻作区分布的演变历史看,气候温暖时,黄河流域普遍种植单季稻,双季稻可北进至长江两岸;而气候寒冷时,黄河流域稻作规模明显缩小,仅呈零星分布,双季稻南撤到长江以南地区"(何凡能等 2010)。双季稻开始于唐代,到明代,尤其是 1620—1720 年间,由于天气的寒冷,双季稻已经不能栽植。

同时,由于气候原因导致的直接和间接的危害十分严重,如气候变化导致的水灾、旱灾、蝗灾等,会损害庄稼的生长,这在史书中并不鲜见。

另外,小冰期对商业的发展也有着制约作用。中国古代商业的发展主要靠航运,但在小冰期的极致气候条件下,年降雪量大,降雪频繁,冬季寒冷。因而,长江、黄河、运河、海道等都出现了较长时间的冰冻,汉江、太湖、洞庭湖、淮河都曾多次结冰。这些都会对商品的流通产生较大影响,从而导致商业发展的滞缓。

16.2 气候变化与自然灾害

我国地处东亚季风带,受东南太平洋的暖湿气流和北方地区的寒流影响较大,气候变化影响生态环境,小冰期的气候加剧了自然灾害的发生,旱、涝、雹等是较为常见的气象灾害。无论从灾荒总数,还是成灾频度,以及灾荒的破坏力,明代的灾荒都是空前的,就灾荒频度而言,明代灾频更是首当其冲,参见表 16-2(赵玉田 2003)。

表 16-2　明代特大自然灾害分布表

历史特大灾害种类	1368—1500 年			1501—1644 年					
特大干旱	1470	1471	1472	1503	1505	1508	1509	1512	1516
	1473	1477	1481	1518	1519	1522	1523	1524	1525
	1483	1484	1485	1526	1527	1528	1529	1531	1532
	1486	1487	1488	1533	1534	1538	1544	1545	1549
	1492	1495		1552	1553	1554	1558	1560	1561
				1568	1572	1581	1582	1585	1586
				1587	1588	1589	1590	1594	1595
				1597	1598	1600	1601	1602	1608
				1609	1610	1615	1616	1617	1618
				1619	1627	1629	1630	1632	1633
				1634	1635	1636	1638	1639	1640
				1641	1642	1643	1644		
特大雨涝	1470	1472	1473	1501	1502	1508	1509	1511	1531
	1476	1478	1482	1533	1534	1536	1537	1539	1543
	1485	1492		1548	1553	1554	1557	1560	1562
				1569	1571	1583	1590	1591	1593
				1602	1603	1604	1607	1612	1613
				1623	1624	1625	1628	1631	1639
特大黄河决溢	1448	1461	1489	1505	1508	1509	1510	1519	1530
	1498	1500		1538	1540	1558	1565	1570	1575
				1590	1597	1616	1619	1621	1632
				1642					
长江中下游特大洪水				1510	1518	1561	1608		
特大淮河决溢				1593					
特大风暴潮	1378	1389	1390	1507	1539	1568	1574	1575	1581
	1416	1421	1458	1582	1591	1603	1628		
	1459	1461	1472						
特大冰雹	1440	1485	1491	1506	1509	1517	1526	1557	1570
	1495	1497		1576	1587	1618	1635	1639	

（续表）

历史特大灾害种类	1368—1500 年			1501—1644 年			
特大蝗灾	1373	1374	1434	1616	1639	1640	1641
特大疫灾	1408	1410		1586	1587	1643	

（引自鞠明库 2008）

由此表可以看出，明代中后期特大灾害出现的频次较高，而且有一些时间段，几种特大灾害同时发生，这些都必定会对当时的社会生产和发展产生严重的危害。而积弊日久，也肯定会在很大程度上加快明代社会覆灭的进程。

下面分别对其中与气候变化密切相关的几种灾害做较为详细的分析：

16.2.1 旱涝

关于旱涝灾害，有一个量化的标准，即 5 级旱涝等级。《中国近五百年旱涝分布图集》（1981 年）的介绍为：

1 级：持续时间长而强度大的降水；大范围大水；沿海特大的台风雨成灾等。如："春夏霖雨"、"夏大雨浃旬，江水溢"、"春夏大水，溺死人畜无算"、"夏秋大水，禾苗涌流"、"大雨连日，陆地行舟"、数县"大水"、"飓风大雨，漂没田庐"。

2 级：春、秋单季成灾；不断的持续降水；局地大水；成灾稍轻的飓风大雨。如："春霖雨，伤禾"、"秋霖雨，害稼"、"四月大水，饥"、"八月大水"、某县"山水陡发，坏田亩"等。

3 级：年成丰稔、大有，或无水旱可记载。如："大稔"、"有秋"、"大有年"等。

4 级：单季、单月成灾；较轻的旱；局地旱。如："春旱"、"秋旱"、"旱"、某月"旱"、"旱蝗"等。

5 级：持续数月干旱或跨季度旱；大范围的严重干旱。如："春夏旱，赤地千里，人食草根、树皮"、"夏秋旱，禾尽槁"、"夏亢旱、饥"、"四至八月不雨，百谷不登"、"河涸"、"塘干"、"井泉竭"、"江南大旱"、"湖广大旱"等。

在明代中后期，特大干旱发生的频率远高于前期。据不完全统计，崇祯在位的 17 年中，全国各地竟然发生了 14 次特大干旱，仅以崇祯十三年（1640 年）为例：（北京）密云"饿殍遍野"。（天津）武清，"饥荒年，百姓以草根、树皮为食，皆光，出现人相食现象"。（唐山）玉田，"大饥，人相食"。（保定）安新，"旱，九河俱干，人相食，白洋淀竭"。（沧州）献县，"大旱，野骨如莽"。（石家庄）元氏，"大旱，麦秋无，民食树皮、草子，煮靴皮嚼，且食人"。（邯郸）曲周，"春风霾，夏旱至秋不雨，人相食"。（德州）沾化，"夏秋大旱，荒野无村，人相食"。（莱阳）福山，"禾稼殆尽，人相食"。（济南）平阴，"旱，禾稼俱尽，人相食"。（临沂）胶县，"夏五月大旱蝗，冬十二月大饥，人相食"。（菏泽）滕县，"大饥，人相食"。（太原）交城，"大饥，斗米粮六钱，饿殍遍地"。（临汾）夏县，"大饥，人相食"。（《华北、东北近五百年旱涝史料》）（安阳）获嘉，"旱蝗，民饥，树皮、草根食尽，父子、夫妻相食，骸骨遍郊"。（郑州）鄢陵，"大饥，斗米三千余钱，饿殍载道，母食其子，其妻烹夫，于时树皮尽食，野菜、麦根继之，白骨如莽，城守戒严，道路遂阻"。（南阳）南召，"大旱百六十天无雨水，无泉，人相食"。（信阳）固始，"春大饥，夏大疫，人相食者十之六七"。（《河南省历代旱涝等水文气候史料》）（徐州）睢宁，"大旱，黄河水涸,流亡载道,人相食"。(扬州)泰州,"不雨,河竭,无禾,人相食。(南京)金坛,"连旱三年,米石银四两,民死无算"。(阜阳)亳县,"大饥疫,人相食"。(蚌埠)凤阳,"大饥,草木根皮食尽,四月大疫,百里无人踪"。(合肥)霍邱,"旱蝗,大饥,斗麦千钱,人至相食"。(《华东地区近五百年气候历史资料》)(西安)"夏旱,斗米值二两五钱,人相食"(《陕西省自然灾害史料》)(宋正海等 2002)。

虽然干旱在中国封建社会中经常出现,但明代中后期干旱的严重性触目惊心。一般说来,南北地区的干旱是不同步的,但从上面的征引可以发现,南方的大旱也是同步的,可见当时干旱范围之广,程度之严重。崇祯十三年(1640 年)这次的干旱是 1800 年一遇的大旱,也是中国汉代以来最严重的干旱事件。而且,在这一年前后,崇祯十二年(1639)的干旱是 100年一遇,崇祯十四年(1641)的干旱是 500 年一遇(宋正海等 2002)。明代末年的大旱灾,持续时间最长,受灾人口最多。这次 1638—1644 年的连旱事件,也是导致明朝灭亡的一个非常重要的原因。

我国的北方经常发生旱灾,而南方地区较容易发生雨涝灾害,明代中后期的特大雨涝灾害就主要发生在南方,如杭州,崇祯元年(1628)萧山"七月连雨,二十三日飓风大作,……淹死人口共一万七千二百余口。"(《华东地区近五百年旱涝史料》)崇祯十二年(1639)(杭州)临安,"六月,大水,坏居民田亩数十处,溺死者近数千人"(《华东地区近五百年气候历史资料》)(宋正海等 2002)。

16.2.2 雹灾

冰雹是从强烈发展的积雨云中降落下来的固体降水物。冰雹一般是以小冰粒的形式降落,但有时在一定的条件下,冰雹可以达到数厘米,甚至更大,而伴随着冰雹的多是强降雨、狂风天气,对人畜安全,以及农作物都会造成很大的破坏。

《明史》里关于特大雹灾的记载较多,例如:

万历四年(1576 年),"四月丙午,博兴大雨雹,如拳如卵,明日又如之,击死男妇五十余人,牛马无算,禾麦毁尽。兖州相继损禾。"

万历十五年(1587 年),"五月癸巳,喜峰口大雨雹,如枣栗,积尺余,田禾、瓜果尽伤。"

万历四十六年(1618 年),"三月庚辰,长泰、同安大雨雹,如斗如拳,击伤城郭、庐舍,压死者二百二十余人。"

崇祯八年(1635 年),"七月己酉,临县大冰雹三日,积二尺余,大如鸡卵,伤稼。"

崇祯十二年(1639 年)"八月,白水、同安、洛南、陇西诸邑,千里雨雹,半日乃止,损伤田禾。"

16.2.3 蝗灾

明代后期,蝗灾也经常出现,《明史》记载:"(崇祯)十年六月,山东、河南蝗。十一年六月,两京、山东、河南大旱蝗。十三年五月,两京、山东、河南、山西、陕西大旱蝗。十四年六月,两京、山东、河南、浙江大旱蝗。"

这些旱涝、雹灾、蝗灾等都会直接造成农作物的大幅度减产,从而严重威胁着人民的生存，"崇祯壬午癸未之间，天下皆凶，河南、山东尤甚，以人肉为粮。虽至亲好友，不敢轻入人室，守分之家，老小男女，相让而食。强梁者，搏人而食，甚至有父杀其子而食者"（陈登原2000）。农业生产是国家稳定的保证，而这些灾害对明代社会产生了极大的危害。

16.2.4　瘟疫

明代，尤其是中后期，极端的气候变化常常造成种种灾害。明末清初之时，黄河故道河南延津县附近的胙城县整个县城，一日被飓风所卷之沙压住，沙高数米，有学者就认为："这一罕见的灾变事件出现在明清宇宙期内并非偶然，反映了自然界变化的一种特大峰值"（徐道一等1984）。

很多灾害，如瘟疫的产生就是因为气候的异常，"自然变动达到高潮，其结果必然反映到动植物的生理和生态异常上"，"宇宙期的物理场值很高，疫病流行必然发生。明代从1408到1644年春，有一二十次大疫"（徐道一等1984）。

气候反常及其所致自然灾害是大疫发生和流行的主要因素，"这一方面由于气候反常和自然灾害导致了致病因素的孳生蔓延，另一方面自然灾害引发饥荒，降低了人体抵抗力，使疾病乘虚而入，且可大面积流行。"疫病的产生导致了人口的减少，军队的作战能力也被削弱。从表16-3可以看出，其中崇祯十四年（1641年）疫病最严重（宋正海等2002）。

表 16-3　1573—1644 年疫病流行平均指数和时段统计表

流行时段（年）	流行程度	平均指数	最高流行年		流行时段（年）	流行程度	平均指数	最高流行年	
			指数	年份				指数	年份
1573——1579	小	7.8	25.0	1577	1613——1614	小	5.9	7.2	1613
1580——1583	中	95.1	175.0	1582	1615——1618	中	34.3	50.0	1618
1584——1585	小	4.2	6.3	1584	1619——1631	小	5.1	16.0	1619
1586——1590	大	621.9	2072.8	1588	1632——1633	中	36.8	49.0	1633
1591——1597	小	7.8	12.0	1595	1634——1635	小	5.9	7.2	1635
1598——1604	中	38.4	72.0	1603	1636——1639	中	34.2	51.6	1636
1605——1609	小	8.0	20.0	1608	1640——1644	大	993.6	3622.2	1641
1610——1612	中	66.8	89.2	1610	平均		132.3		

通过表16-3可以看出，明代中后期发生了两次大瘟疫，即1586—1590年、1640—1644年，而与明代末期持续干旱同步的第二次大瘟疫的程度尤其严重。据《中国古代自然灾异群发期》的考证，这次疫病的流行空间的分布变化大致为：1640年主要流行于河北南部、关中平原、山西河津至山东济南沿黄河地区、淮河以南至长江以北地区和杭嘉湖平原；到1641年，疫区扩散到兰州、河南、湖北、江西等地；1642年，长江流域和江南地区的很多地区也感染了疫情；1643年，南方疫区主要在湖南省和江西赣南，北方疫区蔓延到北京、山东、河北等地；1644年，华东、华北、华中都有重大疫情。

在这些瘟疫中，鼠疫的危害程度非常大。明代有关鼠疫的文献记载明显比前代多。明代中期，鼠疫在山西、河北、河南就曾零星爆发。明代末期，"从崇祯六年至崇祯十七年的十几年间,鼠疫从中部和北部几个地区开始了新一轮的流行"(曹树基 1997a)。山西、陕西、河北、河南、山东等地都有鼠疫的大流行。"就崇祯年间华北三省鼠疫流行的情况来看,崇祯六年可能是其零星的爆发期,其中心地位于山西南部或中部地区,崇祯七年、八年间,鼠疫在太原府西部的兴县一带爆发流行。崇祯九年、十年间,在陕北地区和本省大同府地的鼠疫流行可能与兴县鼠疫有直接的关系。此后传入河南和河北等地,在崇祯十四年大流行。至崇祯十六年及十七年,又在北京、天津等地大流行,造成华北两大都市人口的大量死亡。""在明清之际华北三省的死亡人口中,至少应有 500 万以上的人口死于鼠疫"(曹树基 1997a)。

马克思主义认为,经济基础决定上层建筑。气候的变化导致了旱涝灾害、雹灾、蝗灾、疫情等种种灾害的产生,"15 世纪末的干旱使得北方大批人口脱离土地成为流民,构成当时社会动荡的一个因素。17 世纪开始的全国性大旱灾带来的社会震荡更为激烈。简略地说,这一次全国范围的大旱灾直接导致全国性的大蝗灾,也引发了波及差不多整个华北地区的鼠疫大流行。人口大量死亡,灾民大量离乡"(曹树基 1997b)。这些灾害严重地威胁着人们的生存,再加上战争的因素,明代的灭亡便不可避免地发生了。

16.3 气候变化与明朝衰亡

气候变化不仅导致了自然灾害的产生,物质财富毁坏,人口的死伤,而且还直接造成了战争的爆发,影响社会的安定,甚而导致整个政权的覆灭。"盖人有恒言:饥寒起盗心。荒年盗贼难保必无,纵非为盗之人,当其缺食之时,借于富民而不得,相率而肆劫夺者,往往有之。于此不禁,祸乱或鹩以起。"①纵观我国历史上发生的农民起义,从秦末的陈胜、吴广起义,汉代的绿林、赤眉起义,到隋末、唐末、元末,以至明末李自成起义,无论时间长短、规模、范围大小,无不是在灾荒的时段里发生的。明末的战争发展要从两个方面来谈,一是农民起义,再就是女真族的壮大。

16.3.1 气候变化与李自成起义

明代遍及各地的灾荒极大地加剧了社会动荡,使尖锐的社会矛盾进一步激化。人们生活颠沛流离,卖妻鬻子,生活受到严重影响。早在永乐年间,山东就爆发了唐赛儿起义。而明末的农民大起义是这一危害的进一步演进。当时的陕西不仅自然灾害严重,而且社会矛盾非常尖锐,李自成的起义正是在这里发展起来的。天启七年,陕西澄城大旱,知县张斗耀搜刮百姓,当地的王二等人举旗造反,杀死知县。之后陕西各地农民起义不断出现,如府谷县王嘉胤,安塞高迎祥,清涧县王左桂、赵胜,汉南王大梁,阶州周大旺等人先后发动起义。李自成起义最先就是投靠王左桂,后来还曾追随王嘉胤、王自甲、高迎祥等人。1639 年,李自成率军进入河南时,正逢河南大饥荒,李自成的起义军在河南可谓一呼百应,很多人认为与其死于饥饿,不如铤而走险,因而,众多受灾农民加入了起义军。清人计六奇就将灾荒看

---

① 林希元《荒政从言》,《中国荒政全书》(第一辑),北京出版社,2003 年,第 169 页。

作李自成成就大业的重要条件，"天降奇荒，所以资自成也"。① 之后，李自成起义军在北方取得了很大的成功，1641年秋，很多小的起义组织都归顺了李自成，这一年，李自成还占领了河南的东部、南部的大部分地区。李自成在河南时，兵力迅速扩大，《明史纪事本末》云："时河南大饥，饥民所在为盗。自成乃自郧、均走伊、洛，饥民从者数万，势复大振"。可以说，明代末年的这场大灾荒为李自成起义军的壮大创造了有利的时机和条件。

而且，李自成起义军的很多战略决策也与明代末年的灾荒有着或多或少的联系。李自成起义军不仅减轻赋役，而且有时数年不征赋税，当时流传的歌谣如："吃他娘，吃着不尽迎闯王，不当差，不纳粮"，"吃他娘，穿他娘，开了大门迎闯王，闯王来时不纳粮"，"朝求升，暮求合，近来贫汉难存活，早早开门拜闯王，管教大小都欢悦"，"杀牛羊，备酒浆，开了城门迎闯王，闯王来时不纳粮"等等，都表明了李自成减免赋税的政策深得民心。《明季北略》载："(李)岩遣党伪为商贾，广布流言，称自成仁义之师，不杀不掠，又不纳粮，愚民信之。唯恐自成不至，望风思降矣。"在人民饱受灾害和瘟疫之苦时，起义军这些政策无疑是无边黑暗中的光明，所以起义军才会深得民心。《绥寇纪略》载，李自成起义军"过城不杀，因以所掠散饥民，民多归之，号为李公子仁义兵"。

当然，起义军由盛转衰，以至失败，也与灾荒、瘟疫有着很大的联系。自然灾害影响着战争的进程，而且，粮食供应不足，往往直接影响到军事斗争的胜败。李自成三次攻打开封时，动用百万之众，而供给又遇到困难，对人民的侵扰也在所难免。而且，李自成的"均田"的政策并未得到有效的贯彻，这些都给起义军造成了不良的影响。尤其值得注意的是，由于灾荒，再加上战事激烈，起义时期瘟疫的大面积流行，也成了威胁起义军的一大灾难。李自成在进入北京之前，鼠疫已经在京城蔓延开来，京城的人口数量锐减，据说死亡人口在20万以上，瘟疫导致京城的守备力量严重薄弱，京城空虚。李自成进入北京后，只待了短短的43天，就被清军逐出了北京，康熙《怀来县志》载："崇祯十七年三月十五日闯贼入怀来，十六日移营东去。是年凡贼所经地方，皆大疫，不经者不疫。"据有的学者考证，此瘟疫即为鼠疫，"从某种意义上说，他们是被迅速传染的鼠疫逐出了北京"(曹树基. 1997a)。

16.3.2 气候变化与清军入关

王会昌(1996)在《2000年来中国北方游牧民族南迁与气候变化》一文中绘出了气候的冷暖波动图、干湿变化图与中国北方民族政权疆域南界的纬度变化图(图16-1)。

通过图16-1，可以明显地发现，"游牧民族的阶段性南下及其南迁的幅度，都与气候的周期性变化及其变化程度存在着大体同步的共振关系"(张允锋等 2008)。气候的变化会引起湿度的波动，大体说来，暖期与湿期，冷期与干期相互对应。气候温暖时期，雨水充足，湿度较大，农产品和牧草等收成富足，人民的生活安定，中国北方游牧政权与中原农耕世界和平共处。气候寒冷时期，湿度降低，容易引起连年旱灾，会使牧草的生长受到影响，土地沙漠化现象严重，草原的生态环境受到破坏，游牧民族的生产受到摧毁，需要南迁寻求生存的机会，形成对中原农业民族的威胁。

---

① 计六奇《明季北略》，魏得良、任道斌点校，中华书局，1984年，第107页。

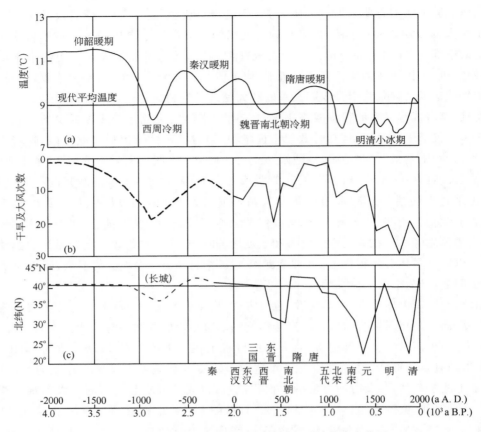

图 16-1　气候变化与中国北方民族政权疆域纬度变化图

　　另外，女真族的发展、壮大与气候变化的影响密切相关。努尔哈赤领导的通古斯人的建州部属于女真族，1635 年以后人们才称他们为满族。女真族在发展壮大的过程中，与中原人一样，也同样遇到了自然灾害，但他们在努尔哈赤的带领下，一次次度过了饥荒。据汉译《满文老档》，万历十九年，大涝，"山为之崩，人亦漂去"（中国第一历史档案馆 1990）。努尔哈赤在"饥馑"之年，一方面与明朝、朝鲜交好，获得资源，"与大明通好，遣人朝贡，执五百道敕书，领年例赏物。……互市交易，照例取赏"（潘喆等 1985）。另一方面，凭着资源的丰富和部落的强大迫使一些小的部落来投靠。

　　努尔哈赤在灾荒之年建立国家并且不断壮大，同时，与明朝矛盾的激化致使他们不断发动对明王朝的战争，而对明王朝的战争最初也是因为要掠夺资源，度过饥荒。在崇祯年间，皇太极带领金人多次侵越京畿之地，掠获人畜等大量物资。"努尔哈赤、皇太极都在继续着女真族的掠夺习惯，只是他们制止了个人掠夺行为，而实行集体掠夺。掠夺的结果，不仅度过了天灾，争取了合作者，而且削弱了明朝，最终取代了明朝。"可以说，"后金（清）在有一定凝聚力中克服天灾，明朝则在人心思变中迎来了灾荒"（王景泽 2008）。而且，明清小冰期的气候也为满族的军事胜利提供了有利的条件，因为他们的军队的作战能力对寒冷更具适应性。

　　从以上分析可以发现，小冰期的气候条件与明清易代密切相关，香港旅美宇航科学家翁玉林就认为，在小冰期的极盛期，中国则气候突变，天灾令农作物失收。"若非明朝末年天灾，农民不会因小事而造反。天灾同样在满洲出现，迫使满洲人四出讨伐，既为土地也为食物。"他相信，在复杂的政治氛围外，太阳黑子引发的气候巨变，是促使明朝政治巨变的幕后推手之一。当然，明清易代的原因很多，如明代中后期政治黑暗，数位皇帝都非常昏聩，政治不作为，宦官专权，也加速了明朝的灭亡。但这一因素同时也导致因气候变化而产生的灾害得不到有效治理，从而产生一系列的恶性循环。可以说，气候变化虽然不是导致明清易代的唯一原因，但却是主要原因。

参考文献

《气候变化国家评估报告》编写委员会.2007.气候变化国家评估报告.北京:科学出版社.

艾伦·艾萨克斯主编.郭建中等译.2002.麦克米伦百科全书.杭州:浙江出版社.

蔡守秋.2002.欧盟环境政策法律研究.武汉:武汉大学出版社,1-10.

曹树基.1997a.鼠疫流行与华北社会的变迁(1580—1644年).历史研究,(1).

曹树基.1997b.中国移民史(第五册).福州:福建人民出版社,18.

陈登原.2000.国史旧闻(第三册).北京:中华书局,311.

陈家其,等.1998.江苏省近两千年气候变化研究.地理科学,(3).

陈立宏.2010.欧盟应对气候变化的财税政策.中国财政,(10):69-70.

陈宜瑜,丁永建,佘之祥.2005.中国气候与环境演变评估(Ⅱ):气候与环境变化的影响与适应、减缓对策.气候变化研究进展,**1**(2):51-57.

陈迎.2008.从安全视角看环境与气候变化问题.世界经济与政治,4:45-51.

陈振明.2005.公共政策分析.北京:中国人民大学出版社,371-414.

从玉华.2008.唐朝是因干旱而灭亡的吗.中国减灾,(9).

崔艳新.2010.欧盟应对气候变化政策的进展及影响.国际经济合作,(6):77-78.

丁一汇.2008.中国气候变化科学概论.北京:气象出版社.

丁一汇.2009.中国气候变化:科学、影响、适应及对策研究.北京:中国环境科学出版社.

恩格斯.1971.劳动在从猿到人转变过程中的作用.马克思恩格斯全集.人民出版社,509.

甘绍平.2002.应用伦理学前沿问题研究.南昌:江西人民出版社.

谷应泰.1977.明史纪事本末(卷七十八)《李自成之乱》.中华书局,1340.

郭军,贾金生.2006.东南亚六国水能开发与建设情况.水力发电,32:64-76.

郭新明.2010.气候变化全球政策制定的国际博弈进程及我国的应对策略.金融发展评论,(1):120-121.

何凡能,等.2010.历史时期气候变化对中国古代农业影响研究的若干进展.地理研究,**29**(12):2289-2297.

何建坤,刘滨,陈迎,等.2006.气候变化国家评估报告(Ⅲ):中国应对气候变化对策的综合评价.气候变化研究进展,**2**(4):147-153.

胡玉东,瞿丹丹.2010.大学生低碳生活方式现状及对策调查报告.中国电力教育,6:196-197.

计六奇.1984.明季北略.魏得良,任道斌点校,中华书局,107—226,682.

江泽诚.2010.地球温暖化问题原论——新自由主义与专家集团的谬误.日本新评论出版社.

姜冬梅,等.2007.应对气候变化.北京:中国环境科学出版社.

鞠明库.2008.灾害与明代政治.华中师范大学博士论文.

李伯重.1999.气候变化与中国历史上人口的几次大起大落.人口研究,**23**(1):15-19.

李干杰.2000.法国推出控制温室效应国家计划.世界环境,(3):30-32.

李庆四,孙海泳.2009.硝烟中的美国《清洁能源安全法案》.中国能源报,2009-10-12.

林而达,许吟隆,蒋金荷,等.2006.气候变化国家评估报告(II):气候变化的影响与适应.气候变化研究进展,2(2):51-56.

林希元.2003.荒政丛言,中国荒政全书(第一辑)北京出版社,169.

刘扬,等.2003.气候保护与政策模拟.科学对社会的影响.(1):29-30.

刘毅.2010.全球气候变暖是"骗局"?减排在科学争论中推进.人民日报,2010-12-2.

刘昭民.1992.中国历史上气候之变迁.台北:台湾商务印书馆.

吕亚荣,陈淑芬.2010.农民对气候变化的认知及适应性行为分析.中国农村经济,7:75-86.

罗静,潘家华,李恩平,等.2009.大学生应对气候变化的伦理取向探讨.科学对社会的影响,3:5-9.

毛艳.2010.俄罗斯应对气候变化的战略、措施与挑战.国际论坛,(6):59-64.

缪启龙,江志红,陈海山,等.2010.现代气候学.北京:气象出版社.

莫神星.2009.全球气候变化下的欧盟低碳能源法律政策.//生态文明与环境资源法——2009年全国环境资源法学研讨会论文集.516-525.

欧阳修,宋祁.1975.新唐书.中华书局,1365.

潘家华,郑艳.2010.适应气候变化的分析框架及政策涵义.中国人口·资源与环境,(10):1-5.

潘喆,等.1985.清人关前史料选辑(第一辑).北京:中国人民大学出版社.

庞大鹏.2007.俄罗斯发展道路的"继承性"——普京2007国情咨文分析.当代世界,(6):37-39.

普雷斯科特.2007.低碳经济遏制全球变暖——英国在行动.环境保护,(6A):74-75.

齐晔,马丽.2007.走向更为积极的气候变化政策与管理.中国人口资源与环境,17(2):8-12.

乔纳森·考伊.1998.气候与人类变化:灾难还是机遇.帕特农出版社.

秦大河,陈宜瑜,李学勇.2005.中国气候与环境演变.北京:科学出版社.

曲建升,等.2009.气候政策分析方法及其模式研究.图书情报工作.(22):52-55.

沈括.扬州重修平山堂记,沈氏三先生文集·长兴集(卷二十一).四部丛刊三编本.

世界银行.2010.2010年世界发展报告:发展与气候变化.北京:清华大学出版社.

宋正海,等.2002.中国古代自然灾异动态分析.合肥:安徽教育出版社,220-224.

苏明.2010.中国应对气候变化现行财政政策分析.中国能源,32(6):7-11.

孙星衍.2007.尚书今古文注疏.陈抗,盛冬铃点校.中华书局,233.

孙照渤,陈海山,谭桂容,等.2010.短期气候预测基础.北京:气象出版社.

唐国利,等.2005.近百年中国地表气温变化趋势的再分析.气候与环境研究,10(4):281-288.

唐国利,丁一汇,王绍武,等.2009.中国近百年温度曲线的对比分析.气候变化研究进展,5(2):71-78.

王灿,陈吉宁.2002.气候政策研究中的数学模型评述.上海环境科学,(7):435-438.

王灿,陈吉宁.2006.用Monte Carlo方法分析CGE模型的不确定性.清华大学学报(自然科学版),(9):1555-1559.

王淳.2010.新安全视角下美国政府的气候政策.东北亚论坛,(6):667-74.

王会昌.1996.2000年来中国北方游牧民族南迁与气候变化.地理科学,16(3):274-279.

王景泽.2008.明末东北自然灾害与女真族的崛起.西南大学学报,(4):48-53.

王克.2011.基于CGE的技术变化模拟及其在气候政策分析中的应用.北京:中国环境科学出版社.

王绍武,龚道益,叶瑾琳,陈振华.2000.1880年以来中国东部四季降水量序列及其变率.地理学报,55(3):281-293.

王绍武,罗勇,赵宗慈.2010.关于非政府间国际气候变化专门委员会(NIPCC)报告.气候变化研究进展,6

(2):90-93.

王铮,等.1996.历史气候变化对中国社会发展的影响——兼论人地关系.地理学报,(4):329-339.

威廉 N.邓恩著.谢明(等)译.2001.公共政策分析导论.北京:中国人民大学出版社.

魏维琪.2010.应对气候变暖 采取相应措施:澳大利亚葡萄酒业走低碳之路.华夏酒报,2010-04-19.

温克刚.2004.中国气象史.北京:气象出版社.

吴伟业.1992.绥寇纪略卷九,上海古籍出版社,231.

辛格.2005.一个世界:全球化伦理.北京:东方出版社.

徐驰.2003.俄罗斯想做贸易.中国环境报,2003-12-13(4).

徐道一,等.1984.明清宇宙期.大自然探索,(4):158-164.

徐元诰.王树民,沈长云点校.2002.国语集解.北京:中华书局.

许光清,郭会珍,原阳阳,等.2010.企业管理人员气候变化意识及影响因素分析.气候变化研究进展,**1**(7):59-64.

严青华,等.2010.广东省居民不安全驾驶行为影响因素分析.中国公共卫生,8:999-1001.

杨广,尹继武.2003.国际组织概念分析.国际论坛,**5**(3):53-58.

杨通进.2008.预防原则:制定转基因技术政策的伦理原则.南京林业大学学报,(3):8-14.

雨杉.2003.配额交易无利可图 俄罗斯拒签《京都议定书》.青年参考,2003-12-10(1).

袁宏.1987.后汉纪校注.周天游校注,天津古籍出版社,775.

张海滨,李滨兵.2008.印度在国际气候谈判变化中的立场.绿叶,(8):64-74.

张海滨.2009.印度:一个国际气候变化谈判中有声有色的主角.世界环境,(1):30-33.

张海滨.2006.中国在国际气候变化谈判中的立场:连续性与变化及其原因探析.世界经济与政治,(10):36-43.

张家诚.1982.气候变化对中国农业生产的影响初探.地理研究,(2):1698-1706.

张金马.2004.公共政策分析:概念·过程·方法.北京:人民出版社,113-145.

张廷玉,等.1974.明史(卷二十八).北京:中华书局.

张怡然,等.2011.农民工进城落户与宅基地退出影响因素分析——基于重庆市开县 357 份农民工的调查问卷.中国软科学,2:62-68.

张允锋,等.2008.近 2000a 中国重大历史事件与气候变化的关系.气象研究与应用,(1):20-22.

张振克,吴瑞金.1999.中国小冰期气候变化及其社会影响.大自然探索,(1):66-70.

章典,等.2004.气候变化与中国的战争、社会动乱和朝代变迁.科学通报,(23):2468-2474.

赵玉田.2003.灾荒、生态环境与明代北方社会经济开发.东北师范大学博士论文.

中国第一历史档案馆.1990.满文老档.北京:中华书局.

中国科学院国家科学图书馆.2008.科学研究动态监测快报,(8):10-11.

周天游辑注.1986.八家后汉书辑注.上海古籍出版社,634-635.

周游.2010.影响俄罗斯应对气候变化政策的因素分析.社会科学辑刊,(2):95-98.

朱明芬.2010.农民创业行为影响因素分析—以浙江杭州为例.中国农村经济,3:25-33.

朱士光,等.1998.历史时期关中地区气候变化的初步研究.第四纪研究,(1):1-11.

朱信永,张景华.2010.应对气候变化的经济政策工具选择.经济研究参考.(27):77-78.

竺可桢.1972.中国近五千年来气候变迁的初步研究.考古学报,(1).

Alexander L V,et al. 2006. Global observed changes in daily climate extremes of temperature and precipitation. J Geophys Res,111,D05109,doi:10. 1029/2005JD006290.

Allison I,Bindoff N L,Bindschadler R A,et al. 2009. The Copenhagen Diagnosis 2009: Updating the World on the Latest Climate Science. The University of New South Wales Climate Change Research Centre (CCRC),Sydney,Australia.

Barry B. 1989. Theories of Justice. Berkeley: University of California Press,p362.

Campbell K M and Parthemore C. 2008. National Security and Climate Change in Perspective. in Campbell K M ed. ,Climatic Cataclysm: The Foreign Policy and National Security Implications of Climate Change. Washing D C: Brookings Institute Press.

Caney S. 2009. Justice and the Distribution of Greenhouse Gas Emissions. Journal of Global Ethics,5(2):125-146.

Chen Weilin,Zhihong Jiang,Laurent Li. 2011. Probabilistic Projections of Climate Change over China under the SRES A_1B Scenario Using 28 AOGCMs. J. Climate,24,4741-4756. doi:10. 1175/2011JCLI4102. 1.

Christopher A J. 2009. Delineating the nation: South African censuses 1865-2007. Political Geography,28: 101-109.

Economy E. 2004. The River Runs black: The environmental challenge to China's Future. London: Cornell University Press,p. 105.

Gamboa M J. 1973. A Dictionary of International Law and Diplomacy. New York: Oceana Publications, p. 156.

Houghton J T,Ding Y H,Griggs D G,et al. 2011. Climate Change 2001: The Seientifie Basis. Cambridge, UK:Cambridge University Press.

Idso C and Singer S F. 2009. Climate Change Reconsidered: 2009 Report of the Nongovernmental Panel on Climate Change(NIPCC). Chicago,IL: The Heartland Institute.

Jamieson D. 2005. Adaption, Mitigation and Justice. in Walter Walter Sinnott-Armstrong & Richard B. Howarth eds. Perspectives on Climate Change: Science,Economics,Politics,Ethics. Elsevier,p231.

Kandel D B et al. 2009. Educational attainment and smoking among women: Risk factors and consequences for offspring. Drug and Alcohol Dependence,104S:S24-S33.

Kasperson J X,Kasperson R E,TurnerB L,et al. 2005. Vulnerability to global environmental change. // Kasperson J X,Kasperson R E. Social Contours of Risk(Vol. l II). London: Earthscan,245-285.

Lal D. 2006. Reviving the Invisible Hand: The Case for Classical Liberalism in the Twenty-first Century. Princeton,New Jersey: Princeton University Press,p. 222-227.

Lamb, H. H. 1966. The changing climate. Methuen,London,236.

Lomborg B ed. 2006. How to Spend ＄50 Billion to Make the World a Better Place. Cambridge University Press.

Pegels A. 2010. Renewable energy in South Africa: Potentials,barriers and options for support. Energy Policy,38: 4945-4954.

Schelling T. C. 1997. The cost of combating global warming: Facing the tradeoffs. Foreign Affairs,76(6): 8-14.

Schooley J,et al. 2009. Factors influencing health care-seeking behaviours among Mayan women in Guatemala. Midwifery,25: 411-421.

Simms A. 2005. Ecological Debt：The Health of the Planet and the Wealth of Nations. London：Pluto Press.

Singer S F. 2008. Nature，Not Human Activity，Rules the Climate：Summary for Policymakers of the Report of the Nongovernmental International Panel on Climate Change. Chicago，IL：The Heartland Institute.

Smit B，Wandel J. 2006. Adaptation，adaptive capacity and vulnerability. Global Environmental Change，**16** (3)：282-292.

Sun Yan and Feng Lifang. 2011. Influence of psychological，family and contextual factors on residential energy use behaviour：An empirical study of China. Energy Procedia，5：910-915.

Walker B，C S Holling，S R Carpenter and A Kinzig. 2004. Resilience, adaptability and transformability in social-ecological systems. Ecology and Society，9(2)：art 5(online). URL：http://www. ecologyandsociety. wg/volq/iss2/art 5/.

Watts M J，Bohle H G. 1993. The space of vulnerability：the causal structure of hunger and famine. Progress in Human Geography，(17)：43-67.

Ziring L ed. 1995. International Relations：A political dictionary(the 5th edition). Abc-clzo Inc. ，p. 327.

赤祖父俊一. 2008. 正しく知る地球温暖化——誤った地球温暖化論に惑わされないために. 誠文堂新光社.

槌田敦. 1998. 環境経済・政策学会.《和文年報》第 4 集.

村ゆかり，亀山康子. 2005. 地球温暖化交渉の行方. 大学図書.

大塚直編. 2004. 地球温暖化をめぐる法政策. 昭和堂.

渡辺正，伊藤公紀. 2008. 地球温暖化論のウソとワナ. ベストセラーズ.

高村ゆかり，亀山康子編集. 2002. 京都議定書の国際制度——地球温暖化交渉の到達点. 信山社.

広瀬隆. 2010. 二酸化炭素温暖化説の崩壊. 集英社新書.

環境法政策学会編. 2008. 温暖化防止に向けた将来枠組み. 商事法務研究会.

環境法政策学会編. 2010. 気候変動をめぐる政策手法と国際協力. 商事法務研究会.

兼平裕子. 2010. 低炭素社会の法政策. 信山社.

武田邦彦，池田清彦，渡辺正，等. 2007. 暴走する「地球温暖化」論——洗脳・煽動・歪曲の数々. 文藝春秋.

武田邦彦. 2010. CO$_2$？ 25％削減で日本人の年収は半減する. 産経新聞出版.

小宮山宏. 2010. 低炭素社会. 幻冬舎.

星野智. 2009. 環境政治とガバナンス. 中央大学出版部.

御園生誠. 2010. 新エネ幻想—実現可能な低炭素社会への道. エネルギーフォーラム.

澤昭裕. 2010. エコ亡国論. 新潮新書.

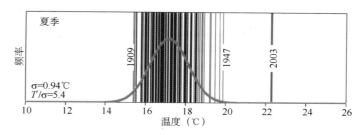

图 4-2　1864—2003 年瑞士夏季温度变化(引自 IPCC 2007)

注:图中竖线表示 1864—2003 年的逐年夏季平均气温,其中季平均气温为 17 ℃。拟合高斯分布曲线用绿色表示。1909 年、1947 年和 2003 年代表纪录中的极值年,左下角的数值表示标准差(σ),以及根据 1864—2000 年标准差归一化的 2003 年距平(T'/σ)。

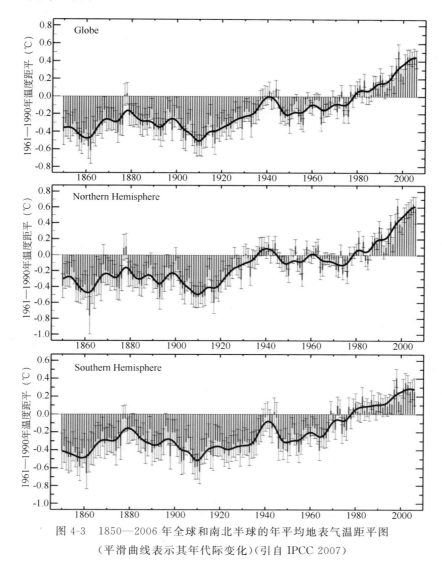

图 4-3　1850—2006 年全球和南北半球的年平均地表气温距平图

(平滑曲线表示其年代际变化)(引自 IPCC 2007)

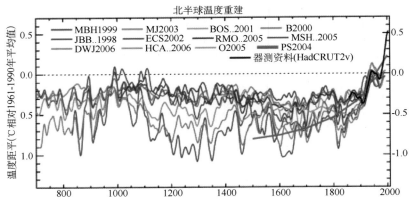

图 4-9　过去 1300 年北半球的气温变化(黑色曲线为仪器记录的气温序列,
其余不同颜色曲线表示不同作者重建的温度序列)(引自 IPCC 2007)

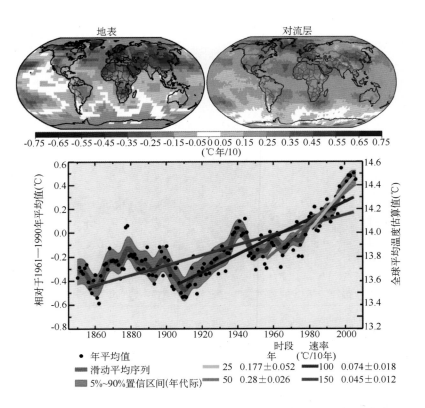

图 4-10　地表温度、对流层温度及年平均气温 25 年(1981—2005 年)(黄色)、50 年
(1956—2005 年)(橙色)、100 年(1906—2005 年)(红紫色)、150 年(1856—2005 年)(红
色)的线性趋势。蓝色的平滑曲线表示年代际变化,淡蓝色曲线表示 90% 的年代际误差
范围,灰色表示资料不完整的区域;下图显示的是全球年平均气温(黑点)及其对应的线
性拟合(IPCC 2007)

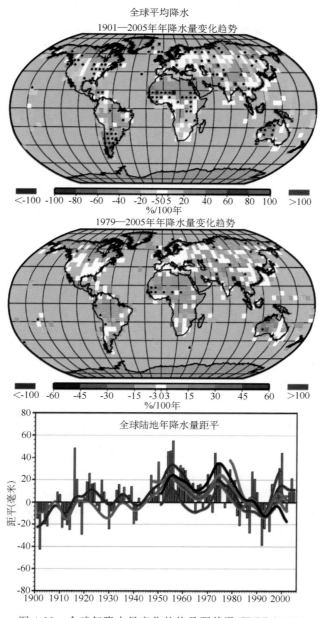

图 4-11　全球年降水量变化趋势及距其平（IPCC 2007）

注：1901—2005 年（a，单位：%/100 年）和 1979—2005 年（b，单位：%/10 年）陆地上年降水量的线性趋势分布（灰色区域表示尚无足够多的数据计算出可信的趋势）以及 1900—2005 年（c）全球陆地年降水量距平的时间序列（距平变化相对于 1961—1990 年的平均值，平滑曲线表示不同数据集的年代际变化）

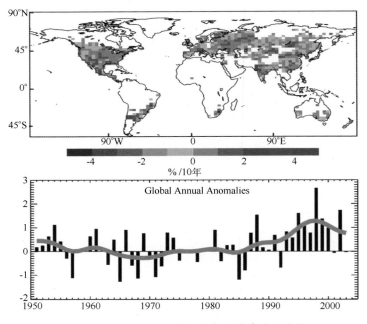

图 4-12 1951—2003 年全球年极端降水量趋势

（a,图中白色陆地区域表示尚无足够的数据来估算趋势）及年平均 R95t 距平；（b,相对于 1961—1990 年,单位：%）时间序列,平滑的橙色曲线表示年代际变化（IPCC 2007）

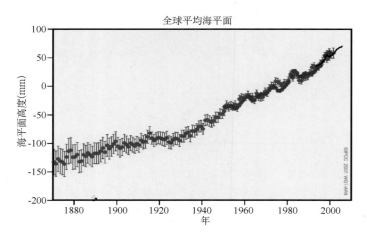

图 4-13 全球平均海平面高度变化（IPCC 2007）

（图中平均值相对于 1961—1990 年平均,红色表示自 1870 年以来重建的海平面场,蓝色表示自 1950 年以来的验潮仪测量结果,黑色表示自 1992 年以来的卫星测高结果；单位：mm,误差柱表示 90% 的信度区间）

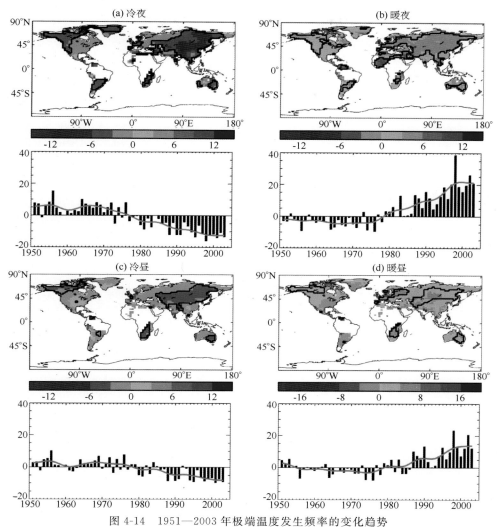

图 4-14　1951—2003 年极端温度发生频率的变化趋势

(a)冷夜；(b)暖夜；(c)冷昼；(d)暖昼(每 10 年日数趋势以 1961—1990 年为基础)(Alexander 等 2006)

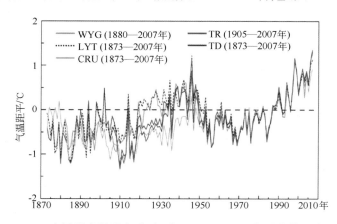

图 4-16　1873—2007 中国温度距平序列(相对于 1971—2000 年平均值)(唐国利等 2009)

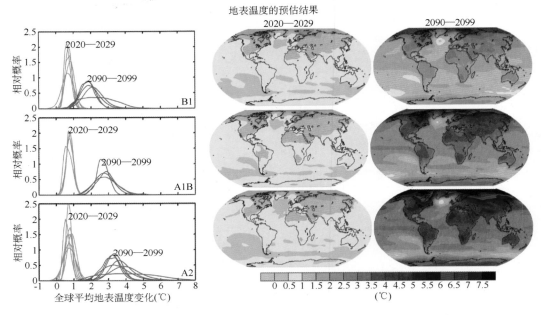

图 4-22　21 世纪初期和末期全球平均温度变化预估（相对于 1980—1999 年平均）

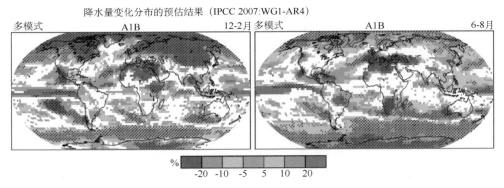

图 4-23　2090—2099 年全球年降水变化预估（相对于 1980—1999 年平均）